复变函数与积分变换学习指导与习题精解

主编　赵景霞　罗跃生

HEUP 哈尔滨工程大学出版社

内容简介

本书是与哈尔滨工程大学出版社出版的《复变函数与积分变换》一书配套编写的学习辅导书。对应《复变函数与积分变换》一书的每一章，都对其知识要点做出总结，并给出一些思考题供学生分析讨论，个别思考题给出了参考答案。针对每一章的内容，都配备相应的典型例题和解答。对于其中相对复杂的问题，给出了分析思路和所需知识点等方面的总结。并且配有一定数量的同步训练题及其解答。同步训练题和解答是分开的，便于学生练习和参考。

本书可作为高校大学生学习《复变函数与积分变换》一书的参考用书。

图书在版编目(CIP)数据

复变函数与积分变换学习指导与习题精解/赵景霞，罗跃生主编. —哈尔滨：哈尔滨工程大学出版社，2011.9(2013.7 重印)
ISBN 978-7-5661-0251-5

Ⅰ.①复… Ⅱ.①赵… ②罗… Ⅲ.①复变函数-高等学校-数学参考资料 ②积分变换-高等学校-教学参考资料 Ⅳ.①O174.5 ②O177.6

中国版本图书馆 CIP 数据核字(2011)第 177599 号

出版发行　哈尔滨工程大学出版社
社　　址　哈尔滨市南岗区东大直街 124 号
邮政编码　150001
发行电话　0451-82519328
传　　真　0451-82519699
经　　销　新华书店
印　　刷　黑龙江省委党校印刷厂
开　　本　787mm×960mm　1/16
印　　张　11
字　　数　231 千字
版　　次　2011 年 9 月第 1 版
印　　次　2013 年 7 月第 2 次印刷
定　　价　23.00 元
http://www.hrbeupress.com
E-mail:heupress@hrbeu.edu.cn

高等学校工科数学系列丛书编审委员会

（以姓氏笔画为序）

前　　言

本书是由哈尔滨工程大学出版社出版的《复变函数与积分变换》一书配套编写的学习辅导书。对应《复变函数与积分变换》一书的每一章，对其知识要点做出总结，并给出一些思考题供学生分析讨论，个别思考题给出了参考答案。同时针对每一章的内容，都配备相应的典型例题和解答。对于其中相对复杂的问题，给出了分析思路和所需知识点等方面的总结。并且配有一定数量的同步训练题及其解答。同步训练题和解答是分开的，便于学生练习和参考。对于《复变函数与积分变换》教材中的部分习题给出了同步精选习题精解。参加编写本书的有国萃（第1章）、杨丽宏（第2章）、葛斌（第3章）、郑雄波（第4，7章）、陈涛、徐新军（第5章）、姜劲（第6章）、王淑娟（第8章）。全书由赵景霞、罗跃生统稿。由于本书编写的时间仓促、不妥甚至错误之处在所难免，敬请读者谅解并希望指出不妥之处，帮助我们完善本学习辅导书。

编　者

2011.7 于哈尔滨

目　　录

第1章 复数与复变函数

1.1 知识要点

一、复数及其运算

1. 形如$z=x+\mathrm{i}y$或$z=x+y\mathrm{i}$的数，称为复数，其中x称为复数z的实部，y称为复数z的虚部，x,y都为实数，记为$x=\mathrm{Re}z,y=\mathrm{Im}z$. $\mathrm{i}=\sqrt{-1}$，称为虚单位.

2. 两个复数$z_1=x_1+\mathrm{i}y_1$与$z_2=x_2+\mathrm{i}y_2$相等，当且仅当它们的实部和虚部分别对应相等，即$x_1=x_2$且$y_1=y_2$.

3. 设复数$z_1=x_1+\mathrm{i}y_1,z_2=x_2+\mathrm{i}y_2$，则复数四则运算规定：

$$z_1\pm z_2=(x_1\pm x_2)+\mathrm{i}(y_1\pm y_2);$$

$$z_1\cdot z_2=(x_1x_2-y_1y_2)+\mathrm{i}(x_1y_2+x_2y_1);$$

$$\frac{z_1}{z_2}=\frac{x_1x_2+y_1y_2}{x_2^2+y_2^2}+\mathrm{i}\frac{x_2y_1-x_1y_2}{x_2^2+y_2^2},(z_2\neq 0).$$

从以上的四则运算还可以看出

$$\mathrm{Re}(z_1\pm z_2)=\mathrm{Re}z_1\pm\mathrm{Re}z_2;$$

$$\mathrm{Im}(z_1\pm z_2)=\mathrm{Im}z_1\pm\mathrm{Im}z_2.$$

4. 实部相同而虚部互为相反数的两个复数$x+\mathrm{i}y$和$x-\mathrm{i}y$称为互为共轭复数，复数z的共扼复数用$\bar{z}$表示，如果$z=x+\mathrm{i}y$，则记$\bar{z}=\overline{(x+\mathrm{i}y)}=x-\mathrm{i}y$.

5. 共轭复数的性质：

(1) $\overline{z_1\pm z_2}=\overline{z_1}\pm\overline{z_2},\overline{z_1\cdot z_2}=\bar{z}_1\cdot\bar{z}_2,\overline{\left(\frac{z_1}{z_2}\right)}=\frac{\bar{z}_1}{\bar{z}_2}(z_2\neq 0)$;

(2) $\bar{\bar{z}}=z$;

(3) $|z|=|\bar{z}|$;

(4) $|z|^2=z\cdot\bar{z}=(\mathrm{Re}z)^2+(\mathrm{Im}z)^2$;

(5) $z+\bar{z}=2\mathrm{Re}z,z-\bar{z}=2\mathrm{i}\mathrm{Im}z$.

类似的结果也可以推广到n个复数的运算上.

二、复数的表示法

1. 复数的点表示法

我们把平面上的点(x,y)与复数$z=x+\mathrm{i}y$对应，就建立了平面上全部的点和全体复数间的一一对应关系. 通常称x轴为实轴，y轴为虚轴，这样表示复数z的平面称为复平面或z平面.

2. 复数的向量表示法

复数$z=x+\mathrm{i}y$与从原点O到点z所引的向量$\boldsymbol{Oz}$也构成一一对应关系. 因此，也可以用向量$\boldsymbol{Oz}$来表示复数$z=x+\mathrm{i}y$，其中x,y顺次等于$\boldsymbol{Oz}$沿x轴与y轴的分量.

3. 复数的三角表示式

向量$\boldsymbol{Oz}$的长度称为复数z的模，记为$r=|z|=\sqrt{x^2+y^2}$. 向量$\boldsymbol{Oz}$与实轴正向的夹角称为复数z的辐角，记为Arg z. 满足

$$\tan(\mathrm{Arg}\, z) = \tan\theta = \frac{y}{x}.$$

记arg z为Arg z的主值或z的主辐角，满足

$-\pi<\arg z\leqslant\pi$;

$\mathrm{Arg}\, z=\arg z+2k\pi,(k=0,\pm1,\pm2,\cdots)$.

辐角主值arg z可以由$\arctan\dfrac{y}{x}$按如下关系来确定

$$\arg z = \begin{cases} \arctan\dfrac{y}{x}, & \text{当 } x>0 \text{ 时} \\ \dfrac{\pi}{2}, & \text{当 } x=0,y>0 \text{ 时} \\ \arctan\dfrac{y}{x}+\pi, & \text{当 } x<0,y\geqslant0 \text{ 时} \\ \arctan\dfrac{y}{x}-\pi, & \text{当 } x<0,y<0 \text{ 时} \\ -\dfrac{\pi}{2}, & \text{当 } x=0,y<0 \text{ 时} \end{cases}$$

特别地，一对共轭复数z和$\bar z$在复平面的位置是关于实轴对称的，所以若z不在原点和负实轴上，就有

$$\arg\bar z = -\arg z$$

通过直角坐标与极坐标的关系，我们可以用复数的模与辐角来表示非零复数z，有

$$z = x+\mathrm{i}y = r(\cos\theta+\mathrm{i}\sin\theta).$$

则称上式为非零复数z的三角表示式. 其中

$$\begin{cases} r = |z| = \sqrt{x^2 + y^2} \\ \tan\theta = \tan(\mathrm{Arg}\, z) = \dfrac{y}{x} \\ x = r\cos\theta, y = r\sin\theta \end{cases}$$

4. 复数的指数表示式

在 $z=r(\cos\theta+\mathrm{i}\sin\theta)$ 的基础上,z 又可以表示为

$$z = r\mathrm{e}^{\mathrm{i}\theta}.$$

即 $\mathrm{e}^{\mathrm{i}\theta}=\cos\theta+\mathrm{i}\sin\theta$. 称上式为非零复数 z 的指数表示式.

三、无穷远点与复球面

取一个在原点 O 与复平面相切的球面. 过原点作一条垂直于复平面的直线与球面交于另一点 N,N 称为北极,原点 O 记为点 S,S 称为南极. 在复平面上任取一点 z,用直线段将 N 与复球面上的一点 z 相连,此线段交球面于 P. 这样就建立球面上(不包括北极 N)的点与复平面上的点一一对应. 上述球面即为复球面. N 点称为无穷远点.

四、复数的乘幂与方根

1. 复数 z_1 与 z_2 的乘积和商满足以下公式

$$|z_1z_2| = |z_1||z_2|, \left|\frac{z_1}{z_2}\right| = \frac{|z_1|}{|z_2|}\ (z_2 \neq 0);$$

$$\mathrm{Arg}\, z_1z_2 = \mathrm{Arg}\, z_1 + \mathrm{Arg}\, z_2;$$

$$\mathrm{Arg}\left(\frac{z_1}{z_2}\right) = \mathrm{Arg}\, z_1 - \mathrm{Arg}\, z_2.$$

2. 若记 $z=r(\cos\theta+\mathrm{i}\sin\theta)$,则

$$z^n = r^n(\cos n\theta + \mathrm{i}\sin n\theta);$$

$$\sqrt[n]{z} = \sqrt[n]{r}\left(\cos\frac{\theta+2k\pi}{n} + \mathrm{i}\sin\frac{\theta+2k\pi}{n}\right)(k = 0,1,2,\cdots,n-1).$$

五、区域

1. 邻域:设 $z_0\in C$,其中 C 为复数域,$\varepsilon\in(0,+\infty)$. z_0 的 ε-邻域 $U(z_0,\varepsilon)$ 定义为

$$\{z \mid |z - z_0| < \varepsilon, z \in C\},$$

称集

$$\{z \mid |z - z_0| \leqslant \varepsilon, z \in C\}$$

为以 z_0 为中心,ε 为半径的闭圆盘,记为 $\overline{U}(z_0,\varepsilon)$.

2. 内点：若存在 $r>0$，使得 $U(z_0,r)\subset E$，则称 z_0 为 E 的内点. 所有点为内点的集合称为开集.

3. 边界点：若对任意 $r>0$，$U(z_0,r)$ 中都有 E 中的点和不属于 E 中的点，则称 z_0 为 E 的边界点. E 的边界点全体称为 E 的边界.

4. 区域：复平面上的非空集合 D，如果 D 是开集并且 D 中任意两点可以用属于 D 的折线连起来，则称 D 是一个区域.

区域 D 内及其边界上全部点所组成的集称为闭区域；如果存在 $M>0$，使得 D 内的每一个点 z_0 都满足 $|z_0|<M$，则称 D 是有界区域，否则为无界区域.

5. 连续曲线：设已给

$$z = z(t),(a\leqslant t\leqslant b),$$

如果 $\mathrm{Re}z(t)$ 和 $\mathrm{Im}z(t)$ 都在闭区间 $[a,b]$ 上连续，则称集合 $\{z(t)\mid t\in[a,b]\}$ 为一条连续曲线.

6. 若当曲线：如果对 $[a,b]$ 上任意不同两点 t_1 及 t_2，但不同时是 $[a,b]$ 的端点，我们有 $z(t_1)\neq z(t_2)$，那么上述集合称为一条简单连续曲线，或若当曲线. 若还有 $z(a)=z(b)$，则称为一条简单连续闭曲线，或若当闭曲线.

7. 光滑曲线：如果 $\mathrm{Re}z(t)$ 和 $\mathrm{Im}z(t)$ 都在闭区间 $[a,b]$ 上连续，且有连续的导函数，在 $[a,b]$ 上，$z'(t)\neq 0$ 则称集合 $\{z(t)\mid t\in[a,b]\}$ 为一条光滑曲线；类似地，可以定义分段光滑曲线.

8. 若当定理：任意一条若当闭曲线 C 把整个复平面分成两部分：一部分是有界的，称为 C 的内部；另一部分是无界的，称为 C 的外部. C 是这两部分的共同边界.

9. 连通区域：设 D 是一个区域，在复平面上，如果 D 内任何简单闭曲线的内部仍属于 D，则称 D 是单连通区域，否则称 D 是多连通区域.

六、复变函数的概念、极限及其连续性

1. 复变函数：设 D 为复平面上一个非空复数集合. 如果有一个法则 f，使得任意 $z=x+\mathrm{i}y\in D$，存在 $w=u+\mathrm{i}v$ 与之对应，则称 f 为 D 上的一个复变函数，记为

$$w = f(z).$$

其中 z 叫做自变量，w 叫做因变量，集合 D 叫做函数的定义域.

值得注意的是：此定义与传统的定义不同，它没有明确指出是否只有一个 w 和 z 对应；此外，此定义还说明单值复变函数 $w=f(z)$ 等价于两个实变量的实值函数，即若

$$z = x + \mathrm{i}y,$$

则

$$w = \mathrm{Re}f(z) + \mathrm{i}\,\mathrm{Im}f(z) = u(x,y) + \mathrm{i}v(x,y).$$

故 $w=f(z)$ 等价于两个二元实变函数 $u=u(x,y)$ 和 $v=v(x,y)$，它们是关于实变量 x 和 y 的函数.

2. 复变函数的几何表示——映射

我们这里定义的函数f也称为从D到复平面上的一个映射或映照. 把集合D表示在一个复平面上,称为z平面;把相应的函数值$w=f(z)$表示在另一个复平面上,称为w平面.

我们从集合论的观点可以这样理解,令$A=\{f(z) \mid z\in D\}$,记作$A=f(D)$,我们称映射$w=f(z)$把任意的$z_0\in D$映射成为$w_0=f(z_0)\in A$,把集合G映射成集合A. 称w_0及A分别为z_0和D的象,而称z_0和D分别为w_0及A的原象.

若$w=f(z)$把D中不同的点映射成A中不同的点,则称它是一个从D到A的双射.

3. 复变函数的极限

设函数$w=f(z)$在$0<|z-z_0|<\rho$内有定义,如果存在一个确定的数A,对于任给$\varepsilon>0$,可以找到一个与ε有关的正数$\delta=\delta(\varepsilon)>0$,使得当$0<|z-z_0|<\delta\leqslant\rho$时,恒有

$$|f(z)-A|<\varepsilon.$$

则称A为函数$f(z)$当z趋于z_0时的极限,记作

$$\lim_{z\to z_0}f(z)=A \text{ 或 } f(z)\to A(z\to z_0).$$

复变函数的极限定义中$z\to z_0$的方式是任意的,这比一元函数x仅从左右两个方向趋于x_0时存在极限$\lim\limits_{x\to x_0}f(z)$的要求更高.

4. 极限计算有以下两个定理

定理 1.1 $w=f(z)=u(x,y)+\mathrm{i}v(x,y)$在$0<|z-z_0|<\rho$内有定义,其中$z=x+\mathrm{i}y,z_0=x_0+\mathrm{i}y_0$,那么$\lim\limits_{z\to z_0}f(z)=A=u_0+\mathrm{i}v_0$的充要条件是

$$\lim_{\substack{x\to x_0\\ y\to y_0}}u(x,y)=u_0,\quad \lim_{\substack{x\to x_0\\ y\to y_0}}v(x,y)=v_0$$

这个定理告诉我们,求复变函数的极限可以转化为求该函数实部和虚部的极限,即两个二元函数的极限.

定理 1.2 若$\lim\limits_{z\to z_0}f(z)=A,\lim\limits_{z\to z_0}g(z)=B$,那么

(1) $\lim\limits_{z\to z_0}[f(z)\pm g(z)]=A\pm B$;

(2) $\lim\limits_{z\to z_0}[f(z)\cdot g(z)]=A\cdot B$;

(3) $\lim\limits_{z\to z_0}\left[\dfrac{f(z)}{g(z)}\right]=\dfrac{A}{B}(B\neq 0)$.

5. 复变函数的连续性

设函数$w=f(z)$在$0<|z-z_0|<\rho$内有定义,如果$\lim\limits_{z\to z_0}f(z)=f(z_0)$. 则称$f(z)$在$z_0$处连续;如果$f(z)$在$E$中每一点连续,则称$f(z)$在$E$上连续.

关于连续性有以下两个定理.

定理 1.3 如果$f(z)=u(x,y)+\mathrm{i}v(x,y),z_0=x_0+\mathrm{i}y_0$,则$f(z)$在$z_0$处连续的充要条件为

$$\lim_{x\to x_0, y\to y_0} u(x,y)=u(x_0,y_0),\ \lim_{x\to x_0, y\to y_0} v(x,y)=v(x_0,y_0).$$

即一个复变函数的连续性等价于两个实变二元函数的连续性.

这里复变函数连续性的定义与一元实变函数连续性的定义相似,我们可以仿照证明下述结论.

定理 1.4 如果两个函数 $f(z)$ 和 $g(z)$ 均在 $z=z_0$ 处连续,那么这两个复变函数的加、减、乘、除(分母不等于零)也在 $z=z_0$ 处连续.

1.2 典型例题

例 1 求下列复数的模与辐角主值:

(1) $\sqrt{3}+i$; (2) $\dfrac{1}{3+2i}$;

(3) $\left(\dfrac{1+\sqrt{3}i}{2}\right)^n$; (4) $i^8-4i^{21}+i$.

解 (1) $|z|=\sqrt{(\sqrt{3})^2+1}=2,\arg z=\arctan\dfrac{1}{\sqrt{3}}=\dfrac{\pi}{6}$.

(2) $\dfrac{1}{3+2i}=\dfrac{3-2i}{(3-2i)(3+2i)}=\dfrac{3}{13}+\left(\dfrac{-2}{13}\right)i$,

$$|z|=\sqrt{\left(\frac{3}{13}\right)^2+\left(\frac{-2}{13}\right)^2}=\frac{1}{\sqrt{13}},\arg z=-\arctan\frac{2}{3}.$$

(3) $\left(\dfrac{1+\sqrt{3}i}{2}\right)^n=(e^{i\pi/3})^n=\cos\left(\dfrac{n\pi}{3}\right)+i\sin\left(\dfrac{n\pi}{3}\right)$,

$$|z|=1,\arg z=\frac{n\pi}{3}+2k\pi\left(-\pi<\frac{n\pi}{3}+2k\pi\leqslant\pi \text{ 的 } k\right).$$

(4) $i^8-4i^{21}+i=(-1)^4-4i+i=1-3i$,

$$|z|=\sqrt{1+(-3)^2}=\sqrt{10},\arg z=-\arctan 3.$$

例 2 求满足下列条件的复数 z.

(1) $z+|z|=2+i$;

(2) $z=3+ai$,且 $|z-2|<2$;

(3) $(1+2i)\bar{z}=4+3i$.

解 (1) 设 $z=x+iy$,则 $x+iy+\sqrt{x^2+y^2}=2+i$.

由 $x+\sqrt{x^2+y^2}=2,y=1$,得 $x=\dfrac{3}{4}$,故 $z=\dfrac{3}{4}+i$.

(2) 因为 $|z-2|=|3+ai-2|=\sqrt{1+a^2}<2$,所以 a 的值可取 $(-\sqrt{3},\sqrt{3})$ 间任一实数,z 有

无穷多个.

(3) 因为 $\bar{z}=\dfrac{4+3\mathrm{i}}{1+2\mathrm{i}}=2-\mathrm{i}$,所以 $z=2+\mathrm{i}$.

例 3 求下列复数的三角表示式与指数表示式.

(1) $1-\sqrt{3}\mathrm{i}$;

(2) $-\sqrt{12}-2\mathrm{i}$;

(3) $\dfrac{(\cos 4\varphi-\mathrm{i}\sin 4\varphi)^2}{(\cos 3\varphi-\mathrm{i}\sin 3\varphi)^3}$.

解 (1) 因为 $|1-\sqrt{3}\mathrm{i}|=2$, $\mathrm{Arg}(1-\sqrt{3}\mathrm{i})=-\dfrac{\pi}{3}$,所以

$$1-\sqrt{3}\mathrm{i}=2\left(\cos\frac{\pi}{3}-\mathrm{i}\sin\frac{\pi}{3}\right)=2\mathrm{e}^{-\mathrm{i}\pi/3}.$$

(2) 因为 $|-\sqrt{12}-2\mathrm{i}|=\sqrt{12+4}=4$, $\arctan(-\sqrt{12}-2\mathrm{i})=-\dfrac{5}{6}\pi$,所以

$$-\sqrt{12}-2\mathrm{i}=4\left(\cos\frac{5}{6}\pi-\mathrm{i}\sin\frac{5}{6}\pi\right)=4\mathrm{e}^{-\mathrm{i}5\pi/6}.$$

(3) 先将分子、分母分别用指数式表出,则

$$\frac{(\cos 4\varphi-\mathrm{i}\sin 4\varphi)^2}{(\cos 3\varphi-\mathrm{i}\sin 3\varphi)^3}=\frac{(\mathrm{e}^{-\mathrm{i}4\varphi})^2}{(\mathrm{e}^{-\mathrm{i}3\varphi})^3}=\mathrm{e}^{\mathrm{i}\varphi}=\cos\varphi-\mathrm{i}\sin\varphi.$$

例 4 设 $z_1=1+\mathrm{i}$, $z_2=\sqrt{3}+\mathrm{i}$,求 z_1z_2.

解 直接计算

$$\begin{aligned}z_1z_2&=(1+\mathrm{i})(\sqrt{3}+\mathrm{i})=\sqrt{3}+\mathrm{i}+\sqrt{3}\mathrm{i}-1\\&=(\sqrt{3}-1)+\mathrm{i}(1+\sqrt{3})\end{aligned}$$

化为指数式, $z_1=\sqrt{2}\mathrm{e}^{\mathrm{i}\pi/4}$, $z_2=2\mathrm{e}^{\mathrm{i}\pi/6}$. 所以

$$z_1z_2=(\sqrt{2}\mathrm{e}^{\mathrm{i}\pi/4})(2\mathrm{e}^{\mathrm{i}\pi/6})=2\sqrt{2}\mathrm{e}^{\mathrm{i}5\pi/12}$$

显然,指数式运算更简单.

例 5 计算 $\sqrt[4]{1+\mathrm{i}}$.

解 因为 $1+\mathrm{i}=\sqrt{2}\left(\cos\dfrac{\pi}{4}+\mathrm{i}\sin\dfrac{\pi}{4}\right)=\sqrt{2}\mathrm{e}^{\mathrm{i}\pi/4}$,所以

$$\sqrt[4]{1+\mathrm{i}}=\sqrt[8]{2}\mathrm{e}^{\mathrm{i}(\frac{\pi}{4}+2k\pi)/4},\quad k=0,1,2,3.$$

其四个根为

$$w_1=\sqrt[8]{2}\left(\cos\frac{\pi}{16}+\mathrm{i}\sin\frac{\pi}{16}\right);$$

$$w_2=\sqrt[8]{2}\left(\cos\frac{9\pi}{16}+\mathrm{i}\sin\frac{9\pi}{16}\right);$$

$$w_3=\sqrt[8]{2}\left(\cos\frac{17\pi}{16}+\mathrm{i}\sin\frac{17\pi}{16}\right);$$

$$w_4=\sqrt[8]{2}\left(\cos\frac{25\pi}{16}+\mathrm{i}\sin\frac{25\pi}{16}\right).$$

这四个根是以原点为中心、半径为$\sqrt[8]{2}$的圆内接正四边形的四个顶点，w_1 的辐角 $\theta=\dfrac{\pi}{16}$.

例6 满足下列条件的点集是什么，如果是区域，是单连通域还是多连通域？

(1) $\mathrm{Im}(z)=3$； (2) $|z-\mathrm{i}|\leqslant|z+\mathrm{i}|$；

(3) $|z|<1,\mathrm{Re}(z)\leqslant\dfrac{1}{2}$； (4) $0<\arg(z-1)<\dfrac{\pi}{4},2<\mathrm{Re}(z)<3$.

解 (1) 是过点 3i 且平行于实轴的一条直线，不是区域.

(2) $|z-\mathrm{i}|\leqslant|z+\mathrm{i}|$是包含实轴的上半平面，是单连通区域.

(3) 是以原点为圆心、1 为半径的圆内部，直线 $x=\dfrac{1}{2}$(含直线)左边，是单连通域.

(4) 是以直线 $x=2$ 和 $x=3$ 为平行边，直线 $\arg(z-1)=\dfrac{\pi}{4}$和实轴为两腰的梯形内部，是单连通域.

例7 下列方程表示什么样的曲线？

(1) $z=1+\mathrm{i}t,0\leqslant t\leqslant 1$；

(2) $z=1+\mathrm{i}t+t^2,0\leqslant t\leqslant 1$；

(3) $|z+a|+|z-a|=b$，a,b 均为正实数；

(4) $|z-a|=\mathrm{Re}(z-b)$，a,b 均为正实数.

解 (1) 由 $z=x+\mathrm{i}y$，得 $x=1,y=t(0\leqslant t\leqslant 1)$，是由点 $z_1=1$ 到点 $z_2=1+\mathrm{i}$ 的直线段.

(2) 由 $z=x+\mathrm{i}y$，得 $x=1+t^2,y=t(0\leqslant t\leqslant 1)$，是抛物线 $y^2=x-1$ 上由点 $z_1=1$ 到点 $z_2=2+\mathrm{i}$ 的一段弧.

(3) 由 $z=x+\mathrm{i}y$，得

$$\sqrt{(x+a)^2+y^2}=-\sqrt{(x-a)^2+y^2}+b,$$

两边化简，得

$$\frac{4x^2}{b^2}+\frac{4y^2}{b^2-4a^2}=1.$$

当 $b>2a$ 时，z 的轨迹为一椭圆；当 $b=2a$ 时，z 的轨迹缩为一点.

(4) 原式化为 $\sqrt{(x-a)^2+y^2}=x-b$，两边平方，得

$$(x-a)^2+y^2=(x-b)^2,$$

即

$$y^2-(b^2-a^2)=2(a-b)x.$$

是一条开口向右的抛物线.

例 8 在映射 $w=z^2$ 下，下列 z 平面上的图形映射为 w 平面上的什么图形？

(1) $0<r<2,\theta=\dfrac{\pi}{4}$；

(2) $0<\theta<\dfrac{\pi}{4},0<r<2$；

(3) $x^2-y^2=C_1,2xy=C_2$.

解 $w=z^2$ 对应两个二元实函数：$u=x^2-y^2,v=2xy$. 通过关于乘法的模与辐角的定理知，映射 $w=z^2$ 使 z 的辐角增加一倍. 因此

(1) 记 $w=\rho e^{i\varphi}$，则 $0<r<2,\theta=\dfrac{\pi}{4}$映射为 w 平面内虚轴上自点 0 到 4i 的一段，即

$$0<\rho<4,\varphi=\frac{\pi}{2}.$$

(2) 记 $w=\rho e^{i\varphi}$，则 $0<\theta<\dfrac{\pi}{4},0<r<2$ 映为 w 平面上扇形域，即

$$0<\varphi<\frac{\pi}{2},0<\rho<4.$$

(3) 将 $x^2-y^2=C_1,2xy=C_2$ 映为 w 平面上两族平行直线 $u=C_1,v=C_2$.

例 9 在映射 $w=\dfrac{1}{z}$下，下列曲线映为 w 平面上的什么图形？

(1) $x^2+y^2=4$；

(2) $(x-1)^2+y^2=1$.

解 (1) $u+iv=\dfrac{1}{z}=\dfrac{x}{x^2+y^2}-i\dfrac{y}{x^2+y^2}$，得

$$u=\frac{x}{x^2+y^2},v=\frac{-y}{x^2+y^2}\Rightarrow u^2+v^2=\frac{1}{x^2+y^2}.$$

所以，$x^2+y^2=4$ 映为 w 平面上 $u^2+v^2=\dfrac{1}{4}$，是 w 平面上以原点为圆心、半径为$\dfrac{1}{2}$的圆.

(2) 换一种方法. 因为 $w=1/z,z=1/w,\bar{z}=1/\bar{w}$，而$(x-1)^2+y^2=1$，整理得 $x^2+y^2-2x=0$. 即 $z\bar{z}-z-\bar{z}=0$，代入得

$$\frac{1}{w}\cdot\frac{1}{\bar{w}}-\frac{1}{w}-\frac{1}{\bar{w}}=0$$

或

$$w+\bar{w}=1\Rightarrow u=1/2$$

是 w 平面上的直线 $u=1/2$.

例 10 证明：函数 $f(z)=\dfrac{1}{2i}\left(\dfrac{z}{\bar{z}}-\dfrac{\bar{z}}{z}\right)$当 $z\to0$ 时极限不存在.

证明 $f(z)=\dfrac{1}{2i}\dfrac{z^2-\bar{z}^2}{z\bar{z}}=\dfrac{2\text{Re}(z)\cdot2i\text{Im}(z)}{2i|z|^2}$

$$=\frac{2\mathrm{Re}(z)\cdot\mathrm{Im}(z)}{|z|^2}=\frac{2xy}{x^2+y^2}.$$

令 z 沿直线 $y=kx$ 趋向于零，有

$$\lim_{\substack{x\to0\\y=kx\to0}}u(x,y)=\lim_{\substack{x\to0\\y=kx\to0}}\frac{2xy}{x^2+y^2}=\lim_{\substack{x\to0\\y=kx\to0}}\frac{2kx^2}{x^2(1+k^2)}=\frac{2k}{(1+k^2)}.$$

显然，当 k 取不同值时，$u(x,y)$ 趋向于不同的值. 所以，$\lim\limits_{z\to0}f(z)$ 不存在.

例 11 求下列极限：

(1) $\lim\limits_{z\to\infty}\dfrac{1}{1+z^2}$；

(2) $\lim\limits_{z\to\mathrm{i}}\dfrac{z-\mathrm{i}}{z(1+z^2)}$；

(3) $\lim\limits_{z\to1}\dfrac{z\bar{z}+2z-\bar{z}-2}{z^2-1}$.

解 (1) 令 $z=\dfrac{1}{t}$，则 $z\to\infty$ 时，$z\to0$，于是

$$\lim_{z\to\infty}\frac{1}{1+z^2}=\lim_{t\to0}\frac{t^2}{1+t^2}=0.$$

(2) 因为 $\dfrac{z-\mathrm{i}}{z(1+z^2)}=\dfrac{z-\mathrm{i}}{z(z-\mathrm{i})(z+\mathrm{i})}=\dfrac{1}{z(z+\mathrm{i})}$，所以

$$\lim_{z\to\mathrm{i}}\frac{z-\mathrm{i}}{z(1+z^2)}=\lim_{z\to\mathrm{i}}\frac{1}{z(z+\mathrm{i})}=-\frac{1}{2}.$$

(3) 因为 $\dfrac{z\bar{z}+2z-\bar{z}-2}{z^2-1}=\dfrac{(\bar{z}+2)(z-1)}{(z+1)(z-1)}=\dfrac{(\bar{z}+2)}{(z+1)}$，所以

$$\lim_{z\to1}\frac{z\bar{z}+2z-\bar{z}-2}{z^2-1}=\lim_{z\to1}\frac{(\bar{z}+2)}{(z+1)}=\frac{3}{2}.$$

例 12 证明函数 $\arg z$ 在原点与负实轴上不连续.

证明 当 z_0 为负实轴上点 $z_0=x_0(x_0<0)$ 时，有

$$\lim_{x\to x_0}(\arg z)=\begin{cases}\lim\limits_{\substack{x\to x_0\\y\to0^+}}[\arctan(y/x+\pi)]=\pi\\ \lim\limits_{\substack{x\to x_0\\y\to0^-}}[\arctan(y/x-\pi)]=-\pi\end{cases}$$

所以，$\lim\limits_{x\to x_0}(\arg z)$ 不存在，函数在负实轴上不连续. 在原点，由于辐角不确定，$\mathrm{Arg}\,z$ 无意义，所以不连续. 综上所述可知，$\mathrm{Arg}\,z$ 在除原点和负实轴外的全平面都连续.

1.3 同步训练题

1. 填空题

(1) 已知 $z=\dfrac{\sqrt{2}}{2}(1-\mathrm{i})$,则 $z^{100}+z^{50}+1$ 的值为(　　).

(2) 已知方程 $(1+2\mathrm{i})\bar{z}=4+3\mathrm{i}$,则 $z=$(　　).

(3) 复数 $\dfrac{(1-\mathrm{i})^5-1}{(1+\mathrm{i})^5+1}=$(　　).

(4) $\left|\sqrt{8+6\mathrm{i}}\right|=$(　　).

(5) 若 $f(z^2+1)=|z|$,则 $f(0)=$(　　).

2. 选择题

(1) 设复数 z 满足 $\arg(z+2)=\dfrac{\pi}{3}$,$\arg(z-2)=\dfrac{5\pi}{6}$,那么 $z=$(　　).

A. $-1+\sqrt{3}\mathrm{i}$　　B. $-\sqrt{3}+\mathrm{i}$

C. $-\dfrac{1}{2}+\dfrac{\sqrt{3}}{2}\mathrm{i}$　　D. $-\dfrac{\sqrt{3}}{2}+\dfrac{1}{2}\mathrm{i}$

(2) 集合 $D=\{z\,|\,0<|z|<1\}$,则 D 是(　　).

A. 无界域　　B. 多连域

C. 单连域　　D. 闭区域

(3) 下列函数中,都有 $f(0)=0$,则(　　)在原点不连续.

A. $f(z)=\dfrac{\mathrm{Re}z}{1+|z|}$　　B. $f(z)=\dfrac{[\mathrm{Re}z]^2}{|z|}$

C. $f(z)=\dfrac{\mathrm{Re}z^2}{|z|^2}$　　D. $f(z)=\dfrac{[\mathrm{Re}z^2]^2}{|z|^2}$

(4) 已知方程 $z^3-z^2+z-1=0$,(　　)不是它的根.

A. i　　B. −1

C. 1　　D. −i

(5) 函数 $f(z)=u(x,y)+\mathrm{i}v(x,y)$ 在点 $z_0=x_0+\mathrm{i}y_0$ 处连续的充要条件是(　　).

A. $u(x,y)$ 在 (x_0,y_0) 处连续

B. $v(x,y)$ 在 (x_0,y_0) 处连续

C. $u(x,y)$ 和 $v(x,y)$ 在 (x_0,y_0) 处连续

D. $u(x,y)+v(x,y)$ 在 (x_0,y_0) 处连续

3. 求复数 $\dfrac{(3+4\mathrm{i})(2-\mathrm{i})}{2\mathrm{i}}$ 的实部、虚部、模和辐角.

4. 已知映射 $w=z^3$，求点 $z_1=\mathrm{i}, z_2=1+\mathrm{i}, z_3=1+\sqrt{3}\mathrm{i}$ 在 w 平面上的象.

5. 函数 $w=\dfrac{1}{z}$ 把下列 z 平面上的曲线 $y=2x$ 映射成 w 平面上怎样的曲线？

6. 指出下列各题中点 z 的轨迹或所在范围：

(1) $|z-1|=2$ (2) $\mathrm{Re}(\mathrm{i}\bar{z})=5$

(3) $|z-2\mathrm{i}|=|z-2|$ (4) $|z-1|+|z+3|=6$

7. 指出下列各式所确定的区域或闭区域，并指出它是有界的还是无界的，是单连通域还是多连通域.

(1) $1<|z|\leqslant 5$ (2) $|z-2|-|z+2|>2$

(3) $|z-1|+|z+1|\leqslant 3$ (4) $0<\mathrm{Im}(\mathrm{i}z)<2$

1.4 同步训练题答案

1. 填空题

(1) $-\mathrm{i}$，(2) $2+\mathrm{i}$，(3) $\dfrac{-1-32\mathrm{i}}{25}$，(4) $\sqrt{10}$，(5) 1

2. 选择题

(1)A (2)B (3)C (4)B (5)C

3. $\mathrm{Re}z=\dfrac{5}{2}, \mathrm{Im}z=-5, |z|=\dfrac{5\sqrt{5}}{2}, \mathrm{Arg}\,z=[\arctan(-2)+\pi]+2k\pi, k=0,\pm1,\pm2,\cdots$

4. $\mathrm{i}^3=-\mathrm{i}, (1+\mathrm{i})^3=2\mathrm{i}-2, (1+\sqrt{3}\mathrm{i})^3=-8$

5. $v=-2u$

6. **解** (1) 表示以(1,0)为圆心，以 2 为半径的圆周.

(2) 表示直线 $y=5$.

(3)表示直线 $y=x$.

(4)表示以(1,0)和(−3,0)两点为焦点，长轴为 6 的椭圆.

7. **解** (1) 以原点为中心，1 和 5 为半径的圆环内部，不包含小圆边界，包含大圆边界；是有界，半开半闭的多连通.

(2) 双曲线 $x^2-\dfrac{1}{3}y^2=1$ 左边分支的左侧区域，不含边界；是无界，开的单连通域.

(3) 椭圆$\dfrac{4x^2}{9}+\dfrac{4y^2}{5}=1$ 的内部区域，包含边界；是有界，闭的单连通域.

(4) $0<x<2$ 的带形区域；是无界，开的单连通域.

1.5 教材同步精选习题精解

1. 试求 x,y 为何值时,下列等式成立?(x 和 y 都是实数)

(1) $\dfrac{x+1+\mathrm{i}(y-3)}{5+3\mathrm{i}}=1+\mathrm{i}$

(2) $(x+y)^2\mathrm{i}-\dfrac{6}{\mathrm{i}}-x=-y+5(x+y)\mathrm{i}-1$

(3) $x+\mathrm{i}y=\sqrt{a+b\mathrm{i}}$

解 (1) 略;

(2) 原式可写为 $[(x+y)^2+6]\mathrm{i}-x=(-y-1)+5(x+y)\mathrm{i}$,则有

$$\begin{cases}(x+y)^2+6=5(x+y)\\ x=y+1\end{cases}$$

可知

$$\begin{cases}x+y=2\\ x=y+1\end{cases} \text{或者} \begin{cases}x+y=3\\ x=y+1\end{cases}$$

解得

$$\begin{cases}x=\dfrac{3}{2}\\ y=\dfrac{1}{2}\end{cases} \text{或者} \begin{cases}x=2\\ y=1\end{cases}.$$

(3) 略.

4. 证明

(1) $\bar{\bar{z}}=z$;

(2) $|z|^2=z\bar{z}$

(3) $\mathrm{Re}(z)=\dfrac{z+\bar{z}}{2}$;

(4) $\mathrm{Im}(z)=\dfrac{z-\bar{z}}{2\mathrm{i}}$

解 设 $z=x+\mathrm{i}y$

(1) $\bar{\bar{z}}=\overline{\overline{x+\mathrm{i}y}}=\overline{x-\mathrm{i}y}=z$;

(2) $|z|^2=x^2+y^2$,而 $z\bar{z}=(x+\mathrm{i}y)(x-\mathrm{i}y)=|z|^2$;

(3) $\dfrac{1}{2}(z+\bar{z})=\dfrac{1}{2}(x+\mathrm{i}y+x-\mathrm{i}y)=x=\mathrm{Re}z$;

(4) 与(3)证明类似.

5. 对任意复数 z, $|z|^2=z^2$ 是否成立?如果是,请给出证明,如果不是,那么对哪些 z 值, $|z|^2=z^2$ 成立?

解 否. 设 $z=x+\mathrm{i}y$,则

$$|z|^2=x^2+y^2, z^2=x^2-y^2+2xy\mathrm{i},$$

若 $|z|^2=z^2$,则有

$$y^2=-y^2, \text{且 } 2xy=0 \text{ 即 } y=0,$$

可见当 $z=x$ 为实数时,有 $|z|^2=z^2$.

7. 将下列复数化为三角表达式和指数表达式.

(1) $5\mathrm{i}$; (2) $1+\sqrt{3}\mathrm{i}$;

(3) -2; (4) $\sqrt{3}-\mathrm{i}$;

(5) $-2+5\mathrm{i}$; (6) $-2-\mathrm{i}$.

解 (1) 略;(2) 略;(3) 略;(4) 略;

(5) $-2+5\mathrm{i}=\sqrt{29}\left(-\dfrac{2}{\sqrt{29}}+\dfrac{5}{\sqrt{29}}\mathrm{i}\right)$

$=\sqrt{29}\left\{\cos\left[\arctan\left(-\dfrac{5}{2}\right)+\pi\right]+\mathrm{i}\sin\left[\arctan\left(-\dfrac{5}{2}\right)+\pi\right]\right\}$

$=\sqrt{29}\exp\left\{\mathrm{i}\arctan\left(-\dfrac{5}{2}\right)+\pi\right\}$;

(6) $-2-\mathrm{i}=\sqrt{5}\left(-\dfrac{2}{\sqrt{5}}-\dfrac{1}{\sqrt{5}}\mathrm{i}\right)=\sqrt{5}\left(\cos\dfrac{1}{2}+\mathrm{i}\sin\dfrac{1}{2}\right)=\sqrt{5}\,\mathrm{e}^{\frac{1}{2}\mathrm{i}}$.

9. 证明

$$|z_1+z_2|^2+|z_1-z_2|^2=2(|z_1|^2+|z_2|^2)$$

并说明它的几何意义.

证明 设 $z_1=x_1+\mathrm{i}y_1, z_2=x_2+\mathrm{i}y_2$,则

$$|z_1+z_2|^2=(x_1+x_2)^2+(y_1+y_2)^2, |z_1-z_2|^2=(x_1-x_2)^2+(y_1-y_2)^2$$

可知

$$|z_1+z_2|^2+|z_1-z_2|^2=2(x_1^2+y_1^2+x_2^2+y_2^2)=2(|z_1|^2+|z_2|^2)$$

几何意义:平行四边形四条边的平方和等于对角线的平方和.

10. 设 $z=x+\mathrm{i}y$,证明 $\dfrac{|x|+|y|}{\sqrt{2}}\leqslant|z|\leqslant|x|+|y|$.

证明 首先考察左边的不等式,由于 $x^2+y^2\geqslant2|x|\cdot|y|$,则

$$(|x|+|y|)^2\leqslant2(x^2+y^2)=2|z|^2,$$

故

$$\frac{|x|+|y|}{\sqrt{2}}\leqslant|z|.$$

右边的不等式显然成立.

11. 设 z_1, z_2, z_3 是三个复数,满足等式

$$\frac{z_2-z_1}{z_3-z_1}=\frac{z_1-z_3}{z_2-z_3}$$

求证 $|z_2-z_1|=|z_3-z_1|=|z_2-z_3|$,并说明它的几何意义.

几何意义:z_1, z_2, z_3 为圆内接正三角形的三个顶点.

证明　由所给等式可得

$$\left|\frac{z_2-z_1}{z_3-z_1}\right|=\left|\frac{z_1-z_3}{z_2-z_3}\right|\Rightarrow |z_1-z_3|^2=|z_2-z_1|\cdot|z_2-z_3|$$

再由

$$\frac{z_2-z_1}{z_3-z_1}-1=\frac{z_1-z_3}{z_2-z_3}-1\Rightarrow\frac{z_2-z_1}{z_3-z_1}=\frac{z_1-z_3}{z_2-z_3}\Rightarrow\left|\frac{z_2-z_3}{z_3-z_1}\right|=\left|\frac{z_1-z_2}{z_2-z_3}\right|$$

$$\Rightarrow|z_2-z_3|^2=|z_1-z_2|\cdot|z_3-z_1|$$

相除得 $|z_1-z_3|^3=|z_2-z_3|^3$,故 $|z_1-z_3|=|z_2-z_3|$,再由知 $|z_1-z_2|=|z_2-z_3|$,从而有结论 $|z_2-z_3|=|z_2-z_1|=|z_3-z_1|$. 这说明,当 z_1, z_2, z_3 满足 $\frac{z_2-z_1}{z_3-z_1}=\frac{z_1-z_3}{z_2-z_3}$ 时,以 z_1, z_2, z_3 为顶点的三角形是等边三角形.

12. 设 $z=e^{i\theta}$,证明

(1) $z^n+\frac{1}{z^n}=2\cos n\theta$　　　　(2) $z^n-\frac{1}{z^n}=2i\sin n\theta$

证明　由于 $z=e^{i\theta}=\cos\theta+i\sin\theta$,则有

$$z^n=\cos n\theta+i\sin n\theta,\frac{1}{z^n}=\cos n\theta+i\sin n\theta$$

$$z^n+\frac{1}{z^n}=2\cos n\theta,z^n-\frac{1}{z^n}=2i\sin n\theta$$

结论得证.

13. 解方程 $z^4+a^4=0$($a>0$ 为实数).

解　$z=a\left[\cos\left(\frac{\pi+2k\pi}{4}\right)+i\sin\left(\frac{\pi+2k\pi}{4}\right)\right],k=0,1,2,3.$

14. 求 $z=\frac{1}{2}(\sqrt{2}+i\sqrt{2})$ 的三次方根.

解　$z=\cos\frac{\frac{\pi}{4}+2k\pi}{3}+i\sin\frac{\frac{\pi}{4}+2k\pi}{3},k=0,1,2.$

16. 指出下列各题中点 z 的轨迹或所在范围

(1) $|z+1|=2$;　　　　(2) $|z-2i|\geqslant 1$;

(3) $\left|\frac{1}{z}\right|<3$;

(4) $\mathrm{Re}(\mathrm{i}\bar{z})=3$;

(5) $\mathrm{Im}(\bar{z}-2\mathrm{i})=1$;

(6) $|z-\mathrm{i}|=|z+1|$;

(7) $|z|\leqslant|z-4|$;

(8) $\left|\frac{z-1}{z+1}\right|<1$;

(9) $|z+1|+|z+3|=4$;

(10) $\arg(z-\mathrm{i})=\frac{\pi}{4}$.

解 (1) 表示以$(-1,0)$为圆心,以 2 为半径的圆周;

(2)表示以$(0,2)$为圆心,1 为半径的圆的外部,包括圆周;

(3)表示以原点为圆心,以$\frac{1}{3}$为半径的圆的外部;

(4)表示直线 $y=3$;

(5)表示直线 $y=-3$;

(6)表示直线 $y=-x$;

(7)表示直线 $x=2$ 的左侧,包括 $x=2$;

(8)表示直线 $x=0$ 的左侧;

(9)表示以$(-1,0)$和$(-3,0)$两点为焦点,长轴为 4 的椭圆;

(10)以 i 为起点的射线 $y=x+1(x>0)$.

17. 指出下列各式所确定的区域或闭区域,并指出它是有界的还是无界的,是单连通域还是多连通域.

(1) $\mathrm{Im}z<0$;

(2) $|z|+\mathrm{Re}z<1$;

(3) $1<\arg z<1+\pi$;

(4) $|z-1|<4|z+1|$;

(5) $1<|z|\leqslant3$;

(6) $1\leqslant|z-\mathrm{i}|\leqslant4$;

(7) $|z-2|-|z+2|>1$;

(8) $z\bar{z}-(2+\mathrm{i})z-(2-\mathrm{i})\bar{z}\leqslant4$;

(9) $|z-2|+|z+2|\leqslant6$;

(10) $0<\mathrm{Im}(\mathrm{i}z)<2$.

解 (1) 不包含实轴的下半平面;是无界的,开的单连通域.

(2)以抛物线 $y^2=1-2x$ 为边界的左侧内部区域,不含边界;是无界,开的单连通域.

(3)由射线 $\theta=1,\theta=1+\pi$ 构成的角形线,不包含两射线在内;是无界,开的单连通域.

(4)中心在 $z=-\frac{17}{15}$半径为$\frac{8}{15}$的圆周外部区域,不含边界;是无界,开的多连通域.

(5)以原点为中心,1 和 3 为半径的圆环内部,不包含小圆边界,包含大圆边界;是有界,半开半闭的多连通.

(6)以$(0,\mathrm{i})$为中心,1 和 2 为半径的圆环内部,包含边界;是有界,封闭的多连通域.

(7)双曲线 $4x^2-\frac{4}{15}y^2=1$ 左边分支的左侧区域,不含边界;是无界,开的单连通域.

(8)圆$(x-2)^2+(y+1)^2=9$的内部区域,包含边界;是有界,封闭的单连通域.

(9)椭圆$\frac{x^2}{9}+\frac{y^2}{5}=1$的内部区域,包含边界;是有界,封闭的单连通域.

(10)$0<x<2$的带形区域;是无界,开的单连通域.

18. 证明z平面上的直线方程可以写成

$$a\bar{z}+\bar{a}z=c$$

其中a是非零复常数,c是实常数.

证明 $y=kx+b$,若$z=x+\mathrm{i}y$,则$y=\mathrm{Im}z=\frac{z-\bar{z}}{2\mathrm{i}}$,$x=\mathrm{Re}z=\frac{z+\bar{z}}{2}$

所以有$\frac{z-\bar{z}}{2\mathrm{i}}=\frac{k}{2}(z+\bar{z})+b$,$z-\bar{z}=k\mathrm{i}(z+\bar{z})+2\mathrm{i}b$. 整理得

$$z(k+\mathrm{i})+\bar{z}(k-\mathrm{i})=-2b.$$

取$a=(k+\mathrm{i})$,$c=-2b$. 则直线方程为$a\bar{z}+\bar{a}z=c$.

19. 试用复数表示圆的方程:

$$a(x^2+y^2)+bx+cy+d=0\quad(a\neq 0)$$

其中a,b,c,d是实常数.

解 原方程可化为$az\bar{z}+b\left(\frac{z+\bar{z}}{2}\right)+c\frac{z-\bar{z}}{2\mathrm{i}}+d=0$. 整理得

$$z\bar{z}+z\left(\frac{b}{2a}-\frac{c}{2a}\mathrm{i}\right)+\bar{z}\left(\frac{b}{2a}+\frac{c}{2a}\mathrm{i}\right)+\frac{d}{a}=0$$

20. 将下列方程(t是实参数)用一个实直角坐标系方程表示,并指出其表示的曲线.

(1)$z=(1+2\mathrm{i})t$;

(2)$z=a\cos t+\mathrm{i}b\sin t$($a,b$为实常数);

(3)$z=t+\frac{\mathrm{i}}{t}$;

(4)$z=a\mathrm{e}^{\mathrm{i}t}+b\mathrm{e}^{-\mathrm{i}t}$.

解 (1)直角坐标系方程为$\begin{cases}x=t\\y=2t\end{cases}$,曲线为$y=2x$.

(2)直角坐标系方程为$\begin{cases}x=a\cos t\\y=b\sin t\end{cases}$,曲线为$\frac{x^2}{a^2}+\frac{y^2}{b^2}=1$.

(3)直角坐标系方程为$\begin{cases}x=t\\y=\frac{1}{t}\end{cases}$,曲线为$xy=1$.

(4)直角坐标系方程为$\begin{cases}x=(a+b)\cos t\\y=(a-b)\sin t\end{cases}$,曲线为$\frac{x^2}{(a+b)^2}+\frac{y^2}{(a-b)^2}=1$.

21. 把下列曲线写成复变量形式 $z=z(t)$, t 为实数.

(1) $x^2+y^2=4$;　　(2) $(x-1)^2+y^2=9$;

(3) $y=4$;　　(4) $x=2$;

(5) $y=x$.

解 (1) $z=2(\cos t+\mathrm{i}\sin t)$, $0\leqslant t\leqslant 2\pi$.

(2) $z=(3\cos t+1)+3\mathrm{i}\sin t$, $0\leqslant t\leqslant 2\pi$.

(3) $z=4\mathrm{i}+t$, $-\infty<t<+\infty$.

(4) $z=2+\mathrm{i}t$, $-\infty<t<+\infty$.

(5) $z=(1+\mathrm{i})t$, $-\infty<t<+\infty$.

22. 已知映射 $w=z^3$, 求

(1) 点 $z_1=\mathrm{i}$, $z_2=1-\mathrm{i}$, $z_3=\sqrt{3}+\mathrm{i}$ 在 w 平面上的像.

(2) 区域 $0<\arg z<\dfrac{\pi}{3}$ 在 w 平面上的像.

解 (1) $z_1^3=-\mathrm{i}$, $z_2^3=2\sqrt{2}\left(-\dfrac{\sqrt{2}}{2}-\dfrac{\sqrt{2}}{2}\mathrm{i}\right)=-2(1+\mathrm{i})$, $z_3^3=8\mathrm{i}$.

(2) $0<\arg z^3<\pi$

23. 函数 $w=\dfrac{1}{z}$ 把下列 z 平面上的曲线映射成 w 平面上怎样的曲线?

(1) $x^2+y^2=4$;　　(2) $y=x$;

(3) $x=1$;　　(4) $y=3$;

(5) $(x-1)^2+y^2=1$.

解 (1) $u^2+v^2=\dfrac{1}{4}$. 以原点为圆心, 以 2 为半径→以 $\dfrac{1}{2}$ 为半径.

(2) $z=(1+\mathrm{i})t$, $w=\dfrac{1}{z}=\dfrac{1}{2t(1-\mathrm{i})}=\dfrac{1}{4t}(1+\mathrm{i})$.

27. 设 $f(z)$ 在 z_0 处连续且 $f(z_0)\neq 0$, 证明存在 z_0 的某邻域使得在该领域内 $f(z)\neq 0$.

证明 由于 $f(z_0)\neq 0$, 因此 $|f(z_0)|>0$. 又因为 $f(z)$ 在点 z_0 连续, 所以对 $\varepsilon_0=\dfrac{1}{2}|f(z_0)|>0$, $\exists\delta>0$, 使得当 $0<|z-z_0|<\delta$ 时, 有

$$|f(z)-f(z_0)|<\varepsilon_0=\frac{1}{2}|f(z_0)|$$

成立. 又 $|f(z_0)|-|f(z)|<|f(z)-f(z_0)|$, 故 $|f(z_0)|-|f(z)|<\dfrac{1}{2}|f(z_0)|$, 从而

$$|f(z)|>|f(z_0)|-\frac{1}{2}|f(z_0)|=\frac{1}{2}|f(z_0)|>0$$

即存在 z_0 的 δ 邻域,在这个邻域内 $f(z)\neq 0$.

28. 求极限 $\lim\limits_{z\to 2+\mathrm{i}}\dfrac{\bar{z}}{z}$.

解 因 $f(z)=\dfrac{\bar{z}}{z}=\dfrac{\bar{z}^2}{5}$ 在 $z=2+\mathrm{i}$ 处连续,故

$$\lim_{z\to 2+\mathrm{i}}\frac{\bar{z}}{z}=\lim_{z\to 2+\mathrm{i}}\frac{\bar{z}^2}{2^2+1}=\frac{3-4\mathrm{i}}{5}.$$

思 考 题

1. 复数能比较大小吗?

答 实数能比较大小,因为实数是有序的;而复数是无序的,所以不能比较大小. 然而复数的模、实部和虚部都是实数,辐角也是实数,是有序的. 因此,可以比较两个复数的模、实部、虚部和辐角的大小. 在这个意义上,也称复数是部分有序的.

2. 复数可以用向量表示,是否可以认为复数的运算与向量的运算相同?

答 不能.

比如说:向量运算有数量积、向量积和混合积,复数则没有;复数运算有乘、除、乘幂和方根,向量则没有.

3. 复变函数与实变函数有什么联系?

答 可以认为相同. 复变函数 $w=f(z)$ 等价于两个实变量的实值函数,即 $w=f(z)$ 等价于两个二元实变函数 $u=u(x,y)$ 和 $v=v(x,y)$,所以可以把对复变函数的研究看作对两个实二元函数的研究.

第2章　解析函数

2.1　知识要点

本章重点是理解复变函数的导数，解析函数和调和函数的基本概念，掌握判断复变函数可导．解析和调和的方法．学习本章时应注意以下几点．

一、解析函数的概念

1．设函数 $w=f(z)$ 在区域 D 内有定义，$z_0 \in D, z_0+\Delta z \in D$，如果极限 $\lim\limits_{\Delta z \to 0}\dfrac{f(z_0+\Delta z)-f(z_0)}{\Delta z}$ 存在，则称此极限为 $f(z)$ 在点 z_0 处的导数，记为 $f'(z_0)$，即，$f'(z_0)=\lim\limits_{\Delta z \to 0}\dfrac{\Delta w}{\Delta z}=\lim\limits_{\Delta z \to 0}\dfrac{f(z_0+\Delta z)-f(z_0)}{\Delta z}$．此时，称 $f(z)$ 在点 z_0 处可导．否则称 $f(z)$ 在点 z_0 处不可导．

如果 $f(z)$ 在区域 D 内处处可导，那么称 $f(z)$ 在 D 内可导．

2．可导与连续

在复平面内处处连续的函数，不一定处处可导．若函数 $f(z)$ 在点 z_0 处可导，则 $f(z)$ 必在点 z_0 处连续．并且 $f'(z)=\alpha=a+\mathrm{i}b=\dfrac{\partial u}{\partial x}+\mathrm{i}\dfrac{\partial v}{\partial x}=\dfrac{\partial v}{\partial y}-\mathrm{i}\dfrac{\partial u}{\partial y}$．

3．如果 $f(z)$ 在 z_0 及 z_0 的某个邻域内处处可导，则称 $f(z)$ 在 z_0 处解析，并称 z_0 是函数 $f(z)$ 的解析点．如果 $f(z)$ 在区域 D 内处处解析，则我们称 $f(z)$ 在 D 内解析，也称 $f(z)$ 是 D 内的解析函数（全纯函数或正则函数）．如果 $f(z)$ 在 z_0 不解析，那么称 z_0 是函数 $f(z)$ 的奇点．由定义可知，函数在区域内解析与在区域内可导是等价的．

二、函数解析的充要条件

定理 2.1：设函数 $f(z)=u(x,y)+\mathrm{i}v(x,y)$ 在区域 D 内有定义，那么 $f(z)$ 在区域 D 内解析的充要条件是：(1) 实部 $u(x,y)$ 和虚部 $v(x,y)$ 在 D 内任意一点 (x,y) 处可微；(2) $u(x,y)$ 和 $v(x,y)$ 满足柯西－黎曼方程（简称 C－R 方程）$\dfrac{\partial u}{\partial x}=\dfrac{\partial v}{\partial y},\dfrac{\partial u}{\partial y}=-\dfrac{\partial v}{\partial x}$．

定理 2.2：设函数 $f(z)=u(x,y)+\mathrm{i}v(x,y)$ 在区域 D 内有定义，$z_0 \in D$，那么 $f(z)$ 在 z_0 点解析的充要条件是：存在 z_0 的一个邻域，在此邻域内 (1) 实部 $u(x,y)$ 和虚部 $v(x,y)$ 可微；(2)

$u(x,y)$和$v(x,y)$满足柯西－黎曼方程(简称C－R方程)$\frac{\partial u}{\partial x}=\frac{\partial v}{\partial y},\frac{\partial u}{\partial y}=-\frac{\partial v}{\partial x}$.

三、调和函数

1. 如果二元实变函数$\varphi(x,y)$在区域D内具有二阶连续的偏导数，而且满足拉普拉斯方程$\frac{\partial^2\varphi}{\partial x^2}+\frac{\partial^2\varphi}{\partial y^2}=0$，则称$\varphi(x,y)$为区域$D$内的调和函数.

2. 区域D内的解析函数的实部和虚部都是D内的调和函数.

3. 若在区域D内，$u(x,y)$和$v(x,y)$均为调和函数，且满足柯西－黎曼方程$\frac{\partial u}{\partial x}=\frac{\partial v}{\partial y},\frac{\partial u}{\partial y}=-\frac{\partial v}{\partial x}$，则称$v$为$u$的共轭调和函数.

4. 已知解析函数的实部或虚部求解析函数的方法

(1) 线积分法　若已知实部$u=u(x,y)$,利用C－R方程可得

$$\mathrm{d}v=\frac{\partial v}{\partial x}\mathrm{d}x+\frac{\partial v}{\partial y}\mathrm{d}y=-\frac{\partial u}{\partial y}\mathrm{d}x+\frac{\partial u}{\partial x}\mathrm{d}y,$$

故虚部为

$$v=\int_{(x_0,y_0)}^{(x,y)}\left(-\frac{\partial u}{\partial y}\mathrm{d}x+\frac{\partial u}{\partial x}\mathrm{d}y\right)+C.$$

由于该积分与路径无关,可选简单路径(如折线)计算它,其中(x,y),(x_0,y_0)为D内的点.若已知虚部$v=v(x,y)$,可用类似方法求得实部u.

(2) 偏微分法　若已知实部$u=u(x,y)$,利用C－R方程先求得虚部v的偏导数$\frac{\partial v}{\partial y}=\frac{\partial u}{\partial x}$,两边对$y$积分得$v=\int\frac{\partial u}{\partial x}\mathrm{d}y+g(x)$,再由$\frac{\partial v}{\partial x}=-\frac{\partial u}{\partial y}$,又得

$$\frac{\partial}{\partial x}\left(\int\frac{\partial u}{\partial x}\mathrm{d}y\right)+g'(x)=-\frac{\partial u}{\partial y},$$

从而有

$$g(x)=\int\left[-\frac{\partial}{\partial x}\left(\int\frac{\partial u}{\partial x}\mathrm{d}y\right)-\frac{\partial u}{\partial y}\right]\mathrm{d}x+C$$

于是得到虚部,其中C为任意常数.若已知虚部$v=v(x,y)$,可用类似方法求得实部u.

(3) 不定积分法　若已知实部$u=u(x,y)$,根据解析函数的导数公式和C－R方程得知,

$$f'(z)=\frac{\partial u}{\partial x}+\mathrm{i}\frac{\partial v}{\partial x}=\frac{\partial u}{\partial x}-\mathrm{i}\frac{\partial u}{\partial y}$$

将此式右端表示成z的函数$U(z)$，由于$f'(z)$仍为解析函数,故

$$f(z)=\int U(z)\mathrm{d}z+C\ (C\text{为实常数})$$

四、初等解析函数

复变初等函数与实变量的同名函数不同．但当复变初等函数中的自变量取实数时，二者又是一致的．因此前者可以看作后者的推广．推广后的复变初等函数由于自变量的取值范围扩大，所以它除了保留原实变量初等函数的某些性质外，还具有自身的一些性质．例如，复指数函数是以 $2\pi i$ 为周期的周期函数，而实指数函数不是周期函数．再如，实正弦函数与余弦函数具有有界性，而复正弦函数与余弦函数是无界的，等等．因此，学习时要特别注意复初等函数与实初等函数之间的区别.

1. 指数函数

（1）对于任何复数 $z=x+iy$，定义指数函数 $w=e^z$，$e^z=e^{x+iy}=e^x(\cos y+i\sin y)$.

（2）指数函数 $w=e^z$ 在整个复平面内有定义并且解析，且 $(e^z)'=e^z$.

（3）e^z 是周期为 $2\pi i$ 的周期函数.

2. 对数函数

（1）对数函数是指数函数的反函数．若 $z=e^w(z\neq 0, z\neq -\infty)$，则称 w 为复变量 z 的对数函数，记作 $w=\mathrm{Ln}z$.

$$\mathrm{Ln}z=\mathrm{Ln}|z|+i\mathrm{Arg}\,z=\mathrm{Ln}|z|+i(\arg z+2k\pi)(k=0,\pm 1,\pm 2,\cdots).$$

由于 Arg z 是无穷多值的，因而 $\mathrm{Ln}z=\mathrm{Ln}|z|+i\arg z$ 也是无穷多值的，且每两个值相差 $2k\pi$ 的整数倍．如果规定上式中的 Arg z 取主值 arg z，那么 Lnz 为一个单值函数，记为 Lnz，称为 Lnz 的主值．则有 $\mathrm{Ln}z=\mathrm{Ln}|z|+i\arg z$. 其他各值均可由 $\mathrm{Ln}z=\mathrm{Ln}z+2k\pi i$（$k=0,\pm1,\pm2,\cdots$）表示．对于每一个固定的 k，$\mathrm{Ln}z=\mathrm{Ln}z+2k\pi i$ 为一个单值函数，称为 Lnz 的一个单值分支.

（2）Lnz 在除去原点及负实轴的复平面内处处连续.

（3）$\mathrm{Ln}(z_1z_2)=\mathrm{Ln}z_1+\mathrm{Ln}z_2$，$\mathrm{Ln}(\frac{z_1}{z_2})=\mathrm{Ln}z_1-\mathrm{Ln}z_2$.

3. 一般指数函数与一般幂函数

（1）$w=\alpha^z=e^{z\mathrm{Ln}\alpha}$（$\alpha\neq 0,\infty$ 为一复数）称为 z 的一般幂函数．

它具有如下性质：① 当 z 为整数时，$\alpha^z=e^{z\mathrm{Ln}\alpha}=e^{z(\mathrm{Ln}|\alpha|+i\arg\alpha)}=e^{z\mathrm{Ln}|\alpha|}$，$\alpha^z$ 是单值的. ②当 z 为有理数时，即$(z=\frac{p}{q})$，p 和 q 为互质的整数，$q>0$ 时，

$\alpha^z=e^{\frac{p}{q}\mathrm{Ln}|\alpha|+i\frac{p}{q}(\arg\alpha+2k\pi)}=e^{\frac{p}{q}\mathrm{Ln}|\alpha|}\left[\cos\frac{p}{q}(\arg\alpha+2k\pi)+i\sin\frac{p}{q}(\arg\alpha+2k\pi)\right]$. α^z 具有 q 个值，即当 $k=0,1,\cdots,q-1$ 时相应的各个值，如上式所给出的，当 k 取其他整数时，重复出现上面的 q 个值. ③当 z 为其他情况：α^z 有无穷多值.

(2) $w=z^{\alpha}=\mathrm{e}^{\alpha \mathrm{Ln}\alpha}$($z\neq 0,\infty$;$\alpha$为任意复常数)称为$z$的一般幂函数.

它具有如下性质:①当$\alpha=n$时(幂函数z^n),$w=z^n$在复平面上的单值解析函数,且$(w)'=nz^{n-1}$. ②当$\alpha=\frac{1}{n}$时(根式函数$\sqrt[n]{z}$),$z^{\frac{1}{n}}$为多值函数,有n个根,在每一个分支上都是单值函数,且$(z^{\frac{1}{n}})'=\frac{1}{n}z^{\frac{1}{n}-1}$(除去原点,负实轴). ③当$\alpha$为其他情况:$z^{\alpha}$有无穷多值. $w=z^{\alpha}$为多值函数,无穷多个根;在每一个分支上,$(z^{\alpha})'=\alpha z^{\alpha-1}$.

4. 三角函数

(1) 定义z的正弦函数,余弦函数分别为$\sin z=\frac{1}{2}(\mathrm{e}^{\mathrm{i}z}-\mathrm{e}^{-\mathrm{i}z})$,$\cos z=\frac{1}{2}(\mathrm{e}^{\mathrm{i}z}+\mathrm{e}^{-\mathrm{i}z})$,并且$\sin z$,$\cos z$是以$2\pi$为周期的周期函数. 值得注意的是,在复数范围内$|\sin z|\leqslant 1$,$|\cos z|\leqslant 1$不成立.

(2) z的正切、余切、正割、余割函数分别为

$$\tan z=\frac{\sin z}{\cos z},\ \cot z=\frac{\cos z}{\sin z},$$

$$\sec z=\frac{1}{\cos z},\ \csc z=\frac{1}{\sin z}.$$

5. 双曲函数和反双曲函数

双曲正弦、双曲余弦、双曲正切和双曲余切函数$\mathrm{sh}z=\frac{\mathrm{e}^z-\mathrm{e}^{-z}}{2}$,$\mathrm{ch}z=\frac{\mathrm{e}^z+\mathrm{e}^{-z}}{2}$,其中$\mathrm{sh}z$,$\mathrm{ch}z$是以$2\pi\mathrm{i}$为周期的周期函数,$\mathrm{th}z$,$\mathrm{cth}z$是以$\pi\mathrm{i}$为周期的周期函数. 并且$\mathrm{sh}z=-\mathrm{i}\sin(\mathrm{i}z)$,$\mathrm{ch}z=\cos(\mathrm{i}z)$.

2.2 典型例题

例1 讨论函数$f(z)=x+\mathrm{i}4y$的可导性.

分析 利用导数的定义,判定函数的可导性. 尤其注意定义中的极限过程与实函数的区别.

解 对于任意的点$z\in C$,考虑

$$\lim_{\Delta z\to 0}\frac{f(z+\Delta z)-f(z)}{\Delta z}=\lim_{\Delta z\to 0}\frac{x+\Delta x+4(y+\Delta y)\mathrm{i}-(x+4y\mathrm{i})}{\Delta x+\mathrm{i}\Delta y}$$

$$=\lim_{\Delta z\to 0}\frac{\Delta x+4\Delta y\mathrm{i}}{\Delta xx+\Delta y\mathrm{i}}$$

当$z+\Delta z$沿平行于实轴的方向趋向于z时,即$\Delta x\to 0(\Delta y=0)$时,有

$$\lim_{\Delta z\to 0}\frac{f(z+\Delta z)-f(z)}{\Delta z}=\lim_{\Delta z\to 0}\frac{\Delta x+4\Delta y\mathrm{i}}{\Delta x+\mathrm{i}\Delta y}=\lim_{\substack{\Delta y\to 0\\ \Delta x\to 0}}\frac{\Delta yi}{\Delta yi}$$

当 $z+\Delta z$ 沿平行于虚轴的方向趋向于 z 时，即 $\Delta y \to 0(\Delta x=0)$ 时，有

$$\lim_{\Delta z \to 0}\frac{f(z+\Delta z)-f(z)}{\Delta z}=\lim_{\Delta z \to 0}\frac{\Delta x+4\Delta y\mathrm{i}}{\Delta x+\mathrm{i}\Delta y}=\lim_{\substack{\Delta y \to 0\\ \Delta x \to 0}}\frac{\Delta y\mathrm{i}}{\Delta y\mathrm{i}}$$

可知当点 $z+\Delta z$ 沿不同的方向使 $\Delta z \to 0$ 时，$\frac{\Delta f}{\Delta z}$有不同的极限值，所以当 $\Delta z \to 0$ 时，$\frac{\Delta f}{\Delta z}$的极限不存在，故 $f(z)=x+\mathrm{i}4y$ 在点 z 处不可导. 再根据点 z 的任意性，可知 $f(z)=x+\mathrm{i}4y$ 在复平面上处处不可导. 但显然 $f(z)=x+\mathrm{i}4y$ 在 z 平面上是处处连续的.

总结 复变函数在一点处可导，要比实函数在一点处可导要求高得多，也复杂得多，这是因为 $\Delta z \to 0$ 是在平面区域上以任意方式趋于零的原故.

例 2 设函数 $f(z)=\begin{cases}\dfrac{x(x^2+y^2)(y-\mathrm{i}x)}{x^2+y^4}, & z\neq 0\\ 0, & z=0\end{cases}$，证明函数在原点的导数不存在.

分析 分段函数只能利用导数的定义判定函数在分界点的可导性.

解 当 z 沿直线 $y=nx$ 趋向于原点 $z=0$ 时，有

$$\begin{aligned}\lim_{z\to 0}\frac{f(z)-f(0)}{z}&=\lim_{z\to 0}\frac{f(z)}{z}\\ &=\lim_{x\to 0}\frac{x(x^2+n^2x^2)(nx-\mathrm{i}x)}{(x^2+n^4x^4)(x+\mathrm{i}nx)}=\lim_{x\to 0}\frac{x^4(1+n^2)(n-\mathrm{i})}{x^3(1+n^4x^2)(1+\mathrm{i}n)}=0\end{aligned}$$

当 z 沿抛物线 $x=y^2$ 趋向于原点 $z=0$ 时，有

$$\lim_{z\to 0}\frac{f(z)-f(0)}{z}=\lim_{z\to 0}\frac{f(z)}{z}=\lim_{y\to 0}\frac{y^2(y^4+y^2)(y-\mathrm{i}y^2)}{(y^4+y^4)(y^2+\mathrm{i}y)}=\lim_{y\to 0}\frac{(1+y^2)(1-\mathrm{i}y)}{2(y+\mathrm{i})}=\frac{1}{2\mathrm{i}}$$

可见，函数 $f(z)$ 在原点的导数不存在.

例 3 函数 $f(z)=(2xy-y^2)+\mathrm{i}(y^2-x^2-x)$ 在何处可导，何处解析？

分析 此类问题可以利用函数可导和解析的定义，常用的是利用函数可导和解析的充要条件，并注意理解可导和解析之间的关系.

解 由于 $u(x,y)=2xy-y^2$，$v(x,y)=y^2-x^2-x$. 并且

$$\frac{\partial u}{\partial x}=2y,\qquad \frac{\partial u}{\partial y}=2(x-y),$$

$$\frac{\partial v}{\partial x}=-2x-1,\qquad \frac{\partial v}{\partial y}=2y$$

在 z 平面上处处连续. 要使 $u(x,y)$ 和 $v(x,y)$ 满足柯西－黎曼方程

$$\frac{\partial u}{\partial x}=2y=\frac{\partial v}{\partial y},2x-2y=\frac{\partial u}{\partial y}=-\frac{\partial v}{\partial x}=2x+1.$$

当且仅当 $y=-\frac{1}{2}$. 故 $f(z)$ 仅在 $y=-\frac{1}{2}$ 上可导. 而由解析的定义，$f(z)$ 在直线 $y=-\frac{1}{2}$ 上

处处不解析．从而$f(z)$在整个复平面上处处不解析.

例 4 实常数$a,b,c,\alpha,\beta,\gamma$满足什么条件时，才能使

$$f(z) = ax^2 + 2bxy + cy^2 + \mathrm{i}(\alpha x^2 + 2\beta xy + \gamma y^2)$$

成为解析函数.

解 $u_x = 2ax + 2by, u_y = 2bx + 2cy, v_x = 2\alpha x + 2\beta y, v_y = 2\beta x + 2\gamma y$

若$f(z)$为解析函数，有$\dfrac{\partial u}{\partial x} = \dfrac{\partial v}{\partial y}, \dfrac{\partial u}{\partial y} = -\dfrac{\partial v}{\partial x}$，故

$$2ax + 2by = 2\beta x + 2\gamma y \text{ 和 } 2bx + 2cy = -(2\alpha x + 2\beta x)$$

即当且仅当$a = \beta = -c$及$b = \gamma = -\alpha$时，$f(z)$为解析函数.

例 5 如果函数$f(z) = u + \mathrm{i}v$在区域D内解析，且其实部、虚部在区域D内满足$v = u^2$，证明：$f(z)$在区域D内必为常数.

分析 利用已知等式$v = u^2$，通过柯西－黎曼方程证明u, v均为常数.

证明 由$v = u^2$，则$f(z) = u + \mathrm{i}u^2$. 又由柯西－黎曼方程，我们有

$$\frac{\partial u}{\partial x} = \frac{\partial v}{\partial y} = 2u\frac{\partial u}{\partial y}, \frac{\partial u}{\partial y} = -\frac{\partial v}{\partial x} = -2u\frac{\partial u}{\partial x}$$

从而$\dfrac{\partial u}{\partial x} = 2u\dfrac{\partial u}{\partial y} = 2u\left(-2u\dfrac{\partial u}{\partial x}\right)$.

整理可得$(1 + 4u^2)\dfrac{\partial u}{\partial x} = 0$.

故$\dfrac{\partial u}{\partial x} = 0, \dfrac{\partial u}{\partial y} = -2u\dfrac{\partial u}{\partial x} = 0$

即u为常数，$v = u^2$也是常数，从而$f(z) = u + \mathrm{i}v$是一常数.

例 6 已知解析函数$f(z)$的虚部$v(x,y) = 2x^2 - 2y^2 + x$，求其实部$u(x,y)$和解析函数$f(z)$.

分析 求调和函数的共轭调和函数的方法有三种：不定积分法、曲线积分法和柯西－黎曼法.

解 （线积分法）

因为$\dfrac{\partial v}{\partial x} = 4x + 1, \dfrac{\partial v}{\partial y} = -4y$在$z$平面上连续，由柯西－黎曼条件，我们有

$\dfrac{\partial u}{\partial x} = \dfrac{\partial v}{\partial y}, \dfrac{\partial u}{\partial y} = -\dfrac{\partial v}{\partial x}$，所以

$$u(x,y) = \int_{(x_0,y_0)}^{(x,y)} (-4y)\mathrm{d}x - (4x + 1)\mathrm{d}y + C$$

由于积分与路径无关，不妨取积分路线如图 1 所示，从而有

$$u(x,y) = \int_{x_0}^{x} (-4y_0)\mathrm{d}x - \int_{y_0}^{y} (4x + 1)\mathrm{d}y = -(4x + 1)y + C.$$

于是 $f(z)=u+iv=i(2z^2+z)+C$，C 为实数.

（不定积分法）

由 $\frac{\partial u}{\partial y}=-\frac{\partial v}{\partial x}=-(4x+1)$ 可得

$$u(x,y)=-\int\frac{\partial v}{\partial x}\mathrm{d}x=-\int(4x+1)\,\mathrm{d}y$$
$$=-4xy-y+\tilde{C}(y)$$

再由柯西－黎曼条件，得 $\frac{\partial u}{\partial x}=-4y+\tilde{C}'(y)=\frac{\partial v}{\partial y}=-4y$，因此 $\tilde{C}'(y)=0$. 故 $C'(y)=0$.

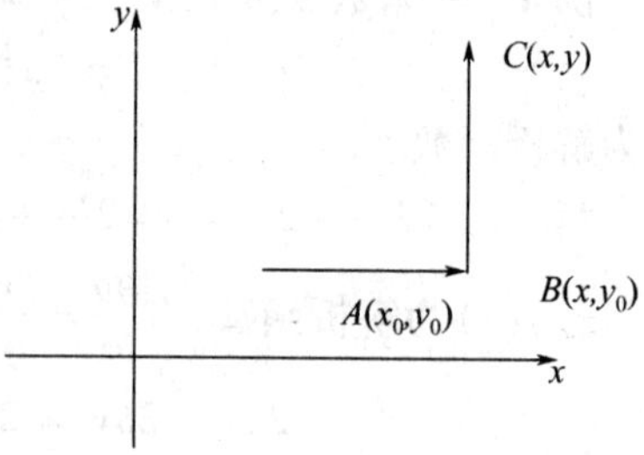

图 1

从而 $u(x,y)=-(4x+1)y+C$.

于是 $f(z)=u+iv=i(2z^2+z)+C$，C 为实数.

（柯西－黎曼法）

由于 $f(z)=u+iv$ 在复平面解析，所以

$f'(z)=v_y+iv_x=-4y+i(4x+1)=i(4z+1)$

故 $f(z)=\int f'(z)\mathrm{d}z=\int i(4z+1)\mathrm{d}z=i(2z^2+z)+C$.

从而所以 $f(z)$ 的实部 $u(x,y)=-(4x+1)y+C$.

于是 $f(z)=u+iv=i(2z^2+z)+C$，C 为实数.

例 7 计算下列函数值

(1) $e^{\frac{1+\pi i}{3}}$ (2) $\mathrm{Re}(e^{k\pi i})$

分析 利用指数函数定义，$e^z=e^{x+iy}=e^x(\cos y+i\sin y)$.

解 (1) $e^{\frac{1+\pi i}{3}}=e^{\frac{1}{3}}e^{\frac{\pi i}{3}}=e^{\frac{1}{3}}(\cos[\frac{\pi}{3}]+i\sin[\frac{\pi}{3}])$

$$=e^{\frac{1}{3}}(\frac{1}{2}+i\frac{\sqrt{3}}{2})=\frac{e^{\frac{1}{3}}}{2}(1+i\sqrt{3})$$

(2) $\mathrm{Re}(e^{k\pi i})=\mathrm{Re}(\cos[k\pi]+i\sin[k\pi])$

$$=\cos[k\pi]=\begin{cases}1 & k=2m\\ -1 & k=2m+1\end{cases}\quad m=0,\pm1,\ldots$$

例 8 求 $\mathrm{Ln}(2-i\sqrt{2})$ 和它的主值.

分析 对数函数的定义为

$$\mathrm{Ln}z=\mathrm{Ln}|z|+i\mathrm{Arg}\,z=\mathrm{Ln}|z|+i(\arg z+2k\pi)\ (k=0,\pm1,\pm2,\cdots).$$

$$\mathrm{Ln}z \text{ 的主值为 } \mathrm{Ln}z=\mathrm{Ln}|z|+i\arg z.$$

解 $\mathrm{Ln}(2-\sqrt{2}i)=\mathrm{Ln}|2-\sqrt{2}i|+i\mathrm{Arg}(2-\sqrt{2}i)$

主值：$\mathrm{Ln}(2-\sqrt{2}\mathrm{i})=\frac{1}{2}\mathrm{Ln}6-\mathrm{i}\frac{\pi}{4}$.

例 9 求下列各式的值

(1) $(1+2\mathrm{i})^{1+\mathrm{i}}$　　　　(2) $(-3)^{\sqrt{2}}$

分析 利用指数函数定义 $\alpha^z=\mathrm{e}^{z\mathrm{Ln}\alpha}=\mathrm{e}^{z[\mathrm{Ln}\alpha+\mathrm{i}(\arg\alpha+2k\pi)]}$.

解 (1) $(1+2\mathrm{i})^{1+\mathrm{i}}=\mathrm{e}^{(1+\mathrm{i})\mathrm{Ln}(1+2\mathrm{i})}=\mathrm{e}^{(1+\mathrm{i})(\mathrm{Ln}\sqrt{5}+\mathrm{i}\arctan2+\mathrm{i}2k\pi)}$

$$=\mathrm{e}^{\ln\sqrt{5}-\arctan2-2k\pi}\mathrm{e}^{\mathrm{i}(\ln\sqrt{5}+\arctan2+2k\pi)}$$

$$=\sqrt{5}\mathrm{e}^{-(\arctan2+2k\pi)}(\cos[\ln\sqrt{5}+\arctan2+2k\pi]+\mathrm{i}\sin[\ln\sqrt{5}+\arctan2+2k\pi])\quad k=0,\pm1,\pm2,\cdots$$

(2) $(-3)^{\sqrt{2}}=\mathrm{e}^{\sqrt{2}\mathrm{Ln}(-3)}=\mathrm{e}^{\sqrt{2}(\mathrm{Ln}\,|-3|+\mathrm{i}\arg(-3)+\mathrm{i}2k\pi)}=\mathrm{e}^{\sqrt{2}\mathrm{Ln}3}\mathrm{e}^{\mathrm{i}\pi(2k+1)\sqrt{2}}$

$$=3^{\sqrt{2}}(\cos[\pi(2k+1)\sqrt{2}]+\mathrm{i}\sin[\pi(2k+1)\sqrt{2}])\quad k=0,\pm1,\pm2,\cdots$$

例 10 解方程 $\sin z-\cos z=2$.

解 $\sin z=\frac{1}{2\mathrm{i}}(\mathrm{e}^{\mathrm{i}z}-\mathrm{e}^{-\mathrm{i}z})\quad \cos z=\frac{1}{2}(\mathrm{e}^{\mathrm{i}z}+\mathrm{e}^{-\mathrm{i}z})$，所以原方程可化为

$$\sin z-\cos z=\frac{1}{2\mathrm{i}}(\mathrm{e}^{\mathrm{i}z}-\mathrm{e}^{-\mathrm{i}z})-\frac{1}{2}(\mathrm{e}^{\mathrm{i}z}+\mathrm{e}^{-\mathrm{i}z})=\frac{(-\mathrm{i}-1)\mathrm{e}^{2\mathrm{i}z}+(\mathrm{i}-1)}{2\mathrm{e}^{\mathrm{i}z}}=2$$

进一步整理得，$(-\mathrm{i}-1)\mathrm{e}^{2\mathrm{i}z}-4\mathrm{e}^{\mathrm{i}z}+(\mathrm{i}-1)=0$.

故 $\mathrm{e}^{\mathrm{i}z}=\frac{2\pm\sqrt{2}}{2}(-1+\mathrm{i})=w$，则 $|w|=\sqrt{2}\pm1$，　$\arg w=\frac{3\pi}{4}$.

进而 $\mathrm{i}z=\ln(\sqrt{2}\pm1)+\frac{3}{4}\pi\mathrm{i}+2k\pi\mathrm{i}\quad(k=0,\pm1,\pm2,\cdots)$

$$z=\frac{3}{4}\pi+2k\pi-\mathrm{i}\mathrm{Ln}(\sqrt{2}\pm1)\quad(k=0,\pm1,\pm2,\cdots)$$

总结 解初等函数的方程，应将其进行恒等变形，转化为指数或对数形式，比较等式两端的实部与虚部，建立关于 x,y 的方程组求解.

例 11 证明 $\sin(z_1+z_2)=\sin z_1\cos z_2+\cos z_1\sin z_2$.

证明 等式左边 $=\sin(z_1+z_2)=\frac{1}{2\mathrm{i}}(\mathrm{e}^{\mathrm{i}(z_1+z_2)}-\mathrm{e}^{-\mathrm{i}(z_1+z_2)})$

等式右边 $=\sin z_1\cos z_2+\cos z_1\sin z_2$

$$=\frac{1}{2\mathrm{i}}(\mathrm{e}^{\mathrm{i}z_1}-\mathrm{e}^{-\mathrm{i}z_1})\frac{1}{2}(\mathrm{e}^{\mathrm{i}z_2}+\mathrm{e}^{-\mathrm{i}z_2})+\frac{1}{2}(\mathrm{e}^{\mathrm{i}z_1}+\mathrm{e}^{-\mathrm{i}z_1})\frac{1}{2\mathrm{i}}(\mathrm{e}^{\mathrm{i}z_2}-\mathrm{e}^{-\mathrm{i}z_2})$$

$$=\frac{1}{4\mathrm{i}}[\mathrm{e}^{\mathrm{i}(z_1+z_2)}+\mathrm{e}^{\mathrm{i}(z_1-z_2)}-\mathrm{e}^{-\mathrm{i}(z_1-z_2)}-\mathrm{e}^{-\mathrm{i}(z_1+z_2)}]+$$

$$\frac{1}{4\mathrm{i}}[\mathrm{e}^{\mathrm{i}(z_1+z_2)}-\mathrm{e}^{\mathrm{i}(z_1-z_2)}+\mathrm{e}^{-\mathrm{i}(z_1-z_2)}-\mathrm{e}^{-\mathrm{i}(z_1+z_2)}]$$

$$=\frac{1}{4\mathrm{i}}[2\mathrm{e}^{\mathrm{i}(z_1+z_2)}-2\mathrm{e}^{-\mathrm{i}(z_1+z_2)}]$$

$$=\frac{1}{2\mathrm{i}}[\mathrm{e}^{\mathrm{i}(z_1+z_2)}-\mathrm{e}^{-\mathrm{i}(z_1+z_2)}]$$

故　$\sin(z_1+z_2)=\sin z_1\cos z_2+\cos z_1\sin z_2$.

例 12　若平面流速场的复势为$f(z)=(z+\mathrm{i})^3$,求流动的速度及流线和等势线方程.

解　令$z=x+\mathrm{i}y$,则

$$\begin{aligned}f(z)&=(z+\mathrm{i})^3=(x+\mathrm{i}(y+1))^3\\&=x^3-3x(y+1)^2+\mathrm{i}[3x^2(y+1)-(y+1)^3]\\f'(z)&=3(z+\mathrm{i})^2=3[x^2-(y+1)^2+\mathrm{i}2x(y+1)]\end{aligned}$$

所以流速为$v(z)=\overline{f'(z)}=3(z+\mathrm{i})^2$,势函数和流函数分别为

$$\varphi(x,y)=x^3-3x(y+1)^2,\quad \psi(x,y)=3x^2(y+1)-(y+1)^3.$$

流线方程为$3x^2(y+1)-(y+1)^3=C_1$,等势线方程为$x^3-3x(y+1)^2=C_2$.

2.3　同步训练题

1. 填空题

(1) 设$f(z)=z^2+2z+1$,则$f'(1+\mathrm{i})=$________.

(2) $f(z)=z\mathrm{Re}(z)$在________点处可导.

(3) 函数$f(z)=x^2-y^2+2xy\mathrm{i}$,则$f'(z)=$________.

(4) 函数$f(z)$在点a处________,则称a为$f(z)$的奇点.

(5) Lni 的主值是________.

2. 选择题

(1) 函数$f(z)=u(x,y)+\mathrm{i}v(x,y)$,则柯西－黎曼条件为(　　).

A. $\frac{\partial u}{\partial x}=\frac{\partial u}{\partial y}$且$\frac{\partial v}{\partial x}=\frac{\partial v}{\partial y}$　　B. $\frac{\partial u}{\partial x}=\frac{\partial v}{\partial y}$且$\frac{\partial v}{\partial x}=\frac{\partial v}{\partial y}$

C. $\frac{\partial u}{\partial y}=-\frac{\partial v}{\partial x}$且$\frac{\partial u}{\partial x}=\frac{\partial v}{\partial x}$　　D. $\frac{\partial u}{\partial x}=\frac{\partial v}{\partial y}$且$\frac{\partial u}{\partial y}=-\frac{\partial v}{\partial x}$

(2) 下列说法正确的是(　　).

A. $\lim\limits_{z\to\infty}\mathrm{e}^z=\infty$

B. 函数$f(z)$在$D=\{z:|z|\leqslant1\}$上解析,且$|f(z)|\leqslant(|z|=1)$,则$|f(z)|\leqslant1(|z|\leqslant1)$

C. 函数$f(z)=\mathrm{Re}z$在复平面上处处可微

D. $\sin^2z+\cos^2z=1$ 且$|\sin z|\leqslant1$, $|\cos z|\leqslant1$

(3) 下列命题错误的是(　　).

A. $\sin z$ 在复平面处处解析

B. 如果函数 $f(z)$ 在 $D=\{z: |z|\leqslant 1\}$ 上解析，且 $|f(z)|\leqslant(|z|=1)$，则 $|f(z)|\leqslant 1(|z|\leqslant 1)$

C. 在复数范围内，有 $(a^b)^c=a^{bc}$

D. $|\sin z|$ 是无界的

(4) $e^i=$(　　).

A. $e^{-1}+e$

B. $\cos 1+i\sin 1$

C. $\sin 1$

D. $\cos 1$

(5) 设 $f(z)=z^2-3z+\dfrac{1}{z}$，则 $f'(i)=$(　　).

A. $4+2i$

B. $2+2i$

C. $3+i$

D. $3-i$

3. 判断下述命题的真假，并举例说明.

(1) 如果 $f(z)$ 在 z_0 点连续，那么 $f'(z_0)$ 存在.

(2) 如果 $f'(z_0)$ 存在，那么 $f(z)$ 在 z_0 点解析.

(3) 如果 z_0 是 $f(z)$ 的奇点，那么 $f(z)$ 在 z_0 不可导.

(4) 如果 z_0 是 $f(z)$ 和 $g(z)$ 的一个奇点，那么 z_0 也是 $f(z)+g(z)$ 和 $f(z)/g(z)$ 的奇点.

(5) 如果 $u(x,y)$ 和 $v(x,y)$ 可导(指偏导数存在)，那么 $f(z)=u+iv$ 亦可导.

(6) 设 $f(z)=u+iv$ 在区域内是解析的. 如果 u 是实常数，那么 $f(z)$ 在整个 D 内是常数；如果 v 是实常数，那么 $f(z)$ 在整个 D 内是常数.

4. 确定下列函数的解析区域和奇点，并求出导数.

(1) $f(z)=z^3+z$

(2) $f(z)=\dfrac{z+2}{z^3+1}$

5. 设函数 $f(z)$ 在上半平面解析，讨论函数 $\overline{f(\bar{z})}$ 在下半平面解析性.

6. 设 $f(z)=\dfrac{1}{z^2-1}$，确定 $f(z)$ 的解析区域，并求 $f'(z)$.

7. 设 $f(z)=e^x(x\cos y-y\sin y)+ie^x(y\cos y+x\sin y)$，求 $f'(z)$.

8. 计算下列各式的值

(1) $\mathrm{Ln}(2-3i)$

(2) $1^{\sqrt{3}}$

(3) $\tan(3-i)$

(4) $\arctan(2+3i)$

9. 求方程 $e^z=2i$ 的解.

10. 求方程 $\mathrm{Ln}(z^2-1)=\dfrac{i\pi}{2}$ 的解.

11. 求方程 $\sin z=i\,\mathrm{sh}1$ 的解.

12. 说明下列等式是否正确？

(1) $\overline{e^z}=e^{\bar{z}}$　　(2) $\overline{\cos z}=\cos\bar{z}$　　(3) $\overline{\sin z}=\sin\bar{z}$

13. 确定形如 $u=f(mx-ny)$ 的所有调和函数，其中 m,n 为常数.

14. 设 $u=x^2-y^2+xy$，验证 u 是调和函数，并求 u 的共轭调和函数 $v(x,y)$.

15. 设 u 及 v 是解析函数 $f(z)=u+\mathrm{i}v$ 的实部和虚部，且 $u-v=(x+y)(x^2-4xy+y^2)$，求 $f(z)=u+\mathrm{i}v$.

16. 已知平面流速场的复势 $f(z)$ 为

(1) $(z+\mathrm{i})^3$　　(2) $\dfrac{a}{z}(a>0)$　　(3) $\dfrac{1}{z^2+1}$

求流动的速度以及流线和等势线方程.

17. 证明下列函数在 z 平面上任何点都不解析：

(1) $f(z)=2x+\mathrm{i}y$　　(2) $f(z)=\mathrm{Re}(z)$

(3) $f(z)=|z|$　　(4) $f(z)=\dfrac{1}{\bar{z}}$

18. 证明：柯西－黎曼方程的极坐标形式是：$\dfrac{\partial u}{\partial r}=\dfrac{1}{r}\dfrac{\partial v}{\partial \theta},\dfrac{\partial v}{\partial r}=-\dfrac{1}{r}\dfrac{\partial u}{\partial \theta}$

19. 设函数 $f(z)=u+\mathrm{i}v$ 在区域 D 解析，并在 D 内满足 $au+bv\equiv 1$，这里 a,b 为给定实数. 证明：在 D 内 $f(z)$ 恒等于一个常数.

20. 设 $f(z)=u(x,y)+\mathrm{i}v(x,y)$ 为 D 内的解析函数，且 $f'(z)\neq 0$. $u(x,y)=c_1$，$v(x,y)=c_2$ 为两个曲线族，这里 c_1,c_2 为任意的实常数. 证明：这两族曲线正交.

21. 当 $|\cos(x+\mathrm{i}y)|=1$ 时，证明：$\sin^2x=\mathrm{sh}^2y$

2.4 同步训练题答案

1. 填空题

(1) $4+2\mathrm{i}$ (2) $z=0$ (3) $2x+2y\mathrm{i}$ (4) 不解析 (5) $\dfrac{\pi}{2}\mathrm{i}$

2. 选择题

(1) D　(2) B　(3) C　(4) B　(5) A

3. 判断下述命题的真假，并举例说明.

解　(1) 命题假. 如函数 $f(z)=|z|^2=x^2+y^2$ 在 z 平面上处处连续，除了点 $z=0$ 外处处不可导.

(2) 命题假. 如函数 $f(z)=|z|^2$ 在点 $z=0$ 处可导，却在点 $z=0$ 处不解析.

(3) 命题假. 如果 $f(z)$ 在 z_0 点不解析，则 z_0 称为 $f(z)$ 的奇点. 如上例.

(4) 命题假. 如 $f(z)=\sin x\,\mathrm{ch}y$，$g(z)=\cos x\,\mathrm{sh}y$，$z=(\pi/2,0)$ 为它们的奇点，但不

是$f(z)+g(z)$的奇点.

(5) 命题假. 如函数$f(z)=z\mathrm{Re}z=x^2+\mathrm{i}xy$仅在点$z=0$处满足 C－R 条件,故$f(z)$仅在点$z=0$处可导.

(6) 命题真. 由u是实常数,根据 C－R 方程知v也是实常数,故$f(z)$在整个D内是常数;后面同理可证.

4. **解** (1) 由于$f'(z)=3z^2+1$,故$f(z)$在z平面上处处可导,处处解析.$f(z)$无奇点.

(2)$f'(z)=\dfrac{(z^3+1)-3z^2(z+2)}{(z^3+1)^2}=\dfrac{-2z^3-6z^2}{(z^3+1)^2}$,则$f(z)$的奇点为分母的零点,即$z_1=\dfrac{1+\mathrm{i}\sqrt{3}}{2},z_2=-1,z_3=\dfrac{1-\mathrm{i}\sqrt{3}}{2}$

故$f(z)$在除去奇点外的区域上处处可导,处处解析.

5. **解** 设$F(z)=\overline{f(\bar z)}$,在下半平面内任取一点$z_0$,$z$是下半平面内异于$z_0$的点,考虑

$$\lim_{z\to z_0}\frac{F(z)-F(z_0)}{z-z_0}=\lim_{z\to z_0}\frac{\overline{f(\bar z)}-\overline{f(\overline{z_0})}}{z-z_0}=\lim_{z\to z_0}\frac{\overline{f(\bar z)-f(\overline{z_0})}}{z-z_0}.$$

而$\overline{z_0},\bar z$在上半平面内,已知$f(z)$在上半平面解析,因此$f'(z_0)=\overline{f'(\overline{z_0})}$,从而$F(z)=\overline{f(\bar z)}$在下半平面内解析.

6. **解** 显然,$\dfrac{1}{z-1}$在$z\neq1$的复平面上解析,$\dfrac{1}{z+1}$在$z\neq-1$的复平面上解析,故$f(z)=\dfrac{1}{z^2-1}$在$z\neq1$且$z\neq-1$的复平面上解析,且

$$f'(z)=\frac{1}{2}\left[-\frac{1}{(z-1)^2}+\frac{1}{(z+1)^2}\right]$$

7. **解** 由$f(z)=\mathrm{e}^x(x\cos y-y\sin y)+\mathrm{i}\mathrm{e}^x(y\cos y+x\sin y)$,得:

$$u_x=\mathrm{e}^x(x\cos y-y\sin y+\cos y),u_y=\mathrm{e}^x(-x\sin y-\sin y-y\cos y),$$

$$v_x=\mathrm{e}^x(x\sin y+\sin y+y\cos y),v_y=\mathrm{e}^x(x\cos y-y\sin y+\cos y)$$

柯西－黎曼条件处处成立,且u,v偏导数处处连续,因此u,v处处可微. 故

$$f'(z)=u_x+\mathrm{i}v_x=\mathrm{e}^x(x\cos y-y\sin y+\cos y)+\mathrm{i}\mathrm{e}^x(x\sin y+\sin y+y\cos y).$$

8. **解** (1)$\mathrm{Ln}(2-3\mathrm{i})=\mathrm{Ln}|2-3\mathrm{i}|+\mathrm{i}\mathrm{Arg}(2-3\mathrm{i})$

$=\dfrac{1}{2}\mathrm{Ln}13+\mathrm{i}(2\pi-\arctan\dfrac{3}{2}+2k\pi)=\dfrac{1}{2}\mathrm{Ln}13-\mathrm{i}\arctan\dfrac{3}{2}+2k\pi\mathrm{i}$,$k$是整数

(2)$1^{\sqrt{3}}=\mathrm{e}^{\sqrt{3}\mathrm{Ln}1}=\mathrm{e}^{\sqrt{3}(\mathrm{Ln}1+2k\pi\mathrm{i})}=\mathrm{e}^{2\sqrt{3}k\pi\mathrm{i}}=\cos(2\sqrt{3}k\pi)+\mathrm{i}\sin(2\sqrt{3}k\pi)$,$k$是整数

(3)$\tan(3-\mathrm{i})=\dfrac{\sin(3-\mathrm{i})}{\cos(3-\mathrm{i})}=\dfrac{\sin3\cos\mathrm{i}-\cos3\sin\mathrm{i}}{\cos3\cos\mathrm{i}+\sin3\sin\mathrm{i}}=\dfrac{\sin3\mathrm{ch}1-\mathrm{i}\cos3\mathrm{sh}1}{\cos3\mathrm{ch}1+\mathrm{i}\sin3\mathrm{sh}1}$

$$=\frac{\sin3\cos3-\mathrm{i}\,\mathrm{sh}1\,\mathrm{ch}1}{\cos^2 3\,\mathrm{ch}^2 1+\sin^2 3\,\mathrm{sh}^2 1}$$

(4) $\arctan(2+3\mathrm{i})=\dfrac{1}{2\mathrm{i}}\mathrm{Ln}\dfrac{1+\mathrm{i}(2+3\mathrm{i})}{1-\mathrm{i}(2+3\mathrm{i})}=\dfrac{1}{2\mathrm{i}}\mathrm{Ln}\dfrac{-3+\mathrm{i}}{5}$

$$=\frac{1}{2\mathrm{i}}\left[\mathrm{Ln}\left|\frac{-3+\mathrm{i}}{5}\right|+\mathrm{i}\,\mathrm{Arg}\left(\frac{-3+\mathrm{i}}{5}\right)\right]=\frac{1}{2\mathrm{i}}\left[\mathrm{Ln}\sqrt{\frac{2}{5}}+\mathrm{i}\left(\pi-\arctan\frac{1}{3}+2k\pi\right)\right]$$

$$=-\frac{\mathrm{i}}{4}\mathrm{Ln}\frac{2}{5}+\left(k+\frac{1}{2}\right)\pi-\frac{1}{2}\arctan\frac{1}{3},k\ \text{是整数}$$

9. **解** $e^z=e^{x+\mathrm{i}y}=e^x(\cos y+\mathrm{i}\sin y)=2\mathrm{i}$

故有 $e^x\cos y=0,e^x\sin y=2$

由于 $e^x\neq0$,从而 $\cos y=0$,且 $y=2k\pi+\dfrac{\pi}{2}$ 代入 $e^x\sin y=2$ 得:

$$e^x=2,x=\mathrm{Ln}2$$

即 $z=\mathrm{Ln}2+\mathrm{i}(2k\pi+\dfrac{\pi}{2})k=0,\pm1,\pm2,\pm3,\dots$

10. **解** $z^2-1=e^{\frac{\mathrm{i}\pi}{2}}=\mathrm{i}$,即 $z^2=1+\mathrm{i}=\sqrt{2}\left(\cos\dfrac{\pi}{4}+\mathrm{i}\sin\dfrac{\pi}{4}\right)$

故 $z=\sqrt[4]{2}\left(\cos\dfrac{2k\pi+\frac{\pi}{4}}{2}+\mathrm{i}\sin\dfrac{2k\pi+\frac{\pi}{4}}{2}\right),k=0,1$

11. **解** $\sin z=\sin(x+\mathrm{i}y)=\sin x\cos\mathrm{i}y+\cos x\sin\mathrm{i}y$

$$=\sin x\,\mathrm{ch}y+\mathrm{i}\cos x\,\mathrm{sh}y=\mathrm{i}\,\mathrm{sh}1$$

故有 $\sin x\,\mathrm{ch}y=0,\cos x\,\mathrm{sh}y=\mathrm{sh}1$

由于 $\mathrm{ch}y\neq0$,从而 $\sin x=0,x=k\pi$ 代入 $\cos x\,\mathrm{sh}y=\mathrm{sh}1$ 得:

$\mathrm{sh}y=(-1)^k\mathrm{sh}1$,故有 $k=0,\pm2,\pm4,\dots$ 时,$y=1$;$k=\pm1,\pm3,\pm5,\dots$ 时,$y=-1$

即 $z=\begin{cases}2n\pi+\mathrm{i}\\(2n+1)\pi-\mathrm{i}\end{cases}\quad n=0,\pm1,\pm2,\pm3,\dots$

12. **解** (1) $\overline{e^z}=\overline{e^x(\cos y+\mathrm{i}\sin y)}=e^x(\cos y-\mathrm{i}\sin y)=e^{x-\mathrm{i}y}=e^{\bar z}$

(2) $\overline{\cos z}=\overline{\dfrac{(e^{\mathrm{i}z}+e^{-\mathrm{i}z})}{2}}=\dfrac{1}{2}(\overline{e^{\mathrm{i}z}}+\overline{e^{-\mathrm{i}z}})=\dfrac{1}{2}(e^{-\mathrm{i}\bar z}+e^{\mathrm{i}\bar z})=\cos\bar z$

(3) $\overline{\sin z}=\overline{(\dfrac{e^{\mathrm{i}z}+e^{-\mathrm{i}z}}{2\mathrm{i}})}=\dfrac{1}{\overline{2\mathrm{i}}}(\overline{e^{\mathrm{i}z}}-\overline{e^{-\mathrm{i}z}})=\dfrac{1}{-2\mathrm{i}}(e^{-\mathrm{i}\bar z}-e^{\mathrm{i}\bar z})=\sin\bar z$

13. **解** 令 $t=mx-ny$ 可知 $u_x=f'(t)\cdot m,u_{xx}=f''(t)\cdot m^2$

$$u_y=-f'(t)\cdot n,u_{yy}=f''(t)\cdot n^2$$

由 $u_{xx}+u_{yy}=0$ 得 $f''(t)\cdot(m^2+n^2)=0$

由 m,n 不同时为零可得 $f''(t)=0$，于是 $f(t)=C_1t+C_2$

故形如 $u=f(mx-ny)$ 的所有调和函数为 $u=C_1(mx-ny)+C_2$，其中 C_1,C_2 为任意常数.

14. **解** $u_{xx}+u_{yy}=2-2=0$，

u 具有连续的二阶偏导数，所以 u 是调和函数，与之对应的共轭调和函数为：

$$\begin{aligned}v(x,y)&=\int_{(x_0,y_0)}^{(x,y)}-u_y\mathrm{d}x+u_x\mathrm{d}y+C\\&=\int_{(x_0,y_0)}^{(x,y)}(2y-x)\mathrm{d}x+(2x+y)\mathrm{d}y+C\\&=\frac{-x^2}{2}+2xy+\frac{y^2}{2}+C,C\text{ 为任意常数.}\end{aligned}$$

15. **解** 因为
$$u_x-v_x=(x^2-4xy+y^2)+(x+y)(2x-4y)$$
$$u_y-v_y=(x^2-4xy+y^2)+(x+y)(2y-4x)$$

且 $\frac{\partial u}{\partial x}=\frac{\partial v}{\partial y},\frac{\partial u}{\partial y}=-\frac{\partial v}{\partial x}$，所以上面两式分别相加减，可得

$$u_x=3x^2-3y^2,\quad u_y=-6xy$$

$$\begin{aligned}v(x,y)&=\int_{(x_0,y_0)}^{(x,y)}-u_y\mathrm{d}x+u_x\mathrm{d}y+C\\&=\int_{(x_0,y_0)}^{(x,y)}6xy\mathrm{d}x+(3x^2-3y^2)\mathrm{d}y+C\\&=3x^2y+C,C\text{ 为任意常数.}\end{aligned}$$

$$u(x,y)=-3xy^2+x^3+C,C\text{ 为任意常数.}$$

16. **解** (1) $f(z)=(z+\mathrm{i})^3=x^3-3xy^2+\mathrm{i}(3x^2y-y^3)$

$$f'(z)=3(z+\mathrm{i})^2,\text{则流速 }V(z)=\overline{f'(z)}=3(\bar{z}-\mathrm{i})^2$$

流线和等势线方程分别为 $3x^2y-y^3=C_1$ 和 $x^3-3xy^2=C_2$.

(2) $f(z)=\frac{a}{z}=\frac{a}{x+\mathrm{i}y}=\frac{a(x-\mathrm{i}y)}{x^2+y^2}=\frac{ax}{x^2+y^2}+\mathrm{i}\frac{-ay}{x^2+y^2}$

$$f'(z)=-\frac{a}{z^2},\text{则流速 }V(z)=\overline{f'(z)}=-\frac{a}{(\bar{z})^2}$$

流线和等势线方程分别为 $x^2+y^2+C_1y=0$ 和 $x^2+y^2+C_2x=0$.

17. **证明** (1) $\frac{\partial u}{\partial x}=2,\frac{\partial u}{\partial y}=0,\frac{\partial v}{\partial x}=0,\frac{\partial v}{\partial y}=1$，则柯西－黎曼条件在 z 平面上处处不成立，故 $f(z)$ 在 z 平面上任何点都不解析.

(2) $\frac{\partial u}{\partial x}=1,\frac{\partial u}{\partial y}=0,\frac{\partial v}{\partial x}=0,\frac{\partial v}{\partial y}=0$，则柯西－黎曼条件在 z 平面上处处不成立，故 $f(z)$ 在 z 平面上任何点都不解析.

(3) 当 $z\neq 0$ 时,即 x,y 至少有一个不等于零时,或有 $u_x\neq v_y$,或有 $u_y\neq -v_x$. 故 $|z|$ 至多在原点可微. 即 $f(z)$ 在 z 平面上任何点都不解析.

(4) $f(z)=\dfrac{1}{\bar{z}}=\dfrac{z}{z\bar{z}}=\dfrac{x+\mathrm{i}y}{x^2+y^2}$,除原点外,柯西－黎曼条件处处不成立. 即 $f(z)$ 在 z 平面上任何点都不解析.

18. 证明:由直角坐标与极坐标的关系:$x=r\cos\theta, y=r\sin\theta$ 易知:

$$\frac{\partial u}{\partial r}=\frac{\partial u}{\partial x}\frac{\partial x}{\partial r}+\frac{\partial u}{\partial y}\frac{\partial y}{\partial r}=\cos\theta\cdot\frac{\partial u}{\partial x}+\sin\theta\cdot\frac{\partial u}{\partial y} \tag{1}$$

$$\frac{\partial u}{\partial \theta}=\frac{\partial u}{\partial x}\frac{\partial x}{\partial \theta}+\frac{\partial u}{\partial y}\frac{\partial y}{\partial \theta}=-r\sin\theta\cdot\frac{\partial u}{\partial x}+r\cos\theta\cdot\frac{\partial u}{\partial y} \tag{2}$$

$$\frac{\partial v}{\partial r}=\frac{\partial v}{\partial x}\frac{\partial x}{\partial r}+\frac{\partial v}{\partial y}\frac{\partial y}{\partial r}=\cos\theta\cdot\frac{\partial v}{\partial x}+\sin\theta\cdot\frac{\partial v}{\partial y} \tag{3}$$

$$\frac{\partial v}{\partial \theta}=\frac{\partial v}{\partial x}\frac{\partial x}{\partial \theta}+\frac{\partial v}{\partial y}\frac{\partial y}{\partial \theta}=-r\sin\theta\cdot\frac{\partial v}{\partial x}+r\cos\theta\cdot\frac{\partial v}{\partial y} \tag{4}$$

利用 $\dfrac{\partial u}{\partial x}=\dfrac{\partial v}{\partial y},\dfrac{\partial u}{\partial y}=-\dfrac{\partial v}{\partial x}$,比较上面(1)与(4),(2)与(3),即得极坐标形式的柯西－黎曼方程方程 $\dfrac{\partial u}{\partial r}=\dfrac{1}{r}\dfrac{\partial v}{\partial \theta},\dfrac{\partial v}{\partial r}=-\dfrac{1}{r}\dfrac{\partial u}{\partial \theta}$.

19. 证明:因为 $f(z)=u+\mathrm{i}v$ 在区域 D 解析,所以有 $\dfrac{\partial u}{\partial x}=\dfrac{\partial v}{\partial y},\dfrac{\partial u}{\partial y}=-\dfrac{\partial v}{\partial x}$.

另一方面,由 $au+bv\equiv 1$ 有:$au_x+bv_x=0, au_y+bv_y=0$

于是,有:$au_x-bu_y=0, au_y+bu_x=0$

解方程得:当 $a^2+b^2\neq 0$ 时,$u_x=u_y=0, v_x=v_y=0$.

所以,在 D 内 u,v 都恒为常数,从而 $f(z)=u+\mathrm{i}v$ 在 D 内恒为一个常数.

20. 证明:由于 $f(z)=u(x,y)+\mathrm{i}v(x,y)$ 为 D 内的解析函数,$f'(z)\neq 0$,故

$$\frac{\partial u}{\partial x}=\frac{\partial v}{\partial y}\neq 0,\frac{\partial u}{\partial y}=-\frac{\partial v}{\partial x}\neq 0$$

曲线 $u(x,y)=c_1$ 上任一点处切线斜率 $k_1=\dfrac{dy}{dx}=-\dfrac{u_x}{u_y}$,

曲线 $v(x,y)=c_2$ 上任一点处切线斜率 $k_2=\dfrac{dy}{dx}=-\dfrac{v_x}{v_y}$,

所以 $k_1\cdot k_2=\left(-\dfrac{u_x}{u_y}\right)\cdot\left(-\dfrac{v_x}{v_y}\right)=\dfrac{\dfrac{\partial v}{\partial y}}{-\dfrac{\partial v}{\partial x}}\cdot\dfrac{\dfrac{\partial v}{\partial x}}{\dfrac{\partial v}{\partial y}}=-1$

所以 $u(x,y)=c_1, v(x,y)=c_2$ 两曲线族正交.

21. **证明**　由于 $\cos(x+\mathrm{i}y)=\cos x\cdot\cos \mathrm{i}y-\sin x\cdot\sin \mathrm{i}y$

$$=\cos x\cdot \mathrm{ch}y-\sin x\cdot \mathrm{sh}y$$

从而 $|\cos(x+\mathrm{i}y)|=\sqrt{\cos^2x\cdot \mathrm{ch}^2y+\sin^2x\cdot \mathrm{sh}^2y}=1$

即　$\cos^2x\cdot \mathrm{ch}^2y+\sin^2x\cdot \mathrm{sh}^2y=1$,

也即　$(1-\cos^2x)\cdot(1+\mathrm{sh}^2y)+\sin^2x\cdot \mathrm{sh}^2y=1$

打开乘积项整理得　　$\sin^2x=\mathrm{sh}^2y$

2.5　教材同步精选习题精解

2. 设 $my^3+nx^2y+\mathrm{i}(x^3+lxy^2)$ 为解析函数，试确定 l,m,n 的值.

解　由题意知 $u(x,y)=my^3+nx^2y, v(x,y)=x^3+lxy^2$，则

$$\frac{\partial u}{\partial x}=2nxy,\frac{\partial u}{\partial y}=3my^2+nx^2$$

$$\frac{\partial v}{\partial x}=3x^2+ly^2,\frac{\partial v}{\partial y}=2lxy.$$

由 C - R 条件可得 $n=l=-3, m=1$.

4. 如果 $f(z)=u+\mathrm{i}v$ 是的解析函数，证明：

(1) $\left(\frac{\partial}{\partial x}|f(z)|\right)^2+\left(\frac{\partial}{\partial y}|f(z)|\right)^2=|f'(z)|^2$;

(2) $-u$ 是 v 的共轭调和函数;

(3) $\frac{\partial^2|f(z)|^2}{\partial x^2}+\frac{\partial^2|f(z)|^2}{\partial y^2}=4(u_x^2+v_x^2)=4|f'(z)|^2$.

证明　(1) $|f(z)|=\sqrt{u^2+v^2}$，则

$$\frac{\partial}{\partial x}|f(z)|=\frac{uu_x+vv_x}{\sqrt{u^2+v^2}}$$

$$\frac{\partial}{\partial y}|f(z)|=\frac{uu_y+vv_y}{\sqrt{u^2+v^2}}=\frac{-uv_x+vu_x}{\sqrt{u^2+v^2}}$$

所以

$$\left(\frac{\partial}{\partial x}|f(z)|\right)^2+\left(\frac{\partial}{\partial y}|f(z)|\right)^2=u_x{}^2+v_x{}^2.$$

又由于 $|f'(z)|^2=|u_x+\mathrm{i}v_x|^2=u_x{}^2+v_x{}^2$，得证.

(2)由于 $(-u)_{xx}=(-u_x)_x=(-v_y)_x, (-u)_{yy}=(-u_y)_y=(v_x)_y$

所以 $(-u)_{xx}=(-u)_{yy}$. 又由于 $v_{xx}=(-u_y)_x, v_{yy}=(u_x)_y$，所以 v 也为调和函数. 因为 $f(z)$ 解析，则满足 C - R 方程. 综上可知，$-u$ 是 v 的共轭调和函数.

(3) $|f(z)|^2=u^2+v^2$,则

$$\frac{\partial^2}{\partial x^2}|f(z)|^2 = 2(u_x{}^2+v_x{}^2)+2(uu_{xx}+vv_{xx}),$$

$$\frac{\partial^2}{\partial y^2}|f(z)|^2 = 2(u_y{}^2+v_y{}^2)+2(uu_{yy}+vv_{yy}).$$

其中

$$uu_{xx}+vv_{xx}=u(v_y)_x+v(-u_y)_x,$$

$$uu_{yy}+vv_{yy}=v(u_x)_y+u(-v_x)_y.$$

所以

$$uu_{xx}+vv_{xx}+uu_{yy}+vv_{yy}=0.$$

故

$$\frac{\partial^2}{\partial x^2}|f(z)|^2+\frac{\partial^2}{\partial y^2}|f(z)|^2=4(u_x{}^2+v_x{}^2).$$

5. 如果$f(z)$在区域D内解析，试证：$\mathrm{i}\overline{f(z)}$在$D$内也解析.

证明 设$f(z)=u+\mathrm{i}v$,则满足$u_x=v_y, u_y=-v_x$

所以$\overline{\mathrm{i}\overline{f(z)}}=\overline{\mathrm{i}(u-\mathrm{i}v)}=\overline{v+\mathrm{i}u}=v-\mathrm{i}u$,

可知$v_x=(-u)_y, v_y=(-u)_x$,

故$\mathrm{i}\overline{f(z)}$在$D$内也解析.

7. 求具有下列形式的所有调和函数u：

(1) $u=f(ax+by)$, a与b为常数;

(2) $u=f\left(\frac{y}{x}\right)$.

解 (1) $u_{xx}=a^2f''(ax+by), u_{yy}=b^2f''(ax+by)$

由u为调和函数,则$f''(ax+by)a^2+b^2=0$

可知$f''(ax+by)=0$

则$u=f(ax+by)=u=C_1(ax+by)+C_2$

(2) $u_{xx}=+f''\left(\frac{y}{x}\right)\frac{y^2}{x^4}+\frac{2y}{x^3}f'\left(\frac{y}{x}\right), u_{yy}=\frac{1}{x^2}f''\left(\frac{y}{x}\right)$

由u为调和函数,则

$$f'\left(\frac{y}{x}\right)=\frac{C_1}{1+\left(\frac{y}{x}\right)^2}\Rightarrow u=f\left(\frac{y}{x}\right)=C_1\arctan\left(\frac{y}{x}\right)+C_2$$

11. 求下列方程的解：

(1) $\sin z=0$;　(2) $e^z=1+\sqrt{3}i$;　(3) $1+e^z=0$.

解　(1) 略.

(2) 令 $z=x+iy$,

则 $e^x=\left|1+\sqrt{3}i\right|=2, y=\arg(1+\sqrt{3}i)=\frac{\pi}{3}+2k\pi(k=0,\pm1,\pm2,\cdots)$

所以 $z=\text{Ln}2+i\left(\frac{\pi}{3}+2k\pi\right)(k=0,\pm1,\pm2,\cdots)$

(3) 略

12. 计算下列各式的值:

(1) $\cos(1+i)$;　(2) $\sin(3+2i)$;　(3) $\tan(2-i)$;

(4) i^{i+1};　(5) 2^i;　(6) $\text{Ln}(-3+4i)$.

解　(1) $\cos(1+i)=\cos1\cos i-\sin1\sin i=\cos1\text{ch}1-i\sin1\text{sh}1$;

(2) $\sin(3+2i)=\sin3\cos2i+\cos3\sin2i=\sin3\text{ch}2+i\cos3\text{sh}2$;

(3) $\tan(2-i)=\frac{\sin(2-i)}{\cos(2-i)}=\frac{\sin2\cos i-\cos2\sin i}{\cos2\cos i+\sin2\sin i}=\frac{\sin4-i\text{sh}\,2}{2(\text{sh}^21+\cos^22)}$;

(4) $i^{i+1}=ie^{i\text{Ln}i}=ie^{i(\text{Ln}|i|+i\text{Arg}i)}=ie^{i^2\left(\frac{\pi}{2}+2k\pi\right)}=ie^{-\left(\frac{\pi}{2}+2k\pi\right)}, k=0,\pm1,\pm2,\cdots$;

(5) $2^i=e^{i\text{Ln}2}=e^{i(\text{Ln}2+2k\pi)}, k=0,\pm1,\pm2,\cdots$;

(6) $\text{Ln}(-3+4i)=\text{Ln}5+i\left[\left(\arctan\frac{4}{3}+\pi\right)+2k\pi\right], k=0,\pm1,\pm2,\cdots$.

16. 设 $z=re^{i\theta}$. 试证: $\text{Re}[\text{Ln}(z-1)]=\frac{1}{2}\text{Ln}(1+r^2-2r\cos\theta)$.

证明　$\text{Ln}(z-1)=\text{Ln}[(r\cos\theta-1)+ir\sin\theta]$

可见 $\text{Re}[\text{Ln}(z-1)]=\text{Ln}|z-1|$

$$=\text{Ln}\sqrt{(r\cos\theta-1)^2+(r\sin\theta)^2}=\frac{1}{2}\text{Ln}(r^2+1-2r\cos\theta).$$

19. 证明: 如果 $f(z)=u+iv$ 在区域 D 内解析, 并且满足下列条件之一, 那么 $f(z)$ 是常数.

(1) $\overline{f(z)}$ 在 D 内解析;

(2) $|f(z)|$ 在 D 内是一个常数;

(3) $\text{Arg}f(z)$ 在 D 内是一个常数.

证明　(1) $\overline{f(z)}=u-iv$ 在 D 内解析, 则有 $\frac{\partial u}{\partial x}=-\frac{\partial v}{\partial y},\frac{\partial u}{\partial y}=\frac{\partial v}{\partial x}$

$f(z)$ 在 D 内解析, 则 $\frac{\partial u}{\partial x}=\frac{\partial v}{\partial y},\frac{\partial u}{\partial y}=-\frac{\partial v}{\partial x}$

则 $u=C_1, v=C_2$, 故 $f(z)$ 为常数.

(2)设$|f(z)|=C$,

若$C=0$,则$f(z)=0$;

若$C\neq 0$,则$f(z)\neq 0$,但$f(z)\overline{f(z)}=C^2$,即$u^2+v^2=C^2$

两边同时对x,y分别求偏导,有$uu_x+vv_x=0,uu_y+vv_y=0$

由C-R方程可得$u_x=u_y=v_x=v_y=0$

即$u=C_1,v=C_2$,于是$f(z)$为常数.

(3)设$\arg f(z)=C$,即$\operatorname{argtan}\left(\dfrac{v}{u}\right)=C$,于是有

$$\frac{\left(\dfrac{v}{u}\right)'}{1+\left(\dfrac{v}{u}\right)^2}=0$$

整理得

$$u_x=v_x=u_y=v_y=0$$

则$f(z)$为常数.

第 3 章　复变函数的积分

3.1　知 识 要 点

一、复积分的定义与计算

复函数的积分是复函数在复平面上的简单光滑曲线或分段光滑曲线(本书统称曲线)上的积分。设$f(z)=u(x,y)+\mathrm{i}v(x,y)$在有向曲线 C 上连续,则基本的积分计算方法有:

(1)化为关于坐标的曲线积分

$$\int_C f(z)\,\mathrm{d}z=\int_C u\mathrm{d}x-v\mathrm{d}y+\mathrm{i}\int_C v\mathrm{d}x+u\mathrm{d}y$$

(2)化为关于参数的定积分(参数方程法)

$$\int_C f(z)\,\mathrm{d}z=\int_\alpha^\beta f(z(t))z'(t)\,\mathrm{d}t\ ,$$

其中曲线 $C:z=z(t)=x(t)+\mathrm{i}y(t)$($t$ 从 α 到 β).

二、复积分的基本性质

设$f(z)$,$g(z)$在曲线 C 上连续,则有下列性质成立.

(1) $\int_C f(z)\,\mathrm{d}z=-\int_{C^-}f(z)\,\mathrm{d}z$. 其中 C^- 表示的 C 反向曲线.

(2) $\int_C kf(z)\,\mathrm{d}z=k\int_C f(z)\,\mathrm{d}z$,($k$ 为常数).

(3) $\int_C[f(z)\pm g(z)]\,\mathrm{d}z=\int_C f(z)\,\mathrm{d}z\pm\int_C g(z)\,\mathrm{d}z$.

(4) $\int_C f(z)\,\mathrm{d}z=\int_{C_1}f(z)\,\mathrm{d}z+\int_{C_2}f(z)\,\mathrm{d}z$,其中 C 是由连续曲线 C_1,C_2 首尾相接而成.

(5)(积分估值定理) 如果函数 $w=f(z)$在曲线 C 上连续,若存在正数 M,使得$|f(z)|\leqslant M$($\forall z\in C$),则

$$\left|\int_C f(z)\,\mathrm{d}z\right|\leqslant\int_C|f(z)||\mathrm{d}z|=\int_C|f(z)|\,\mathrm{d}s\leqslant ML$$

其中 L 为曲线 C 的长度, $|\mathrm{d}z|$表示弧长的微分,即$|\mathrm{d}z|=\sqrt{(\mathrm{d}x)^2+(\mathrm{d}y)^2}=\mathrm{d}s$

三、一个重要的常用的积分

$$\int_C \frac{\mathrm{d}z}{(z-z_0)^{n+1}} = \begin{cases} 2\pi\mathrm{i} & ,n=0 \\ 0 & ,n\neq 0 \end{cases}$$

其中 C 可为任意含 z_0 的正向分段光滑闭曲线，n 为整数.

四、柯西积分定理(柯西－古萨定理)

如果函数 $w=f(z)$ 在单连通区域 D 内解析，C 为 D 内任一条(分段)光滑闭曲线，则 $\oint_C f(z)\,\mathrm{d}z=0$.

五、复合闭路定理

设区域 D 是由复合闭路 Γ 由 $C,C_1,C_2,\cdots,C_n$ 构成，$f(z)$ 在以 Γ 为边界的区域 D 内处处解析，则有

1. $\oint_\Gamma f(z)\,\mathrm{d}z=0$；或写成 $\int_C f(z)\,\mathrm{d}z+\int_{C_1^-} f(z)\,\mathrm{d}z+\cdots+\int_{C_n^-} f(z)\,\mathrm{d}z=0$

2. $\oint_C f(z)\,\mathrm{d}z=\oint_{C_1} f(z)\,\mathrm{d}z+\cdots+\oint_{C_n} f(z)\,\mathrm{d}z=\sum\limits_{k=1}^{n}\oint_{C_k} f(z)\,\mathrm{d}z.$

六、不定积分与原函数

1. 如果函数 $f(z)$ 在单连通区域 D 内处处解析，C 为 D 内任一光滑曲线，那么积分 $\int_C f(z)\,\mathrm{d}z$ 只与 C 的起点 z_1 和终点 z_2 有关，而与连接这两点的路径无关.

2. 若函数 $f(z)$ 在单连通区域 D 内处处解析，则 $F(z)=\int_{z_0}^{z} f(z)\,\mathrm{d}z$ 在 D 内解析，且 $f'(z)=f(z)$.

3. 在区域 D 内，如果 $f(z)$ 连续，称满足 $f'(z)=f(z)$ 的函数 $F(z)$ 为 $f(z)$ 的一个原函数或不定积分. 且对于 D 内任意起点为 z_1，终点为 z_2 的曲线 C，有

$$\int_C f(z)\,\mathrm{d}z=\int_{z_1}^{z_2} f(z)\,\mathrm{d}z=F(z_2)-F(z_1).$$

七、柯西积分公式

设 D 是由闭曲线(或复合闭路) Γ 所围成的有界区域. 函数 $f(z)$ 在 D 及边界 Γ 所组成的闭区域 $\overline{D}$ 上解析，z 为 Γ 内任意一点，$f(z)=\frac{1}{2\pi\mathrm{i}}\int_\Gamma \frac{f(\xi)}{\xi-z}\mathrm{d}\xi$. 柯西积分公式表明解析函数 $f(z)$ 在曲

线 Γ 内任意一点的值可以用沿边界的积分值来表示.

八、高阶导数公式

设 D 是由闭曲线(或复合闭路)Γ 所围成的有界区域,函数 $f(z)$ 在 D 及边界 Γ 所组成的闭区域 $\bar{D}$ 上解析,z 为 Γ 内任意一点,则函数 $f(z)$ 在 D 内任意阶导数存在,并且

$$f^{(n)}(z)=\frac{n!}{2\pi\mathrm{i}}\int_{\Gamma}\frac{f(\xi)}{(\xi-z)^{n+1}}\mathrm{d}\xi \quad z\in D \quad n=1,2,\cdots.$$

本章中的定理和公式在计算函数沿闭曲线的积分中是非常有用的。计算时以柯西积分定理和复合闭路定理作为基础,以柯西积分公式和高阶导数公式作为主要工具. 被积函数形式多样,需作适当变形以符合定理条件.

九、几个重要结论

1. 平均值公式:若函数 $f(z)$ 在圆 $|z-z_0|<R$ 内部解析,则

$$f(z_0)=\frac{1}{2\pi}\int_0^{2\pi}f(z_0+R\mathrm{e}^{\mathrm{i}\theta})\,\mathrm{d}\theta.$$

2. 柯西不等式:若函数 $f(z)$ 在 z_0 为圆心,R 为半径的圆周 C_R 上及其内部解析,如果对 $\forall z\in C_R$,有 $|f(z)|\leqslant M$,则 $|f^{(n)}(z_0)|\leqslant\frac{n!\ M}{R^n}(n=1,2,3,\cdots)$.

3. 刘维尔定理:有界整函数为常数.(如果函数 $f(z)$ 在 D 及边界 Γ 所组成的闭区 $\bar{D}$ 上解析,那么称它为一个整函数)

4. 最大值原理:若 $f(z)$ 在区域 D 内解析且 $|f(z)|$ 在 D 内一点 z_0 达到最大值,则 $f(z)$ 在 D 内是常数.

5. 定理:区域 D 内的解析函数的实部和虚部都是 D 内的调和函数.(即满足 $\frac{\partial^2 u}{\partial x^2}+\frac{\partial^2 u}{\partial y^2}=0$ 和 $\frac{\partial^2 v}{\partial x^2}+\frac{\partial^2 v}{\partial y^2}=0$)

3.2 典 型 例 题

例 1 设 C 表示连接点 a 和 b 的任一曲线,用积分定义证明:

(1) $\int_C \mathrm{d}z=b-a$; (2) $\int_C z\mathrm{d}z=\frac{1}{2}(b^2-a^2)$.

证明 (1) 因为 $f(z)=1$,所以 $S_n=\sum\limits_{k=1}^{n}f(\xi_k)\Delta z_k=\sum\limits_{k=1}^{n}\Delta z_k=b-a$,

故 $\int_C z\mathrm{d}z = \lim\limits_{\lambda\to 0} S_n = \lim\limits_{\lambda\to 0}\Delta z_k = b - a.$

(2) $f(z)=z$,分别选取 $\xi_k = z_{k-1}$ 和 $\xi_k = z_k$,则得

$$\sum\nolimits_1 = \sum_{k=1}^{n} z_{k-1}\Delta z_k \text{ 及 } \sum\nolimits_2 = \sum_{k=1}^{n} z_k \Delta z_k.$$

由于积分 $\int_C z\mathrm{d}z$ 存在,因而 $\lim\limits_{\lambda\to 0} S_n$ 存在,故 $\lim\limits_{\lambda\to 0}\sum_1 = \lim\limits_{\lambda\to 0}\sum_2 = \lim\limits_{\lambda\to 0} S_n$,

所以 $$\int_C z\mathrm{d}z = \lim_{\lambda\to 0} S_n = \frac{1}{2}(\lim_{\lambda\to 0}\sum\nolimits_1 + \lim_{\lambda\to 0}\sum\nolimits_2)$$

$$= \frac{1}{2}\lim_{\lambda\to 0}(\sum\nolimits_1 + \sum\nolimits_2) = \frac{1}{2}\lim_{\lambda\to 0}\left[\sum_{k=1}^{n}(z_k^2 - z_{k-1}^2)\right]$$

$$= \frac{1}{2}\lim_{\lambda\to 0}(b^2 - a^2) = \frac{1}{2}(b^2 - a^2).$$

特别地,当 C 为简单闭曲线时,有 $\int_C \mathrm{d}z = 0, \int_C z\mathrm{d}z = 0.$

例 2 计算积分 $\int_{-1}^{1} |z| \mathrm{d}z$,积分路径是(1) 直线段;(2) 上半单位圆周;(3) 下半单位圆周.

分析 复积分的计算问题可以利用参数方程的方法进行计算.

解 (1) $C: z = x, -1 \leqslant x \leqslant 1$,因此 $\int_C |z|\mathrm{d}z = \int_{-1}^{1} |x|\mathrm{d}x = 1.$

(2) $C: z = \mathrm{e}^{\mathrm{i}\theta}$, θ 从 π 变到 0, 因此

$$\int_C |z|\mathrm{d}z = \int_{\pi}^{0}\mathrm{d}\mathrm{e}^{\mathrm{i}\theta} = 2.$$

(3) 下半圆周方程为 $z = \mathrm{e}^{\mathrm{i}\theta}, \pi \leqslant \theta \leqslant 2\pi$, 则

$$\int_C |z|\mathrm{d}z = \int_{\pi}^{2\pi}\mathrm{d}\mathrm{e}^{\mathrm{i}\theta} = \mathrm{i}\int_{\pi}^{0}\mathrm{i}\mathrm{e}^{\mathrm{i}\theta}\mathrm{d}\theta = 2.$$

例 3 证明:

(1) $\left|\int_C (x^2 + \mathrm{i}y^2)\mathrm{d}z\right| \leqslant 2$,其中 C 是连接 $-\mathrm{i}$ 到 i 的直线段;

(2) $\left|\int_C (x^2 + \mathrm{i}y^2)\mathrm{d}z\right| \leqslant \pi$,其中 C 是连接 $-\mathrm{i}$ 到 i 的右半圆周.

分析 利用复积分的基本性质 - 积分估值定理来证明.

证明 (1) $C: x = 0, -1 \leqslant y \leqslant 1.$

因为 $|f(z)| = |x^2 + y^2\mathrm{i}| = |\mathrm{i}y^2| \leqslant 1$,而积分路径长为 $|\mathrm{i} - (-\mathrm{i})| = 2$,

故 $\left|\int_C (x^2 + \mathrm{i}y^2)\mathrm{d}z\right| = \left|\int_{-\mathrm{i}}^{\mathrm{i}} (x^2 + \mathrm{i}y^2)\mathrm{d}z\right| \leqslant 2.$

(2) $C: x^2 + y^2 = 1, x \geqslant 0$,而 $|f(z)| = |x^2 + \mathrm{i}y^2| = \sqrt{x^4 + y^4} \leqslant 1$,右半圆周长为 π,所以

$\left|\int_{-i}^{i}(x^2+iy^2)dz\right| \leqslant \pi.$

例 4 计算：(1) $\int_{-2}^{-2+i}(z+2)^2 dz$；(2) $\int_{0}^{2\pi a}(2z^2+8z+1)dz$.

分析 利用复积分的原函数的方法来证计算.

解 (1)因 $f(z)=(z+2)^2$ 在 z 平面上解析，且 $\dfrac{(z+2)^3}{3}$ 为其一原函数，所以

$$\int_{-2}^{-2+i}(z+2)^2 dz = \left.\frac{(z+2)^3}{3}\right|_{-2}^{-2+i} = -\frac{i}{3}.$$

(2) $\int_{0}^{2\pi a}(2z^2+8z+1)dz = \left[\dfrac{2}{3}z^3+4z^2+z\right]\Big|_0^{2\pi a} = \dfrac{2}{3}8\pi^3a^3+16\pi^2a^2+2\pi a.$

例 5 由积分 $\int_C \dfrac{dz}{z+2}$ 之值证明 $\int_0^{\pi}\dfrac{1+2\cos\theta}{5+4\cos\theta}d\theta=0$，其中 C 取单位圆周 $|z|=1$.

分析 利用参数方程法直接计算 $\int_C \dfrac{dz}{z+2}$ 即可.

证明 因为 C：$|z|=1$，从而不含有奇点 $z=-2$，所以 $\int_{|z|=1}\dfrac{dz}{z+2}=0$. 设 $z=e^{i\theta}$，$dz=ie^{i\theta}d\theta$，于是有

$$0=\int_0^{2\pi}\frac{ie^{i\theta}d\theta}{e^{i\theta}+2}=\int_0^{2\pi}\frac{(i\cos\theta-\sin\theta)[(\cos\theta+2)-i\sin\theta]}{(\cos\theta+2)^2+\sin^2\theta}d\theta$$

$$=\int_0^{2\pi}\frac{-2\sin\theta+i(1+2\cos\theta)}{5+4\cos\theta}d\theta,$$

考察其虚部，于是 $\int_0^{2\pi}\dfrac{1+2\cos\theta}{5+4\cos\theta}d\theta=0$，又被积函数关于 $\theta=\pi$ 对称，

故

$$\int_0^{\pi}\frac{1+2\cos\theta}{5+4\cos\theta}d\theta=0.$$

例 6 计算积分：$\int_{C_j}\dfrac{\sin\frac{\pi}{4}z}{z^2-1}dz$，$(j=1,2,3)$

(1) C_1：$|z+1|=\dfrac{1}{2}$；(2) C_2：$|z-1|=\dfrac{1}{2}$；(3) C_3：$|z|=2$.

分析 利用柯西定理和柯西积分公式直接计算.

解 易知被积函数只有两个奇点 $z=\pm1$，所以

(1)由 C_1 含有奇点 $z=-1$，但不含奇点 $z=1$，则：$\int_C\dfrac{\sin\frac{\pi}{4}zdz}{z^2-1}=\dfrac{\sqrt{2}}{2}\pi i.$

(2)由 C_2 含奇点 $z=1$ 但不含有奇点 $z=-1$,则 $\int_C \frac{\sin\frac{\pi}{4}z\mathrm{d}z}{z^2-1}=2\pi\mathrm{i}\cdot\frac{\frac{\sqrt{2}}{2}}{2}=\frac{\sqrt{2}}{2}\pi\mathrm{i}.$

(3)由 C_3 含有奇点 $z=\pm1$,则

$$\int_C \frac{\sin\frac{\pi}{4}z\mathrm{d}z}{z^2-1}=\int_C \frac{1}{2}\sin\frac{\pi}{4}z\left(\frac{1}{z-1}-\frac{1}{z+1}\right)\mathrm{d}z=\frac{2\pi\mathrm{i}}{2}\left(\frac{\sqrt{2}}{2}+\frac{\sqrt{2}}{2}\right)=\sqrt{2}\pi\mathrm{i}.$$

例 7 设 C 表圆周 $x^2+y^2=3$, $f(z)=\int_C \frac{3\zeta^2+7\zeta+1}{\zeta-z}\mathrm{d}\zeta$,求 $f'(1+\mathrm{i})$.

分析 令 $\varphi(\zeta)=3\zeta^2+7\zeta+1$. 再利用柯西积分公式去计算即可.

解 令 $\varphi(\xi)=3\xi^2+7\xi+1$, 当 z 含在 C 内部时,

$$f(z)=\int_C \frac{\varphi(\xi)}{\xi-z}\mathrm{d}\xi=2\pi\mathrm{i}\varphi(z)=2\pi\mathrm{i}\cdot(3z^2+7z+1).$$

则 $f'(z)=2\pi\mathrm{i}(6z+7)$. 因此 $f'(1+\mathrm{i})=2\pi\mathrm{i}(6+6\mathrm{i}+7)=2\pi(-6+16\mathrm{i})$.

当 z 不含在 C 内部时

$$f(z)=\int_C \frac{\varphi(\xi)}{\xi-z}\mathrm{d}\xi=0.$$

则 $f'(z)=0$. 因此 $f'(1+\mathrm{i})=0$.

例 8 如果 $f(z)$ 在区域 D 内解析,C 为 D 内的正向圆周:$|z|=R$,它的内部全含于 D,设 z 为 C 内一点,证明 $\oint_C \frac{\bar{z}f(\zeta)}{\zeta\bar{z}-R^2}\mathrm{d}\zeta=0$.

证明 被积函数为 $\frac{f(\zeta)}{\zeta-R^2/\bar{z}}$,由于

$\left|\frac{R^2}{\bar{z}}\right|=\frac{R^2}{|\bar{z}|}>R$,表示 $\frac{R^2}{\bar{z}}$ 是圆外一点,故 $\frac{f(\zeta)}{\zeta-R^2/\bar{z}}$ 在圆内处处解析,因此

$$\oint_C \frac{f(\zeta)}{\zeta-R^2/\bar{z}}\mathrm{d}\zeta=\oint_C \frac{\bar{z}f(\zeta)}{\zeta\bar{z}-R^2}\mathrm{d}\zeta=0.$$

例 9 如果在 $|z|<1$ 内函数 $f(z)$ 解析,且 $|f(z)|\leqslant\frac{1}{1-|z|}$. 试证:

$$|f^{(n)}(0)|\leqslant(n+1)!\left(1+\frac{1}{n}\right)^n<\mathrm{e}(n+1)!,(n=1,2,\cdots).$$

分析 可取积分路径为圆周 C: $|z|=\frac{n}{n+1}$,然后应用柯西高阶导数公式及柯西不等式.

证明 取圆周 $|z|=\rho<1$,由于 $f(z)$ 在 $|z|<1$ 内解析, 故知 $f(z)$ 在 $|z|\leqslant\rho$ 上解析, $|z|<1$ 且有 $|f(z)|\leqslant\frac{1}{1-|z|}=\frac{1}{1-\rho}$.

由柯西不等式知 $|f^{(n)}(0)|\leqslant\dfrac{n!\ M(\rho)}{\rho^n}=\dfrac{n!}{\rho^n(1-\rho)}$.

对于 ρ 在 $(0,1)$ 上，当 $\rho=\dfrac{n}{n+1}$ 时，$\rho^n(1-\rho)$ 为 $\left(\dfrac{n}{1+n}\right)^n\left(1-\dfrac{n}{1+n}\right)$，

于是得 $\dfrac{n!}{\rho^n(1-\rho)}$ 为 $\dfrac{(n+1)!}{\left(\dfrac{n}{n+1}\right)^n}$，当 $n\to\infty$ 时 $\left(\dfrac{n}{n+1}\right)^n\to\dfrac{1}{\mathrm{e}}$

所以有 $|f^{(n)}(0)|$ 的估值为 $|f^{(n)}(0)|\leqslant(n+1)!\ \mathrm{e}$.

例 10 已知 $f(z)=\dfrac{1}{2\pi\mathrm{i}}\displaystyle\int_{|\zeta|=1}\dfrac{\cos\zeta}{(\zeta-z)^3}\mathrm{d}\zeta$，证明：当 $|z|\neq 1$ 时 $f(z)$ 解析，并求 $f'(z)$.

解 当 $|z|>1$，则 $f(z)=0$，故 $f(z)$ 是解析函数，且 $f'(z)=0$.

当 $|z|<1$，则 $f(z)=\dfrac{1}{2}(\cos\zeta)''|_{\zeta=z}=\dfrac{-1}{2}\cos z$，$f(z)$ 也是解析函数，且

$$f'(z)=\frac{1}{2}\sin z$$

例 11 设在 $|z|\leqslant 1$ 上函数 $f(z)$ 解析，且 $|f(z)|\leqslant 1$，试证：$|f'(0)|\leqslant 1$.

分析 可以采用柯西不等式来证明.

证明 由柯西不等式 $|f^{(n)}(a)|\leqslant\dfrac{n!\ M(R)}{R^n}$，其中 $M(R)=\max\limits_{|z-a|=R}|f(z)|$，$n=1,2,\cdots$ 可知

$$|f'(0)|=\left|\frac{1}{2\pi\mathrm{i}}\int_{|z|=1}\frac{f(z)}{z^2}\mathrm{d}z\right|\leqslant\frac{1}{2\pi}\int_{|z|=1}\frac{|f(z)|}{|z|^2}\cdot|\mathrm{d}z|$$
$$\leqslant\frac{1}{2\pi}\int_{|z|=1}\frac{1}{1^2}|\mathrm{d}z|=1$$

例 12 计算 $I=\displaystyle\oint_C\dfrac{\mathrm{d}z}{(z+1)^2(z-2)}$，其中 C 为 $|z|=r$，r 为不等于 1,2 的正常数.

分析 利用高阶导数公式和柯西积分定理来计算.

解 当 $0<r<1$ 时，$f(z)=\dfrac{1}{(z+1)^2(z-2)}$ 在 C 内解析，$I=0$；

当 $1<r<2$ 时，$z=-1$ 在 C 内，由高阶导数公式可知

$$I=2\pi\mathrm{i}\left(\frac{1}{z-2}\right)'\bigg|_{z=-1}=-\frac{2}{9}\pi\mathrm{i}$$

当 $r>2$ 时，$z=-1$，$z=2$ 均在 C 内，根据复合闭路定理

$$\mathrm{i}=\oint_{|z+1|=\frac{1}{4}}f(z)\,\mathrm{d}z+\oint_{|z-2|=\frac{1}{4}}f(z)\,\mathrm{d}z$$
$$=2\pi\mathrm{i}\left(\frac{1}{z-2}\right)'\bigg|_{z=-1}+2\pi\mathrm{i}\frac{1}{(z+1)^2}\bigg|_{z=2}=-\frac{2}{9}\pi\mathrm{i}+\frac{2}{9}\pi\mathrm{i}=0$$

例 13 计算 $I=\oint_C \frac{\mathrm{d}z}{(2z+1)(1+z^2)}$，其中 C 为圆周 $|z+\mathrm{i}|=\frac{3}{2}$.

分析 利用复合闭路定理来计算.

解 $I=\oint_{C_1} f(z)\,\mathrm{d}z+\oint_{C_2} f(z)\,\mathrm{d}z$（其中 C_1,C_2 分别以 $-\mathrm{i}$，$-\frac{1}{2}$ 为圆心，r_1,r_2 为半径且互不相交的两个圆）

$$=2\pi\mathrm{i}\left[\frac{1}{(2z+1)(z-\mathrm{i})}\Big|_{z=-\mathrm{i}}+\frac{1}{2(z+\mathrm{i})(z-\mathrm{i})}\Big|_{z=-\frac{1}{2}}\right]$$

$$=\frac{\pi}{5}(-1-2\mathrm{i})+\frac{8\pi\mathrm{i}}{5}=\frac{\pi}{5}(-1+6\mathrm{i}).$$

例 14 计算积分 $I=\int_0^{2\pi}\frac{\mathrm{d}\theta}{1-2a\cos\theta+a^2}$，（其中 $0\leqslant|a|<1$）.

分析 先转化为复积分，之后利用柯西积分公式来计算即可.

解 令 $z=\mathrm{e}^{\mathrm{i}\theta}$，则 $\mathrm{d}\theta=\frac{\mathrm{d}z}{\mathrm{i}z}$. 当 $a\neq0$ 时

$$1-2a\cos\theta+a^2=1-a(z+z^{-1})+a^2=\frac{(z-a)(1-az)}{z},$$

故 $I=\frac{1}{\mathrm{i}}\int_{|z|=1}\frac{\mathrm{d}z}{(z-a)(1-az)}$，且在圆 $|z|<1$ 内 $f(z)=\frac{1}{(z-a)(1-az)}$ 只以 $z=a$ 为一个奇点，在 $|z|=1$ 上无奇点，从而由柯西积分公式有

$$I=\frac{1}{\mathrm{i}}\int_{|z|=1}\frac{\mathrm{d}z}{(z-a)(1-az)}=\frac{1}{\mathrm{i}}2\pi\mathrm{i}\,\frac{1}{1-az}\Big|_{z=a}=\frac{2\pi}{1-a^2}(0\leqslant|a|<1).$$

例 15 设函数 $f(z)$ 在简单闭曲线 C 的外部区域 G（含 ∞ 点）内解析，在 C 和 G 上连续，且 $\lim\limits_{z\to\infty}f(z)=A$，证明

$$\frac{1}{2\pi\mathrm{i}}\oint_C\frac{f(\zeta)}{\zeta-z}\mathrm{d}\zeta=\begin{cases}-f(z)+A, & z\in G\\ A, & z\notin G\end{cases}.$$

证明 若 $z\notin G$，作圆 K_R：$|z|=R$，使 R 充分大，使 C 完全在 $|z|<R$ 的内部，这时由于被积函数在由 C 和 K_R 为边界的环状域内解析，故 $\int_{K_R\cup C^-}\frac{f(\zeta)}{\zeta-z}\mathrm{d}\zeta=0$，

即

$$\int_C\frac{f(\zeta)}{\zeta-z}\mathrm{d}\zeta=\int_{K_R}\frac{f(\zeta)}{\zeta-z}\mathrm{d}\zeta,$$

而

$$\left|\frac{1}{2\pi\mathrm{i}}\int_{K_R}\frac{f(\zeta)}{\zeta-z}\mathrm{d}\zeta-A\right|=\frac{1}{2\pi}\left|\int_{K_R}\frac{f(\zeta)-A}{\zeta-z}\mathrm{d}\zeta\right|\leqslant\frac{1}{\pi}\int_0^{2\pi}|f(\zeta)-A|\mathrm{d}\theta$$

设 $z=r\mathrm{e}^{\mathrm{i}\varphi}$，令 $R>2r$，则 $|\zeta-z|=|R\mathrm{e}^{\mathrm{i}\theta}-r\mathrm{e}^{\mathrm{i}\varphi}|\geqslant R-r>\dfrac{R}{2}$，$\zeta=R\mathrm{e}^{\mathrm{i}\theta}$

对 $\varepsilon>0$，存在 $M>0$，只要 $R>M$，便有 $|f(\zeta)-A|<\dfrac{\varepsilon}{2}$. 于是也有

$$\left|\frac{1}{2\pi\mathrm{i}}\int_{K_R}\frac{f(\zeta)}{\zeta-z}-A\right|<\frac{1}{\pi}\int_0^{2\pi}|f(\zeta)-A|\mathrm{d}\theta<\varepsilon\text{，故}\lim_{R\to\infty}\frac{1}{2\pi\mathrm{i}}\int_{K_R}\frac{f(\zeta)}{\zeta-z}\mathrm{d}\zeta=A,$$

即

$$\int_C\frac{f(\zeta)}{\zeta-z}\mathrm{d}z=A.$$

若 $z\in G$，作以 z 为圆心，半径为充分小的圆 K_r，含于以 K_R 和 C 为边界的环状区域内，$K_r:|\zeta-z|=r$，则 $\displaystyle\int_{K_R+K_r^-+C^-}\frac{f(\zeta)}{\zeta-z}\mathrm{d}\zeta=0.$

故

$$\int_C\frac{f(\zeta)}{\zeta-z}\mathrm{d}\zeta=\int_{K_R}\frac{f(\zeta)}{\zeta-z}\mathrm{d}\zeta-\int_{K_r}\frac{f(\zeta)}{\zeta-z}\mathrm{d}\zeta,$$

而

$$\int_{K_r}\frac{f(\zeta)}{\zeta-z}\mathrm{d}\zeta=f(z),\lim_{R\to\infty}\int_{K_R}\frac{f(\zeta)}{\zeta-z}\mathrm{d}\zeta=A2\pi\mathrm{i}.$$

3.3 同步训练题

1. 填空题

(1) $\displaystyle\int_{|z-2|=\frac{1}{2}}\frac{z\mathrm{d}z}{(z-1)(z-2)^2}$ 的值是________.

(2) $\displaystyle\int_{|z|=1}\left|\frac{\mathrm{d}z}{z}\right|=$ ________.

(3) 设 C 为正向圆周 $|\xi|=1$. 则当 $|z|>1$ 时，$f(z)=\dfrac{1}{2\pi\mathrm{i}}\displaystyle\oint_C\frac{\mathrm{d}\xi}{(\xi-2)(\xi-z)^3}=$ ________.

(4) 设 C 为正向圆周 $|\xi|=2$，$f(z)=\displaystyle\oint_C\frac{\sin\frac{\pi}{3}}{\zeta-z}\mathrm{d}\zeta$，其中 $|z|<2$，则 $f'(1)=$ ________.

(5) 设函数 $f(z)=\displaystyle\int_0^z\zeta\mathrm{e}^{\zeta}\mathrm{d}\zeta$，则 $f(z)$ 等于________.

2. 选择题

(1) 设 C 是正向圆周 $|z|=3$，则 $\displaystyle\oint_C\frac{\sin z}{\left(z-\frac{\pi}{2}\right)^3}\mathrm{d}z=$ (　　).

A. $-2\pi i$　　B. πi　　C. πi　　D. $2\pi i$

(2)沿正向圆周的积分 $\oint_{|z|=2}\frac{\sin z}{z^2-1}dz=$ (　　).

A. $2\pi i\sin 1$　　B. 0　　C. $\pi i\sin 1$　　D. 以上都不对

(3)设 D 是单连通区域,C 是 D 内的正向简单闭曲线,则对 D 内的任意解析函数 $f(z)$ 恒有(　　).

A. $f(z)=\frac{1}{2\pi i}\oint_C\frac{f(\zeta)}{\zeta-z}d\zeta$, z 在 C 的外部;

B. $f^{(n)}(z)=\frac{1}{2\pi i}\oint_C\frac{f(\zeta)}{(\zeta-z)^{n+1}}d\zeta$,$z$ 在 C 的内部,$n\geqslant 2$;

C. $f^{(n)}(z)=\frac{n!}{2\pi i}\oint_C\frac{f(\zeta)}{(\zeta-z)^{n}}d\zeta$,$z$ 在 C 的内部,$n\geqslant 2$;

D. $f^{(n)}(z)=\frac{n!}{2\pi i}\oint_C\frac{f(\zeta)}{(\zeta-z)^{n+1}}d\zeta$,$z$ 在 C 的内部,$n\geqslant 2$.

(4)下列命题中,不正确的是(　　).

A. 积分 $\oint_{|z-a|=r}\frac{1}{z-a}dz$ 的值与半径 $r(r>0)$ 的大小无关;

B. $\left|\oint_C(x^2+iy^2)dz\right|\leqslant 2$,其中 C 为连接 $-i$ 到 i 的线段;

C. 若在区域 D 内有 $f'(z)=g(z)$,则在 D 内 $g'(z)$ 存在且解析;

D. 若 $f(z)$ 在 $0<|z|<1$ 内解析,且沿任何圆周 C:$|z|=r(0<r<1)$ 的积分等于零,则 $f(z)$ 在 $z=0$ 处解析.

(5)　设 $f(z)$ 在单连通域 B 内处处解析且不为零,C 为 B 内任何一条简单闭曲线,则积分 $\oint_C\frac{f''(z)+2f'(z)+f(z)}{f(z)}dz=$ (　　).

A. $2\pi i$　　B. $-2\pi i$　　C. 0　　D. 不能确定

3. 计算:(1) $\int_{-2}^{-2+i}(z+2)^2dz$;(2) $\int_0^{\pi+2i}\cos\frac{z}{2}dz$.

4. 计算(C:$|z|=2$)

(1) $\int_C\frac{2z^2-z+1}{z-1}dz$;(2) $\int_C\frac{2z^2-z+1}{(z-1)^2}dz$.

5. 设 C 为任意不通过 $z=0$ 和 $z=1$ 的闭曲线,求 $\oint_C\frac{e^z}{z(1-z)^3}dz$.

6. 计算积分 $I=\int_0^{2\pi}\frac{d\theta}{1-2a\cos\theta+a^2}$,其中 $0<a<1$.

7. 设$f(z)$在$|z|<R(R>1)$内解析，且$f(0)=1,f'(0)=2$，试计算积分$\oint_{|z|=1}(z+1)^2\frac{f(z)}{z^2}\mathrm{d}z$，并由此得出$\int_0^{2\pi}\cos^2\frac{\theta}{2}f(\mathrm{e}^{\mathrm{i}\theta})\mathrm{d}\theta$之值.

8. 设函数$f(z)$在$|z|<1$内解析，在闭圆$|z|\leqslant 1$上连续，且$f(0)=1$，求积分$\frac{1}{2\pi\mathrm{i}}\int_{|z|=1}\left[2\pm\left(z+\frac{1}{z}\right)\right]f(z)\frac{\mathrm{d}z}{z}$之值.

9. 设$f(z)$在$|z|<1$内解析，在$|z|\leqslant 1$上连续，且在$|z|=1$上$|f(z)-z|\leqslant|z|$，证明

$$\left|f'\left(\frac{1}{2}\right)\right|\leqslant 8.$$

10. 如果在$|z|<1$内函数$f(z)$解析，且$|f(z)|\leqslant\frac{1}{1-|z|}$. 试证：

$$|f^{(n)}(0)|\leqslant(n+1)!\left(1+\frac{1}{n}\right)^n<\mathrm{e}(n+1)!,(n=1,2,\cdots).$$

11. 若函数$f(z)$在区域D内解析，C为D内以a，b为端点的直线段. 试证：存在数λ，$|\lambda|\leqslant 1$，与$\xi\in C$使得$f(b)-f(a)=\lambda(b-a)f'\xi)$.

12. 设$f(z)$在$|z|<1$内解析，在$|z\leqslant 1|$上连续，$f(0)=1$，证明：

$$f'(0)=\frac{2}{\pi}\int_0^{2\pi}f(\mathrm{e}^{\mathrm{i}\theta})\cos^2\frac{\theta}{2}\mathrm{d}\theta-2.$$

13. 设C为圆周$|z-1|=1$，证明下列不等式，则$\left|\int_C\frac{z+1}{z-1}\mathrm{d}z\right|\leqslant 3\pi$.

3.4 同步训练题答案

1. 填空题

(1) $-2\pi\mathrm{i}$ (2) 2π (3) 0 (4) $\frac{\pi^3}{3}\mathrm{i}$，或$2\pi\mathrm{i}\cdot\frac{\pi}{3}\cos\frac{\pi}{3}$ (5) $z\mathrm{e}^z-\mathrm{e}^z+1$

2. 选择题

(1) B (2) A (3) D (4) D (5) C

3. 解：(1) 因$f(z)=(z+2)^2$在z平面上解析，且$\frac{(z+2)^3}{3}$为其一原函数，所以

$$\int_{-2}^{-2+\mathrm{i}}(z+2)^2\mathrm{d}z=\left.\frac{(z+2)^3}{3}\right|_{-2}^{-2+\mathrm{i}}=-\frac{\mathrm{i}}{3}$$

(2) 设$z=(\pi+2\mathrm{i})t$，可得

$$\int_0^{\pi+i}\cos\frac{z}{2}dz=\int_0^1\cos(\frac{\pi+2i}{2}t)(\pi+2i)dt=\frac{\pi+2i}{2}\int_0^1(e^{-t}e^{i\frac{\pi}{2}t}+e^te^{-i\frac{\pi}{2}t})dt$$

$$=e+e^{-1}.$$

4. 解：(1)因为$f(z)=2z^2-z+1$在$|z|\leqslant 2$上是解析的，且$z=1\in|z|\leqslant 2$，根据柯西公式得

$$\int_{|z|\leqslant 2}\frac{2z^2-z+1}{z-1}dz=2\pi i(2z^2-z+1)\ _{z=1}=4\pi i.$$

(2)可令$f(z)=2z^2-z+1$，则由导数的积分表达式得

$$\int_{|z|=2}\frac{2z^2-z+1}{(z-1)^2}dz=2\pi if'(z)\ _{z=1}=6\pi i.$$

5. 解：(1)若$z=0$，$z=1$均不在C内，则$I=0$；

(2)若$z=0$在C内，$z=1$在C外，则

$$I=2\pi i\frac{e^z}{(1-z)^3}|_{z=0}=2\pi i;$$

(3)若$z=1$在C内，$z=0$在C外，则

$$I=\frac{2\pi i}{2!}\left(\frac{e^z}{z}\right)'|_{z=1}=e\pi i;$$

(4)若$z=0$，$z=1$均在C内，则

$$I=\oint_{C_1}\frac{e^z}{z(1-z)^3}dz+\oint_{C_2}\frac{e^z}{z(1-z)^3}dz(\text{其中 }C_1,|z|=\frac{1}{4};C_2,|z-1|=\frac{1}{4})$$

$$=2\pi i+e\pi i=(2+e)\pi i.$$

6. 解：令$z=e^{i\theta}$，则$d\theta=\frac{dz}{iz}$. 从而

$$1-2a\cos\theta+a^2=1-a(z+z^{-1})+a^2=\frac{(z-a)(1-az)}{z},$$

故$I=\frac{1}{i}\int_{|z|=1}\frac{dz}{(z-a)(1-az)}$，且在圆$|z|<1$内$f(z)=\frac{1}{(z-a)(1-az)}$只以$z=a$为奇点，在$|z|=1$上无奇点，从而由柯西积分公式可得

$$I=\frac{1}{i}\int_{|z|=1}\frac{dz}{(z-a)(1-az)}=\frac{1}{i}2\pi i(\frac{1}{1-az})|_{z=a}=\frac{2\pi}{1-a^2}(0<a<1).$$

7. 解：由高阶导数公式

$$\oint_{|z|=1}(z+1)^2\frac{f(z)}{z^2}dz=2\pi i[(z+1)^2f(z)]'|_{z=0}=2\pi i(2f(0)+f'(0))=8\pi i$$

又由复积分计算公式

$$\oint_{|z|=1}(z+1)^2\frac{f(z)}{z^2}dz=\int_0^{2\pi}(e^{i\theta}+1)\frac{f(e^{i\theta})}{e^{2i\theta}}ie^{i\theta}d\theta$$

$$= i\int_0^{2\pi}(2+2\cos\theta)f(e^{i\theta})d\theta = 4i\int_0^{2\pi}\cos^2\frac{\theta}{2}f(e^{i\theta})d\theta$$

即
$$\int_0^{2\pi}\cos^2\frac{\theta}{2}f(e^{i\theta})d\theta = 2\pi.$$

8. 解：$\frac{1}{2\pi i}\int_{|z|=1}[2\pm(z+\frac{1}{z})]f(z)\frac{dz}{z} = \frac{1}{2\pi i}\int_{|z|=1}\frac{2f(z)}{z}\pm f(z)\pm\frac{f(z)}{z^2}]dz$

$$= 2f(0)\pm f'(0) = 2\pm f'(0)$$

9. 证明：$\left|f'(\frac{1}{2})\right| = \left|\frac{1}{2\pi i}\int_{|z|=1}\frac{f(z)}{(z-\frac{1}{2})^2}dz\right| \leqslant \left|\frac{1}{2\pi i}\int_{|z|=1}\frac{|f(z)|}{\left|z-\frac{1}{2}\right|^2}dz\right|$

$\leqslant \left|\frac{1}{2\pi i}\int_{|z|=1}\frac{|f(z)-z|+|z|}{(|z|-\frac{1}{2})^2}dz\right| \overset{(|z|=1)}{\leqslant} \left|\frac{1}{2\pi i}\int_{|z|=1}\frac{2}{\frac{1}{4}}dz\right| = \frac{1}{2\pi}\int_0^{2\pi}\frac{2}{\frac{1}{4}}d\theta = 8.$

10. 证明：取圆周$|z|=\rho<1$

由于$f(z)$在$|z|<1$内解析，故知$f(z)$在$|z|\leqslant\rho$上解析，且有

$$|f(z)|\leqslant\frac{1}{1-|z|} = \frac{1}{1-\rho}$$

由柯西不等式，知

$$|f^{(n)}(0)|\leqslant\frac{n!M(\rho)}{\rho^n} = \frac{n!}{\rho^n(1-\rho)}$$

对于ρ在$(0,1)$上，当$\rho=\frac{n}{n+1}$时，$\rho^n(1-\rho)$取最大值$(\frac{n}{1+n})^n(1-\frac{n}{1+n})$

于是得$\frac{n!}{\rho^n(1-\rho)}$的最小值为$\frac{(n+1)!}{(\frac{n}{n+1})^n}$，当$n\to\infty$时$(\frac{n}{n+1})^n\to\frac{1}{e}$

所以有 $|f^{(n)}(0)|$的估值为$|f^{(n)}(0)|\leqslant(n+1)!\ e$.

11. 证明：由题设，$f'(z)$在D内含C之单连通区域内解析，

$$|f(b)-f(a)| = \left|\int_a^b f'(z)dz\right|\leqslant\int_a^b|f'(z)||dz|$$

考虑到$|f'(z)|$在有界闭集C上的连续性，必存在点$\xi\in C$，使得$|f'(\xi)|$是$|f'(z)|$在C上的最大值.

$$\int_a^b|f'(z)||dz|\leqslant\int_a^b|f'(\xi)||b-a|$$

由上得
$$|f(b)-f(a)|\leqslant|f'(\xi)||b-a|$$

如果$\forall\eta\in C$，都有$f'(\eta)=0$，则沿C，$f'(z)\equiv0$，于是沿C，$f(z)$为常数，故$f(b)=f(a)$，题

中等式成立.

如果存在 $\xi\in C$ 使 $f'(\xi)\neq 0$，且是 $|f'(z)|$ 在 C 上的最大值，则可令 $\lambda=\dfrac{f(b)-f(a)}{f'(\xi)(b-a)}$，则题中等式成立.

12. 证明：$\cos^2\dfrac{\theta}{2}=\dfrac{1+\cos\theta}{2}=\dfrac{e^{i\theta}+e^{-i\theta}+2}{4}$，而 $d\theta=\dfrac{de^{i\theta}}{ie^{i\theta}}$，故

$$\frac{2}{\pi}\int_0^{2\pi}f(e^{i\theta})\cos^2\frac{\theta}{2}d\theta=\frac{2}{\pi}\int_{|z|=1}\frac{f(z)(z+z^{-1}+2)}{4iz}dz$$

$$=\frac{1}{2\pi i}\int\frac{f(z)(z^2+2z+1)}{z^2}dz$$

$$[f(z)(z^2+2z+1)]'_{z=0}=f'(0)+2f(0)=f'(0)+2$$

因此
$$f'(0)=\frac{2}{\pi}\int_0^{2\pi}f(e^{i\theta})\cos^2\frac{\theta}{2}d\theta-2.$$

13. 证明：$\left|\oint_{|z-1|=1}\dfrac{|z-1+2|}{|z-1|}dz\right|\leqslant\left|\oint_{|z-1|=1}\dfrac{|z-1+2|}{|z-1|}\right||dz|$

$$\leqslant\left|\oint_{|z-1|=1}\frac{|z-1|+2}{|z-1|}\right||dz|=\left|\oint_{|z-1|=1}\frac{1+2}{1}\right||dz|=3\pi.$$

3.5 教材同步精选习题精解

1. 沿下列路径计算积分 $\int_L z^2dz$.

(1) L 为自原点至 $1+i$ 的直线段；

(2) L 为自原点沿实轴至 1，再由 1 铅直向上至 $1+i$；

(3) L 为原点沿虚轴至 i，再由 i 沿水平方向向右至 $1+i$.

解 (1) $\begin{cases}x=3t\\y=t\end{cases}$ $0\leqslant t\leqslant 1$，$z=3t+it$ $0\leqslant t\leqslant 1$. $dz=(3+i)dt$，

$$\int_0^{3+i}z^2dz=\int_0^1(3t+it)^2(3+i)dt=(3+i)^3\int_0^1t^2dt=6+\frac{26}{3}i.$$

(2) 略；

(3) 略.

9. 证明：当 C 为任意不通过原点的简单闭曲线时，$\oint_C\dfrac{1}{z^2}dz=0$.

证明 (1)若 $z=0$ 在 C 之外,由柯西－古萨定理有 $\oint_C \frac{1}{z^2}\mathrm{d}z = 0$.

(2) 若 $z=0$ 在 C 之内,作 C_1:中心在原点,半径足够小的正向圆周,则由复合闭路定理有 $\oint_C \frac{1}{z^2}\mathrm{d}z = \oint_{C_1} \frac{1}{z^2}\mathrm{d}z = 0$(因为$\oint_{C_1} \frac{1}{(z-z_0)^{n+1}}\mathrm{d}z = \begin{cases}2\pi\mathrm{i}, n=0,\\ 0, n\neq 0.\end{cases}$).

12. 设$f(z)$与$g(z)$在区域D内处处解析,C为D内的任意一条简单闭曲线,它的内部全含于D,如果$f(z)=g(z)$在C上所有的点处成立,试证$f(z)=g(z)$在C内所有点处成立.

证明 由$f(z)$,$g(z)$在D内解析,故在C上解析. 设z_0为C内的任意一点,则

$\oint_C \frac{f(z)}{z-z_0}\mathrm{d}z = 2\pi\mathrm{i}f(z_0)$,$\oint_C \frac{g(z)}{z-z_0}\mathrm{d}z = 2\pi\mathrm{i}g(z_0)$. 已知在$C$上,$f(z)=g(z)$,

于是

$$\oint_C \frac{f(z)}{z-z_0}\mathrm{d}z = \oint_C \frac{g(z)}{z-z_0}\mathrm{d}z \Rightarrow 2\pi\mathrm{i}f(z_0) = 2\pi\mathrm{i}g(z_0) \Rightarrow f(z_0) = g(z_0).$$

再由z_0的任意性,在C内的所有点有$f(z)=g(z)$.

13. 设C_1与C_2为相交于M,N两点的简单闭曲线,它们所围成的区域分别为B_1与B_2. B_1与B_2的公共部分为B,如果$f(z)$在B_1-B与B_2-B内解析,在C_1,C_2上也解析,证明:$\oint_{C_1} f(z)\mathrm{d}z = \oint_{C_2} f(z)\mathrm{d}z$.

证明 设B_1-B的边界为$L_1\cup L'^-_2$,B_2-B的边界为$L_2\cup L'^-_1$.

已知$f(z)$在B_1-B,B_2-B内解析,且在C_1,C_2上解析. 且在C_1,C_2上解析.

$C_1=L_1+L'_1$,$C_2=L_2+L'_2$, 于是$f(z)$在L_1,L'^-_1,L_2,L'^-_2上解析.

因此$f(z)$在B_1-B上及边界$L_1+L'_2$上解析,在B_2-B上及边界$L_2+L'_1$上解析.

由柯西－古萨定理有

$$\oint_{L_1+L'^-_2} f(z)\mathrm{d}z = 0, \oint_{L_2+L'^-_1} f(z)\mathrm{d}z = 0$$

故,$\oint_{L_1+L'^-_2} = \oint_{L_2+L'^-_1}$,即

$$\int_{L_1} + \int_{L'^-_2} = \int_{L_2} + \int_{L'^-_1} \Rightarrow \int_{L_1} - \int_{L'^-_1} = \int_{L_2} - \int_{L'^-_2} \Rightarrow \int_{L_1} + \int_{L'^-_1} = \int_{L_2} + \int_{L'^-_2},$$

从而有

$$\oint_{C_1} f(z)\mathrm{d}z = \oint_{C_2} f(z)\mathrm{d}z.$$

14. 设$f(z)$在区域D内解析,C为D内的任意一条正向简单闭曲线,证明:对在D内但不在C上的任意一点z_0,等式$\oint_C \frac{f'(z)}{z-z_0}\mathrm{d}z = \oint_C \frac{f(z)}{(z-z_0)^2}\mathrm{d}z$成立.

证明 因为$f(z)$在D内解析,所以$f'(z)$在D内解析. 因为C为D内任意一正向简单曲

线,任取 $z_0 \in D$,且 z_0 在 C 内,由柯西积分公式:

$$f'(z_0) = \frac{1}{2\pi i}\oint_C \frac{f'(z)}{z - z_0}dz.$$

再由有关定理知: $$f'(z_0) = \frac{1}{2\pi i}\oint_C \frac{f(z)}{(z - z_0)^2}dz.$$

于是 $\oint_C \frac{f'(z)}{z - z_0}dz = \oint_C \frac{f(z)}{(z - z_0)^2}dz.$

15. 设 $f(z)$ 在 $|z| \leqslant r$ 内解析且有界 M. 证明 $|f^{(n)}(z)| \leqslant \frac{n!\ M}{(r - |z|)^n}(|z| < r)$.

证明 由高阶导数积分公式,对 $|z| < r$ 有

$f^{(n)}(z) = \frac{n!}{2\pi i}\int_C \frac{f(\xi)}{(\xi - z)^{n+1}}d\xi$,其中 $C: |z| = r$. 又 $|f(z)| \leqslant M$ 可知,

$$|f^{(n)}(z)| \leqslant \frac{n!M}{2\pi}\oint_C \frac{1}{(\xi - z)^{n+1}}dz \leqslant \frac{n!M}{2\pi}\oint_C \frac{1}{(|r| - |z|)^{n+1}}dz$$

$$\leqslant \frac{n!M}{2\pi}\frac{1}{(|r| - |z|)^{n+1}}\oint_C dz = \frac{n!M}{2\pi}\frac{2\pi r}{(|r| - |z|)^{n+1}} \leqslant \frac{n!M}{2\pi}\frac{2\pi}{(|r| - |z|)^n} = \frac{n!M}{(|r| - |z|)^n}$$

16. 证明最小模定理:设 $f(z)$ 在有界区域 D 内解析且在 D 及其边界上连续,若 $f(z)$ 在 D 内没有零点,则 $|f(z)|$ 在 D 的边界上取到最小值.

证明 若 $f(z)$ 为常值函数,结论自然成立;若 $f(z)$ 为非常值函数,设 $g(z) = \frac{1}{f(z)}$. 则对 $z \in D$,$f(z) \neq 0$. 从而 $g(z)$ 为非常值的解析函数,所以 $g(z)$ 在 D 内不能取得最大模,即 $f(z)$ 不能在 D 内取得最小模,因此 $|f(z)|$ 只能在 D 的边界上取到最小值.

第4章　级　　数

4.1　知识要点

一、复数项级数

1. 概念

(1)一列有次序的复数 $z_n=a_n+b_n\mathrm{i}(n=1,2,\cdots)$,称为复数列.

(2)设 $z_0=a+\mathrm{i}b$ 是一个确定的复常数,对于一个给定的复数列 $\{z_n\}=\{a_n+b_n\mathrm{i}\}$,如果对任意给定的正数 ε,总存在一个 $N(\varepsilon)$,使得对一切满足 $n>N(\varepsilon)$ 的 z_n,不等式 $|z_n-z_0|<\varepsilon$ 恒成立. 则称复常数 z_0 是复数列 $\{z_n\}$ 的极限,或称复数列 $\{z_n\}$ 收敛于 z_0,记为 $\lim\limits_{n\to\infty}z_n=z_0$. 反之,如果复数列没有极限,则说复数列是发散的.

(3) 给定一个复数列 $\{z_n\}$,由复数列构成的表达式

$$\sum_{n=1}^{\infty}z_n=z_1+z_2+\cdots+z_n+\cdots$$

称为复数项级数.

(4)若复数项级数的前 n 项和的极限

$$\lim_{n\to\infty}S_n=\lim_{n\to\infty}(z_1+z_2+\cdots+z_n)$$

存在,则称级数 $\sum\limits_{n=1}^{\infty}z_n$ 是收敛的. 若 $\lim\limits_{n\to\infty}S_n=S$,则称此极限值 S 为级数 $\sum\limits_{n=1}^{\infty}z_n$ 的和. 反之,称此复数项级数是发散的.

(6) 若级数 $\sum\limits_{n=1}^{\infty}|z_n|$ 收敛,则称复数项级数 $\sum\limits_{n=1}^{\infty}z_n$ 是绝对收敛的.

(7) 若级数 $\sum\limits_{n=1}^{\infty}z_n$ 收敛,而 $\sum\limits_{n=1}^{\infty}|z_n|$ 发散,则称此复数项级数 $\sum\limits_{n=1}^{\infty}z_n$ 是条件收敛的.

2. 几个重要结论

复数列 $\{z_n\}$ 收敛于 $z_0\Leftrightarrow\lim\limits_{n\to\infty}a_n=a,\lim\limits_{n\to\infty}b_n=b$,(其中 $z_n=a_n+\mathrm{i}b_n,z_0=a+\mathrm{i}b$).

级数 $\sum\limits_{n=0}^{\infty}z_n$ 收敛 $\Leftrightarrow\sum\limits_{n=0}^{\infty}a_n,\sum\limits_{n=0}^{\infty}b_n$ 都收敛(其中 $z_n=a_n+\mathrm{i}b_n$);

级数 $\sum_{n=0}^{\infty} z_n$ 收敛 $\Rightarrow \lim_{n\to\infty} z_n = 0$(级数收敛的必要条件)；

级数 $\sum_{n=0}^{\infty} z_n$ 绝对收敛 $\Leftrightarrow \sum_{n=0}^{\infty} a_n, \sum_{n=0}^{\infty} b_n$ 都绝对收敛(其中 $z_n = a_n + \mathrm{i}b_n$).

二、幂级数

1. 幂级数

形如

$$\sum_{n=0}^{\infty} c_n (z-a)^n = c_0 + c_1(z-a) + c_2(z-a)^2 + \cdots + c_n(z-a)^n + \cdots$$

或者

$$\sum_{n=0}^{\infty} c_n z^n = c_0 + c_1 z + c_2 z^2 + \cdots + c_n z^n + \cdots$$

的复变函数项级数称为幂级数.

2. Abel 定理

如果 $\sum_{n=0}^{\infty} c_n z^n$ 在 $z = z_0(\neq 0)$ 处收敛(发散),那么对于满足 $|z| < |z_0|$($|z| > |z_0|$)的点 z,级数 $\sum_{n=0}^{\infty} c_n z_n$ 绝对收敛(发散).

Abel 定理是幂级数理论中的一个重要定理,在微积分理论中也有相应的形式. 它断言:幂级数的收敛域大体上是一个圆域,称为收敛圆. 在圆内部,级数处处绝对收敛;在圆外部,级数处处发散;在圆周上,可能处处收敛,也可能处处发散,或者在某些点收敛,在另外一些点上发散.

收敛圆的半径叫收敛半径.

3. 收敛半径的求法

设 $\sum_{n=0}^{\infty} c_n z_n$ 的收敛半径为 R.

比值法 $\lim_{n\to\infty}\left|\frac{c_{n+1}}{c_n}\right| = \rho \neq 0$,则 $R = \frac{1}{\rho}$;

根值法 $\lim_{n\to\infty}\sqrt[n]{|c_n|} = \lambda \neq 0$,则 $R = \frac{1}{\lambda}$;

当 $\rho = 0$(或 $\lambda = 0$)时,$R = \infty$;

当 $\rho = \infty$(或 $\lambda = 0$)时,$R = 0$.

三、泰勒级数

1. 泰勒定理

如果$f(z)$在圆域$D:|z-z_0|<R$内解析,那么$f(z)$在D内可以唯一地展开成幂级数

$$f(z)=\sum_{n=0}^{\infty}c_n(z-z_0)^n$$

其中

$$c_n=\frac{f^{(n)}(z_0)}{n!}\quad(n=0,1,2,\cdots)$$

2. 重要结论

(1)若$f(z)$有奇点,则它的幂级数展开式$\sum\limits_{n=0}^{\infty}c_n(z-z_0)^n$的收敛半径$R$为$z_0$与距离最近的一个奇点$\alpha$之间的距离,即$R=|z_0-\alpha|$;

(2)$f(z)$在z_0点解析的充要条件是$f(z)$在点z_0的某个邻域内可以展开成幂级数$f(z)=\sum\limits_{n=0}^{\infty}c_n(z-z_0)^n$;

(3)函数的幂级数展开式的求法有两种:直接法和间接法.

直接法:通过直接计算系数进行泰勒展开的方法.

间接法:借助于一些已知函数的泰勒展开式对函数进行展开.

(4)幂级数的运算与性质

两个幂级数在其公共收敛域内可以进行四则运算.

幂级数的和函数在收敛圆内是解析的,并且可以逐项求导、逐项积分.

(5)常用的幂级数展开式

$$e^z=1+z+\frac{z^2}{2!}+\frac{z^3}{3!}+\cdots+\frac{z^n}{n!}+\cdots,|z|<+\infty$$

$$\sin z=z-\frac{z^3}{3!}+\frac{z^5}{5!}+\cdots+(-1)^n\frac{z^{2n+1}}{(2n+1)!}+\cdots,|z|<+\infty$$

$$\cos z=1-\frac{z^2}{2!}+\frac{z^4}{4!}+\cdots+(-1)^n\frac{z^{2n}}{(2n)!}+\cdots,|z|<+\infty$$

$$\ln(1+z)=z-\frac{z^2}{2}+\frac{z^3}{3}+\cdots+(-1)^n\frac{z^{n+1}}{n+1}+\cdots,|z|<1$$

$$(1+z)^\alpha=1+\alpha z+\frac{\alpha(\alpha-1)}{2!}z^2+\cdots+\frac{\alpha(\alpha-1)\cdots(\alpha-n+1)z^n}{n!}+\cdots,|z|<1$$

四、洛朗级数

洛朗展开定理

如果$f(z)$在圆环域$D:R_1<|z-z_0|<R_2$内解析,那么$f(z)$在D内可以唯一地展开成洛朗级数

$$f(z)=\sum_{n=-\infty}^{\infty}c_n(z-z_0)^n=\sum_{n=0}^{\infty}c_n(z-z_0)^n+\sum_{n=1}^{\infty}c_{-n}(z-z_0)^{-n}$$

其中

$$c_n=\frac{1}{2\pi i}\oint_C\frac{f(\xi)}{(\xi-z_0)^{n+1}}d\xi,\quad (n=0,\pm1,\pm2,\cdots)$$

这里C为圆环域内绕z_0的任意一条正向简单闭曲线.

(2) 与幂级数展开式的求法类似,函数的洛朗级数展开式的求法也有直接法和间接法两种.

(3) 函数的洛朗级数展开式对同一个圆环域而言是唯一的,而在不同的圆环域内的展开式是不同的。

思考:

1. 为什么只要保证复变函数$f(z)$在z_0的邻域内解析,就一定可以将它在z_0处展开成泰勒级数,而实变函数即使在z_0点可导,也不一定能展开成幂级数?

2 为什么书中泰勒展开定理于洛朗展开定理中系数写法不同?

4.2 典型例题

例1 判断下列级数的敛散性

(1) $\sum\limits_{n=1}^{\infty}\frac{i^n}{n}$; (2) $\sum\limits_{n=1}^{\infty}\frac{(3+5i)^n}{n!}$; (3) $\sum\limits_{n=1}^{\infty}\left(\frac{1+5i}{2}\right)^n$.

解 (1)因为

$$\sum_{n=1}^{\infty}\frac{i^n}{n}=i-\frac{1}{2}-\frac{i}{3}+\frac{1}{4}+\frac{i}{5}+\cdots$$
$$=\left(-\frac{1}{2}+\frac{1}{4}-\frac{1}{6}+\cdots\right)+i\left(1-\frac{1}{3}+\frac{1}{5}-\cdots\right)$$

而级数

$$-\frac{1}{2}+\frac{1}{4}-\frac{1}{6}+\cdots \text{和} 1-\frac{1}{3}+\frac{1}{5}-\cdots$$

都收敛,所以级数$\sum\limits_{n=1}^{\infty}\frac{i^n}{n}$收敛.

但级数$\sum\limits_{n=1}^{\infty}\left|\frac{i^n}{n}\right|=\sum\limits_{n=1}^{\infty}\frac{1}{n}$发散,所以级数$\sum\limits_{n=1}^{\infty}\frac{i^n}{n}$条件收敛.

(2)因为级数$\sum\limits_{n=1}^{\infty}\left|\frac{(3+5i)^n}{n!}\right|=\sum\limits_{n=1}^{\infty}\frac{34^{\frac{n}{2}}}{n!}$收敛,所以原级数$\sum\limits_{n=1}^{\infty}\frac{(3+5i)^n}{n!}$绝对收敛.

(3) 因为 $\left|\left(\frac{1+5i}{2}\right)^n\right| = \left(\frac{\sqrt{26}}{2}\right)^n$，而 $\lim\limits_{n\to\infty}\left(\frac{\sqrt{26}}{2}\right)^2 \neq 0$，所以原级数 $\sum\limits_{n=1}^{\infty}\left(\frac{1+5i}{2}\right)^n$ 发散.

例 2 设复数 $z_1, z_2, \cdots, z_n, \cdots$ 全部位于半平面 $\mathrm{Re}z \geqslant 0$ 上，且级数 $\sum\limits_{n=1}^{\infty} z_n$ 和 $\sum\limits_{n=1}^{\infty} z_n^2$ 都收敛，证明级数 $\sum\limits_{n=1}^{\infty} |z_n|^2$ 也收敛.

分析 对于复数项级数 $\sum\limits_{n=1}^{\infty} z_n$，若令 $z_n = x_n + iy_n$，则 $\sum\limits_{n=1}^{\infty} z_n$ 收敛的充要条件是实级数 $\sum\limits_{n=1}^{\infty} x_n$ 与 $\sum\limits_{n=1}^{\infty} y_n$ 收敛，这样复级数的敛散性问题就转化为实级数的敛散性问题. 我们可借助于高等数学中有关实级数的结论去证明此题.

证明：令 $z_n = x_n + iy_n$，由题设

$\sum\limits_{n=1}^{\infty} z_n$ 收敛 $\Leftrightarrow \sum\limits_{n=1}^{\infty} x_n$ 与 $\sum\limits_{n=1}^{\infty} y_n$ 收敛；

$\sum\limits_{n=1}^{\infty} z_n^2$ 收敛 $\Leftrightarrow \sum\limits_{n=1}^{\infty} (x_n^2 - y_n^2)$ 与 $\sum\limits_{n=1}^{\infty} x_n y_n$ 收敛.

注意到 $\mathrm{Re}(z_n) = x_n \geqslant 0$，利用正项级数比较审敛法，由 $\sum\limits_{n=1}^{\infty} x_n$ 收敛可推出 $\sum\limits_{n=1}^{\infty} x_n^2$ 收敛，于是由 $|z_n|^2 = x_n^2 + y_n^2 = 2x_n^2 - (x_n^2 - y_n^2)$ 可知级数

$$\sum_{n=1}^{\infty} |z_n|^2 = 2\sum_{n=1}^{\infty} x_n^2 - \sum_{n=1}^{2} (x_n^2 - y_n^2) \text{ 收敛.}$$

例 3 设级数 $\sum\limits_{n=1}^{\infty} C_n$ 收敛，而级数 $\sum\limits_{n=1}^{\infty} |C_n|$ 发散，证明幂级数 $\sum\limits_{n=1}^{\infty} C_n z^n$ 的收敛半径为 1.

证明：级数 $\sum\limits_{n=1}^{\infty} C_n$ 收敛相当于幂级数 $\sum\limits_{n=1}^{\infty} C_n z^n$ 在 $z = 1$ 处收敛. 于是由阿贝尔定理，对于满足 $|z| < 1$ 的 z，级数 $\sum\limits_{n=1}^{\infty} C_n z^n$ 必绝对收敛. 从而该级数的收敛半径 $R \geqslant 1$. 但若 $R > 1$ 时，幂级数 $\sum\limits_{n=1}^{\infty} C_n z^n$ 在收敛圆 $|z| < R$ 内绝对收敛，特别的在 $z = 1 < R$ 处也绝对收敛，即 $\sum\limits_{n=1}^{\infty} |C_n|$ 收敛，与已知矛盾。故幂级数 $\sum\limits_{n=1}^{\infty} C_n z^n$ 的收敛半径为 $R = 1$.

例 4 试求下列幂级数的收敛半径 R.

(1) $\sum\limits_{n=0}^{\infty} \frac{z^n}{n^2}$；(2) $\sum\limits_{n=0}^{\infty} \frac{z^n}{n!}$；(3) $\sum\limits_{n=0}^{\infty} n! z^n$.

解 (1) 因 $\lim\limits_{n\to\infty}\left|\frac{C_{n+1}}{C_n}\right| = \lim\limits_{n\to\infty}\left|\frac{n^2}{(n+1)^2}\right| = 1$，所以 $R = 1$.

(2)因$\lim\limits_{n\to\infty}\left|\dfrac{C_{n+1}}{C_n}\right|=\lim\limits_{n\to\infty}\left|\dfrac{n!}{(n+1)!}\right|=0$,所以 $R=\infty$.

(3)因$\lim\limits_{n\to\infty}\left|\dfrac{C_{n+1}}{C_n}\right|=\lim\limits_{n\to\infty}\left|\dfrac{(n+1)!}{n!}\right|=\infty$,所以 $R=0$.

例 5 求$\oint_C(\sum\limits_{n=-1}^{\infty}z^n)dz$,其中 C 为半径 $r=\dfrac{1}{2}$ 的圆周.

解 因为在$|z|<\dfrac{1}{2}$内,$\sum\limits_{n=-1}^{\infty}z^n$ 收敛,和函数

$$S(z)=\sum_{n=-1}^{\infty}z^n=\sum_{n=0}^{\infty}z^n+\frac{1}{z}=\frac{1}{z}+\frac{1}{1-z}$$

所以

$$\begin{aligned}\oint_C(\sum_{n=-1}^{\infty}z^n)\mathrm{d}z&=\oint_C\left(\frac{1}{z}+\frac{1}{1-z}\right)\mathrm{d}z\\&=\oint_C\frac{1}{z}\mathrm{d}z+\oint_C\frac{1}{1-z}\mathrm{d}z=2\pi\mathrm{i}.\end{aligned}$$

例 6 求幂级数 $\sum\limits_{n=1}^{\infty}\dfrac{z^n}{a^n+\mathrm{i}b^n}(a>0,b>0)$ 的收敛半径.

解 由公式$\dfrac{1}{R}=\lim\limits_{n\to\infty}\sqrt[n]{|a_n|}$可知

$$R=\lim_{n\to\infty}\sqrt[n]{|a^n+\mathrm{i}b^n|}=\lim_{n\to\infty}(a^{2n}+b^{2n})^{\frac{1}{2n}}.$$

因

$$\max\{a,b\}\leqslant(a^{2n}+b^{2n})^{\frac{1}{2n}}\leqslant 2^{\frac{1}{2n}}\max\{a,b\},$$

故$\lim\limits_{n\to\infty}(a^{2n}+b^{2n})^{\frac{1}{2n}}=\max\{a,b\}$. 该级数的收敛半径为 $R=\max\{a,b\}$.

例 7 求下列级数的收敛半径.

(1) $\sum\limits_{n=1}^{\infty}(-\mathrm{i})^{n-1}\dfrac{(2n-1)}{2^n}z^{2n-1}$;

(2) $\sum\limits_{n=1}^{\infty}\left(\dfrac{\mathrm{i}}{n}\right)^n(z-1)^{n(n+1)}$.

分析 本题有 $a_n=0$ 的情形,不能套用公式

$$R=\lim_{n\to\infty}\left|\frac{a_n}{a_{n+1}}\right| \text{ 或 } \frac{1}{R}=\lim_{n\to\infty}\sqrt[n]{|a_n|}.$$

但仍可用比值审敛法或根值审敛法求收敛半径.

解 (1)记$f_n(z)=(-\mathrm{i})^{n-1}\dfrac{(2n-1)}{2^n}z^{2n-1}$,则

$$\lim_{n\to\infty}\left|\frac{f_{n+1}(z)}{f_n(z)}\right| = \lim_{n\to\infty}\frac{(2n+1)2^n|z|^{2n+1}}{(2n-1)2^{n+1}|z|^{2n-1}} = \frac{1}{2}|z|^2.$$

当$\frac{1}{2}|z|^2<1$即$|z|<\sqrt{2}$时，幂级数绝对收敛；当$\frac{1}{2}|z|^2>1$即$|z|>\sqrt{2}$时，幂级数发散. 故该幂级数的收敛半径为$R=\sqrt{2}$.

(2)记$f_n(z)=\left(\frac{\mathrm{i}}{n}\right)^n(z-1)^{n(n+1)}$，则

$$\lim_{n\to\infty}\sqrt[n]{|f_n(z)|}=\lim_{n\to\infty}\sqrt[n]{\left|\frac{(z-1)^{n(n+1)}}{n^n}\right|}$$

$$=\lim_{n\to\infty}\frac{|z-1|^{n+1}}{n}=\begin{cases}0, & |z-1|\leqslant 1\\ \infty, & |z-1|>1\end{cases}$$

所以，当且仅当$|z-1|\leqslant 1$时幂级数绝对收敛. 故该幂级数的收敛半径为$R=1$.

例8 把$f(z)=\frac{1}{3z-2}$在$z=0$展为泰勒级数.

解 即将$f(z)$展开为z的幂级数.

$$\frac{1}{3z-2}=-\frac{1}{2}\frac{1}{1-\frac{3z}{2}}$$

$$=-\frac{1}{2}\left[1+\frac{3z}{2}+\left(\frac{3z}{2}\right)^2+\cdots+\left(\frac{3z}{2}\right)^n+\cdots\right]$$

$$=-\frac{1}{2}-\frac{3z}{2^2}-\frac{3^2z^2}{2^3}-\cdots-\frac{3^nz^n}{2^{n+1}}-\cdots$$

$$=-\sum_{n=0}^{\infty}\frac{3^nz^n}{2^{n+1}},\ |z|<\frac{2}{3}$$

例9 将$f(z)=\frac{z^2-8z+5}{(z+2)(z-3)}$在点$z=0$展开成幂级数.

解 $f(z)=\frac{1}{z+2}-\frac{2}{(z-3)^2}$

$$\frac{1}{z+2}=\frac{1}{2}\frac{1}{1+\frac{z}{2}}$$

$$=\frac{1}{2}\left[1-\frac{z}{2}+\left(-\frac{z}{2}\right)^2+\cdots+\left(-\frac{z}{2}\right)^n+\cdots\right]$$

$$=\frac{1}{2}-\frac{z}{2^2}+\frac{z^2}{2^3}+\cdots,\ |z|<2.$$

$$\frac{1}{z-3}=-\frac{1}{3}\frac{1}{1-\frac{z}{3}}=-\frac{1}{3}\left(1+\frac{z}{3}+\frac{z^2}{3}+\cdots\right),\ |z|<3$$

$$\begin{aligned}\frac{2}{(z-3)^2}&=-2\left(\frac{1}{z-3}\right)'\\&=\frac{2}{3}\left(1+\frac{z}{3}+\frac{z^2}{3^2}+\cdots\right)'\\&=\frac{2}{9}+\frac{4z}{27}+\frac{6z^3}{81}+\cdots,\ |z|<3.\end{aligned}$$

故

$$\begin{aligned}\frac{z^2-8z+5}{(z+2)(z-3)^2}&=\left(\frac{1}{2}-\frac{z}{2^2}+\frac{z^2}{2^3}+\cdots\right)-\left(\frac{2}{9}+\frac{4z}{27}+\frac{6z^2}{81}+\cdots\right)\\&=\frac{5}{18}-\frac{43z}{108}+\frac{11z^2}{216}-\frac{371z^3}{3888}+\cdots,\ |z|<2.\end{aligned}$$

例 10 将函数 $f(z)=\frac{1}{(z-1)(z-2)}$ 在 $0<|z-1|<1$ 和 $1<|z-2|<+\infty$ 内展开成洛朗级数.

解 $f(z)=\frac{1}{(z-1)(z-2)}=\frac{1}{z-2}-\frac{1}{z-1}$

当 $0<|z-1|<1$ 时,

$$\frac{1}{z-2}=\frac{-1}{1-(z-1)}=-\sum_{n=0}^{\infty}(z-1)^n$$

所以

$$\frac{1}{(z-1)(z-2)}=-\frac{1}{z-1}-\sum_{n=0}^{\infty}(z-1)^n=-\sum_{n=-1}^{\infty}(z-1)^n$$

当 $1<|z-2|<+\infty$ 时

$$\begin{aligned}\frac{1}{z-1}&=\frac{1}{z-2}\frac{1}{1+\frac{1}{z-2}}\\&=\frac{1}{z-2}\sum_{n=0}^{\infty}\frac{(-1)^n}{(z-2)^n}=\sum_{n=0}^{\infty}\frac{(-1)^n}{(z-2)^{n+1}}\end{aligned}$$

从而

$$\frac{1}{(z-1)(z-2)}=\sum_{n=1}^{\infty}\frac{(-1)^{n+1}}{(z-2)^{n+1}}$$

例 11 将函数 $f(z)=\frac{1}{z+\mathrm{i}}$ 以 $z=\mathrm{i}$ 点为中心展开成泰勒级数,并求展开式的收敛半径。

解 因为 $f(z)$ 的唯一奇点为 $z=-\mathrm{i}$,而 $|-\mathrm{i}-\mathrm{i}|=2$,故

$R=2$,在 $|z-\mathrm{i}|<2$ 内展开,

$$f(z)=\frac{1}{z+\mathrm{i}}$$

$$=\frac{1}{2\mathrm{i}}\cdot\frac{1}{1+\frac{z-\mathrm{i}}{2\mathrm{i}}}=\frac{1}{2\mathrm{i}}\cdot\left[1-\frac{z-\mathrm{i}}{2\mathrm{i}}+\left(\frac{z-\mathrm{i}}{2\mathrm{i}}\right)^2-\cdots\right]=\sum_{n=0}^{+\infty}\frac{(-1)^n(z-\mathrm{i})^n}{(2\mathrm{i})^{n+1}}$$

例 12 求函数 $f(z)=\dfrac{1}{(1+z^2)^2}$ 在圆环域 $1<|z|<+\infty$ 内的洛朗展开式。

解 利用二项展开式得 $f(z)$ 在原点的泰勒级数为:

$$\frac{1}{(1+z^2)^2}=1-2z^2+3z^4-4z^6+\cdots+(-1)^n(n+1)z^{2n}+\cdots,|z|<1.$$

又 $f(z)=\dfrac{1}{z^4\left[1+\left(\frac{1}{z}\right)^2\right]^2}$,在上面的展开式中用 $\dfrac{1}{z}$ 代替 z 即得 $f(z)$ 在 $1<|z|<+\infty$ 内的洛朗展开式:

$$\frac{1}{(1+z^2)^2}=\frac{1}{z^4}\left[1-\frac{2}{z^2}+\frac{3}{z^4}-\frac{4}{z^6}+\cdots+(-1)^n\frac{n+1}{z^{2n}}+\cdots\right]$$

$$=\frac{1}{z^4}\sum_{n=0}^{\infty}(-1)^n\frac{n+1}{z^{2n}}=\sum_{n=0}^{\infty}(-1)^n\frac{n+1}{z^{2(n+2)}},1<|z|<+\infty$$

例 13 设解析函数 $f(z)$ 在圆 $|z|<R$ 内的泰勒展开式为 $\sum\limits_{n=0}^{\infty}a_nz^n$,且 $S_n(z)=\sum\limits_{k=0}^{n}a_kz_k$ 试证明

$$S_n(z)=\frac{1}{2\pi\mathrm{i}}\int_{|\xi|<r}f(\xi)\frac{\xi^{n+1}-z^{n+1}}{\xi-z}\frac{\mathrm{d}\xi}{\xi^{n+1}}\quad(|z|<r<R)$$

证明 $$\frac{1}{2\pi\mathrm{i}}\int_{|\xi|=r}f(\xi)\frac{\xi^{n+1}-z^{n+1}}{\xi-z}\frac{\mathrm{d}\xi}{\xi^{n+1}}=\frac{1}{2\pi\mathrm{i}}\int_{|\xi|=r}\frac{f(\xi)}{\xi}\sum_{k=0}^{n}\left(\frac{z}{\xi}\right)^k\mathrm{d}\xi$$

$$=\sum_{k=0}^{n}\left(\frac{1}{2\pi\mathrm{i}}\int_{|\xi|<r}\frac{f(\xi)}{\xi^{k+1}}\mathrm{d}\xi\right)z^k\text{(由泰勒级数公式)}$$

$$=\sum_{k=0}^{n}a_kz^k=S_n(z)$$

4.3 同步训练题

1. 选择题

(1)幂级数 $\sum\limits_{n=1}^{\infty}(\cos(\mathrm{i}n))z^n$ 的收敛半径为(　　).

A. 0　　B. 1　　C. e　　D. e^{-1}

(2)设函数 $f(z)=\dfrac{1}{z(z+1)(z+4)}$ 在以原点为中心的圆环内的洛朗展式有 m 个，那么 $m=$ (　　).

A. 1　　B. 2　　C. 3　　D. 4

(3)若 $c_n=\begin{cases}3^n+(-1)^n & n=0,1,2,\cdots \\ 4^n & n=-1,-2,\cdots\end{cases}$，则双边幂级数 $\sum\limits_{n=-\infty}^{+\infty}c_nz^n$ 的收敛域为(　　).

A. $\dfrac{1}{4}<|z|<\dfrac{1}{3}$　　B. $3<|z|<4$

C. $\dfrac{1}{4}<|z|<+\infty$　　D. $\dfrac{1}{3}<|z|<+\infty$

(4)设 $f(z)$ 在圆环域 $H:R_1<|z-z_0|<R_2$ 内的洛朗展开式为 $\sum\limits_{n=-\infty}^{+\infty}c_n(z-z_0)^n$，$C$ 为 H 内绕 z_0 的任一条正向简单闭曲线，那么 $\oint_C\dfrac{f(z)}{(z-z_0)^2}dz=$ (　　).

A. $2\pi ic_{-1}$　　B. $2\pi ic_1$

C. $2\pi ic_2$　　D. $2\pi if'(z_0)$

(5)设函数 $\dfrac{e^z}{\cos z}$ 的泰勒展开式为 $\sum\limits_{n=0}^{\infty}c_nz^n$，那么幂级数 $\sum\limits_{n=0}^{\infty}c_nz^n$ 的收敛半径为(　　).

A. $+\infty$　　B. 1　　C. $\dfrac{\pi}{2}$　　D. π

2. 填空题

(1)级数 $\sum\limits_{n=0}^{\infty}n^6z^n$ 的收敛半径为________.

(2)当 $|z|<1$ 时，幂级数 $1+z^3+z^6+\cdots+z^{3n-3}+\cdots$ 的和函数为________.

(3)级数 $\sum\limits_{n=1}^{\infty}\dfrac{(z-1)^{n-3}}{n^2}$ 的收敛圆为________.

(4)设 C 为单位圆周 $|z|=1$ 内包围原点的任一条正向简单闭曲线，则 $\oint_C(\sum\limits_{n=-2}^{\infty}z^n)dz=$ ________.

(5)设函数 $f(z)=\dfrac{1}{z(z+2)(z+4)}$ 在以原点为中心的圆环内的洛朗展开式有 m 个，那么 $m=$ ________.

3. 求函数 $f(z)=\dfrac{2(z+1)}{z^2+2z-3}$ 在 $|z|<1$ 内的级数展开式.

4. 求函数$f(z)=\dfrac{2(z+1)}{z^2+2z-3}$在$1<|z|<3$内的洛朗展开式.

5. 求级数$\sum\limits_{n=0}^{\infty}\dfrac{z^n}{(n+1)5^n}$的收敛半径,并讨论它在$z=\pm 5$处的敛散性.

6. 将函数$f(z)=\dfrac{1}{z(z-\mathrm{i})}$在圆环区域$0<|z-\mathrm{i}|<1$内展开为洛朗级数.

7. 求函数$f(z)=\int_0^z \mathrm{e}^{-\zeta^2}\mathrm{d}\zeta$在点$z=0$处的泰勒级数,并指出其收敛区域.

8. 试求积分$\oint_C\left(\sum\limits_{n=-2}^{\infty}z^n\right)\mathrm{d}z$的值,其中$C$为单位圆$|z|=1$内的任何一条不经过原点的简单闭曲线.

9. 证明在$f(z)=\cos\left(z+\dfrac{1}{z}\right)$以$z$的各幂表出的洛朗展开式的各系数为

$$c_n=\frac{1}{2\pi}\int_0^{2\pi}\cos(2\cos\theta)\cos n\theta\mathrm{d}\theta,(n=0,\pm1,\pm2,\cdots)$$

10. 证明如果$\lim\limits_{n\to\infty}\dfrac{c_{n+1}}{c_n}$存在($\neq\infty$),下列三个幂级数的收敛半径相同

$$\sum c_nz^n;\ \sum\frac{c_n}{n+1}z^{n+1};\ \sum nc_nz^{n-1}$$

11. 设级数$\sum\limits_{n=1}^{\infty}C_nz^n$的收敛半径$R>0$,并且在收敛圆周上一点绝对收敛,试证明该级数对于所有的点$z(|z|\leqslant R)$都绝对收敛.

4.4 同步训练题答案

1. 选择题

(1)D (2)C (3)A (4)B (5)C

2. 填空题

(1)1 (2)$\dfrac{1}{1-z^3}$ (3)$|z-1|<1$ (4)$2\pi\mathrm{i}$ (5)3

3. 解:在$|z|<1$内展开得

$$f(z)=\frac{1}{z-1}+\frac{1}{z+3}=\frac{1}{3(1+\frac{z}{3})}-\frac{1}{1-z}$$

$$=\frac{1}{3}\left(1-\frac{z}{3}+\frac{z^2}{3^2}-\frac{z^3}{3^3}+\cdots\right)-(1+z+z^2+z^3+\cdots)$$

$$= \sum_{n=0}^{\infty}\left[\frac{(-1)^n}{3^{n+1}} - 1\right]z^n, |z| < 1$$

4. 解:在 $1 < |z| < 3$ 内展开,得

$$f(z) = \frac{1}{z+3} - \frac{1}{1-z} = \frac{1}{3}\sum_{n=0}^{\infty}\frac{(-1)^n}{3^n}z^n + \sum_{n=0}^{\infty}\frac{1}{z^{n+1}}, 1 < |z| < 3$$

5. 收敛半径为 $R = \lim\limits_{n\to\infty}\dfrac{\dfrac{1}{(n+1)5^n}}{\dfrac{1}{(n+2)5^{n+1}}} = 5$

在 $z=5$ 处,级数变为 $\sum\limits_{n=0}^{\infty}\dfrac{1}{n+1}$,发散.

在 $z=-5$,级数变为 $\sum\limits_{n=0}^{\infty}\dfrac{(-1)^n}{n+1}$,收敛.

6. 解:$f(z) = \dfrac{1}{\mathrm{i}(z-\mathrm{i})}\cdot\dfrac{1}{1+\dfrac{z-\mathrm{i}}{\mathrm{i}}}$

$$= -\frac{\mathrm{i}}{z-\mathrm{i}}\left[1 - \frac{z-\mathrm{i}}{\mathrm{i}} + \left(\frac{z-\mathrm{i}}{\mathrm{i}}\right)^2 - \left(\frac{z-\mathrm{i}}{\mathrm{i}}\right)^3 + \cdots + (-1)^n\left(\frac{z-\mathrm{i}}{\mathrm{i}}\right)^n + \cdots\right]$$

$$= -\frac{\mathrm{i}}{z-\mathrm{i}} + 1 - \frac{z-\mathrm{i}}{\mathrm{i}} - \frac{(z-\mathrm{i})^2}{\mathrm{i}^2} + \cdots + (-1)^{n+1}\frac{(z-\mathrm{i})^{n-1}}{\mathrm{i}^{n-1}} + \cdots, 0 < |z-\mathrm{i}| < 1$$

7. 解:因为 $f'(z) = \mathrm{e}^{-z^2} = \sum\limits_{n=0}^{\infty}\dfrac{(-z^2)^n}{n!} = \sum\limits_{n=0}^{\infty}\dfrac{(-1)^n}{n!}z^{2n} \quad (|z| < +\infty)$,

所以由幂级数在收敛圆内逐项求积性质,得

$$f(z) = \int_0^z f'(\zeta)\mathrm{d}\zeta = \sum_{n=0}^{\infty}\frac{(-1)^n}{n!}\frac{z^{2n+1}}{2n+1} \quad (|z| < +\infty)$$

8. 解:$\sum\limits_{n=-2}^{\infty}z^n = \dfrac{1}{z^2} + \dfrac{1}{z} + \sum\limits_{n=0}^{\infty}z^n$,易知它在圆环域 $0 < |z| < 1$ 内绝对收敛,从而沿 $0 < |z| < 1$ 内任一条曲线的积分可逐项进行,得

$$\oint_C\left(\sum_{n=-2}^{\infty}z^n\right)\mathrm{d}z = \oint_C\frac{1}{z^2}\mathrm{d}z + \oint_C\frac{1}{z}\mathrm{d}z + \sum_{n=0}^{\infty}\oint_C z^n\mathrm{d}z = \oint_C\frac{1}{z^2}\mathrm{d}z + \oint_C\frac{1}{z}\mathrm{d}z = \oint_C\frac{1}{z}\mathrm{d}z$$

但当 C 不含原点时,$\dfrac{1}{z}$ 在 C 及 C 内解析,由柯西-古萨定理得

$$\oint_C\frac{1}{z}\mathrm{d}z = 0$$

当 C 包含原点时,

$$\oint_C\frac{1}{z}\mathrm{d}z = 2\pi\mathrm{i}$$

综上所述

$$\oint_C \left(\sum_{n=-2}^{\infty} z^n\right) dz = \begin{cases} 2\pi i & C \text{包含原点时} \\ 0 & C \text{不包含原点时} \end{cases}$$

9. 证明:在洛朗系数公式中取 C 为单位圆周 $|z|=1$,则

$$c_n = \frac{1}{2\pi i}\oint_{|\zeta|=1} \frac{\cos\left(\zeta + \frac{1}{\zeta}\right)}{\zeta^{n+1}} d\zeta \ (n = 0, \pm 1, \pm 2, \cdots)$$

令 $\zeta = e^{i\theta}$,代入上式得

$$c_n = \frac{1}{2\pi i}\int_0^{2\pi} \frac{\cos(e^{i\theta} + e^{-i\theta})}{e^{i(n+1)\theta}} ie^{i\theta} d\theta = \frac{1}{2\pi}\int_0^{2\pi} \frac{\cos(2\cos\theta)}{e^{in\theta}} d\theta$$

$$= \frac{1}{2\pi}\int_0^{2\pi} \cos(2\cos\theta)(\cos n\theta + i\sin n\theta) d\theta$$

利用被积函数是周期函数和奇函数的性质得

$$\mathrm{Im}(c_n) = \frac{1}{2\pi}\int_0^{2\pi} \cos(2\cos\theta)\sin n\theta d\theta = \frac{1}{2\pi}\int_{-\pi}^{\pi} \cos(2\cos\theta)\sin n\theta d\theta = 0$$

从而有

$$c_n = \frac{1}{2\pi}\int_0^{2\pi} \cos(2\cos\theta)\cos n\theta d\theta.$$

10. 证明:设 $\lim\limits_{n\to\infty}\frac{c_{n+1}}{c_n} = l(\neq\infty)$,则由 $\left|\left|\frac{c_{n+1}}{c_n}\right| - |l|\right| \leqslant \left|\frac{c_{n+1}}{c_n} - l\right|$ 知 $\lim\limits_{n\to\infty}\left|\frac{c_{n+1}}{c_n}\right| = |l|$,记 $\rho = |l|$

1) $\sum c_n z^n$ 的收敛半径有公式可知 $R_1 = \frac{1}{\rho}$

2) $\sum \frac{c_n}{n+1} z^{n+1}$ 一般项系数 $\alpha_n = \frac{c_{n-1}}{n} \cdot \frac{|\alpha_{n+1}|}{|\alpha_n|} = \frac{n}{n+1} \cdot \frac{|c_n|}{|c_{n+1}|} \to \rho$

即 $\lim\limits_{n\to\infty}\left|\frac{\alpha_{n+1}}{\alpha_n}\right| = \rho$,由公式得其收敛半径 $R_2 = \frac{1}{\rho}$

3) $\sum nc_n z^{n-1}$ 一般项系数 $\beta_n = (n+1)c_{n+1}, \frac{|\beta_{n+1}|}{|\beta_n|} = \frac{n+2}{n+1}\left|\frac{c_{n+2}}{c_{n+1}}\right| \to \rho$

即 $\lim\limits_{n\to\infty}\left|\frac{\beta_{n+1}}{\beta_n}\right| = \rho$,收敛半径 $R_3 = \frac{1}{\rho}$

故三个幂级数有相同的收敛半径.

11. 证明:级数在圆周上一点(不妨设之为 z_0)处绝对收敛,则该级数在 z_0 点必收敛,由阿贝尔定理知对于一切 $z(|z|<R)$,级数绝对收敛.

当 $|z|=R$ 时,由于 $|z_0|=R$,故对满足条件 $|z|=R$ 的点而言,级数

$$\sum_{n=0}^{\infty} |C_n z^n| = \sum_{n=0}^{\infty} |C_n||z|^n = \sum_{n=0}^{\infty} |C_n||R|^n = \sum_{n=0}^{\infty} |C_n||Z_0|^n$$

而由假设级数 $\sum\limits_{n=0}^{\infty}|C_n||Z_0|^n$ 收敛,所以 $\sum\limits_{n=0}^{\infty}|C_nz^n|$收敛,从而 $\sum\limits_{n=1}^{\infty}C_nz^n$ 绝对收敛.

综上所述,命题成立.

4.5 教材同步精选习题精解

1. 下面复数列是否收敛?如果收敛,求出它的极限.

(1) $z_n=\dfrac{1}{n}+\dfrac{\mathrm{i}}{2^n}$;　　(2) $z_n=\mathrm{e}^{-\frac{n\pi\mathrm{i}}{2}}$;

(3) $z_n=(1+\sqrt{3}\mathrm{i})^{-n}$;　　(4) $z_n=(1+\dfrac{1}{n})\mathrm{e}^{\mathrm{i}\frac{\pi}{n}}$;

解:(1) 令 $z_n=a_n+\mathrm{i}b_n$,则 $a_n=\dfrac{1}{n},b_n=\dfrac{1}{2^n}$

根据实数列极限可知:$\lim\limits_{n\to+\infty}a_n=0$, $\lim\limits_{n\to+\infty}b_n=0$

所以该复数列收敛,且有 $\lim\limits_{n\to+\infty}z_n=0$.

(2) $z_n=\mathrm{e}^{-\frac{n\pi\mathrm{i}}{2}}=\cos\left(\dfrac{n\pi}{2}\right)-\mathrm{i}\sin\left(\dfrac{n\pi}{2}\right)$,设 $a_n=\cos\left(\dfrac{n\pi}{2}\right),b_n=\sin\left(\dfrac{n\pi}{2}\right)$

显然 a_n 和 b_n 发散,故复数列 z_n 发散.

(3)$z_n=(1+\sqrt{3}\mathrm{i})^{-n}=2^{-n}\cos\dfrac{n\pi}{3}-\mathrm{i}2^{-n}\sin\dfrac{n\pi}{3}$,令 $z_n=a_n+\mathrm{i}b_n$,显然

$\lim\limits_{n\to+\infty}a_n=0$, $\lim\limits_{n\to+\infty}b_n=0$,故该复数列收敛,且有 $\lim\limits_{n\to+\infty}z_n=0$.

(4)$z_n=\left(1+\dfrac{1}{n}\right)\mathrm{e}^{\mathrm{i}\frac{\pi}{n}}=\left(1+\dfrac{1}{n}\right)\cos\dfrac{\pi}{n}+\mathrm{i}\left(1+\dfrac{1}{n}\right)\sin\dfrac{\pi}{n}$令 $z_n=a_n+\mathrm{i}b_n$,

则 $\lim\limits_{n\to+\infty}a_n=1$, $\lim\limits_{n\to+\infty}b_n=0$,故该复数列收敛,且有 $\lim\limits_{n\to+\infty}z_n=1$.

2. 判断下列级数是否收敛,若收敛,是绝对收敛还是条件收敛?

(1) $\sum\limits_{n=0}^{\infty}\dfrac{(3\mathrm{i})^n}{n!}$;　　(2) $\sum\limits_{n=2}^{\infty}\dfrac{\mathrm{i}^n}{\ln n}$;

(3) $\sum\limits_{n=0}^{\infty}\dfrac{\sin\mathrm{i}n}{2^n}$;　　(4) $\sum\limits_{n=0}^{\infty}\dfrac{(-1)^n\mathrm{i}^n}{2^n}$

解:(1) 略

(2) $\sum\limits_{n=2}^{\infty}\dfrac{\mathrm{i}^n}{\ln n}=\sum\limits_{n=2}^{\infty}\dfrac{\cos\dfrac{n\pi}{2}}{\ln n}+\mathrm{i}\sum\limits_{n=2}^{\infty}\dfrac{\sin\dfrac{n\pi}{2}}{\ln n}$,

$\sum\limits_{n=2}^{\infty}\dfrac{\cos\dfrac{n\pi}{2}}{\ln n}$ 和 $\sum\limits_{n=2}^{\infty}\dfrac{\sin\dfrac{n\pi}{2}}{\ln n}$ 都为交错级数,且 $\lim\limits_{n\to\infty}\dfrac{\cos\dfrac{n\pi}{2}}{\ln n}=0,\lim\limits_{n\to\infty}\dfrac{\sin\dfrac{n\pi}{2}}{\ln n}=0$,

因此，$\sum_{n=2}^{\infty}\dfrac{\cos\frac{n\pi}{2}}{\ln n}$ 和 $\sum_{n=2}^{\infty}\dfrac{\sin\frac{n\pi}{2}}{\ln n}$ 收敛，故 $\sum_{n=2}^{\infty}\dfrac{\mathrm{i}^n}{\ln n}$ 收敛.

又因为 $\sum_{n=2}^{\infty}\dfrac{\cos\frac{n\pi}{2}}{\ln n}$ 和 $\sum_{n=2}^{\infty}\dfrac{\sin\frac{n\pi}{2}}{\ln n}$ 都不绝对收敛，因此 $\sum_{n=2}^{\infty}\dfrac{\mathrm{i}^n}{\ln n}$ 是条件收敛.

（3）略；

（4）略.

5. 求下列幂级数的收敛半径及收敛圆.

（1）$\sum_{n=0}^{\infty}(n+1)(z-3)^{n+1}$（并求和函数）

（2）$\sum_{n=1}^{\infty}n^{\ln n}(z-\mathrm{i})^n$；

（3）$\sum_{n=1}^{\infty}\dfrac{n^2}{\mathrm{e}^n}(z-1)^n$；

解：（1）由于 $\lim\limits_{n\to\infty}\left|\dfrac{c_{n+1}}{c_n}\right|=1$，故 $\sum_{n=0}^{\infty}(n+1)(z-3)^{n+1}$ 的收敛半径为1，收敛圆为 $|z-3|<1$.

令

$$S(z)=\sum_{n=0}^{\infty}(z-3)^{n+1}=\frac{1}{4-z},$$

则

$$S'(z)=\sum_{n=0}^{\infty}(n+1)(z-3)^n.$$

$$\sum_{n=0}^{\infty}(n+1)(z-3)^{n+1}=S'(z)(z-3)=\left(\frac{1}{4-z}\right)'(z-3)=\frac{z-3}{(z-4)^2}$$

（2）略.

（3）略.

6. 设 $\sum_{n=0}^{\infty}2^n c_n$ 收敛，而 $\sum_{n=0}^{\infty}2^n|c_n|$ 发散. 证明幂级数 $\sum_{n=0}^{\infty}c_n z^n$ 的收敛半径为 2.

证明：设 $\sum_{n=0}^{\infty}c_n z^n$ 的收敛半径为 R_1，由题意 $\sum_{n=0}^{\infty}2^n c_n$ 收敛，故 $R_1\geqslant 2$.

设 $\sum_{n=0}^{\infty}|c_n|z^n$ 的收敛半径为 R_2，由 $\sum_{n=0}^{\infty}2^n|c_n|$ 发散可知，$R_2\leqslant 2$.

又 $R_1=R_2=\lim\limits_{n\to\infty}\sqrt[n]{|c_n|}$，所以 $2\leqslant R_1=R_2\leqslant 2$，故 $R_1=2$.

9. 写出下列函数关于 z 的幂级数展开式，并指出它们的收敛半径.

(1) $\dfrac{1}{1+z^3}$；　　(2) $\dfrac{z^2-3z-1}{(z+2)(z-1)^2}$；

(3) $\cos z^2$；　　(4) $\operatorname{sh} z$；

解：(1) 略.

(2) $\dfrac{z^2-3z-1}{(z+2)(z-1)^2}=\dfrac{1}{z+2}-\dfrac{1}{(z-1)^2}$,

$$\frac{1}{z+2}=\frac{1}{1+\frac{z}{2}}=1-\frac{z}{2}+\frac{z^2}{2^2}-\frac{z^3}{2^3}+\cdots+(-1)^n\frac{z^n}{2^n}+\cdots,\ |z|<2,$$

$$\frac{1}{1-z}=1+z+z^2+z^3+\cdots,\ |z|<1,$$

$$\frac{1}{(z-1)^2}=\left(\frac{1}{1-z}\right)'=1+2z+3z^2+\cdots+nz^{n-1}+\cdots,\ |z|<1,$$

故 $\dfrac{z^2-3z-1}{(z+2)(z-1)^2}=\dfrac{1}{z+2}-\dfrac{1}{(z-1)^2}=\sum\limits_{n=0}^{\infty}(-1)^n\dfrac{z^n}{2^n}+\sum\limits_{n=1}^{\infty}nz^{n-1},\ |z|<1.$

(3) 略.

(4) $$\operatorname{sh}z=\frac{e^z-e^{-z}}{2}=\frac{1}{2}\left(\sum_{n=0}^{\infty}\frac{z^n}{n!}-\sum_{n=0}^{\infty}(-1)^n\frac{z^n}{n!}\right)$$

$$=\frac{1}{2}\sum_{n=0}^{\infty}[1-(-1)^n]\frac{z^n}{n!}=\sum_{k=1}^{\infty}\frac{z^{2k-1}}{(2k-1)!}$$

13. 把下列函数在指定的圆环域内展开成洛朗级数.

(1) $f(z)=\dfrac{1}{z-5}$, $0<|z-3|<2$, $4<|z-1|<+\infty$；

(2) $f(z)=\dfrac{1}{(z^2+1)(z-2)}$, $1<|z|<2$；

(3) $f(z)=\dfrac{1}{z^2(z-i)}$, $0<|z|<1$；

(4) $f(z)=\dfrac{1}{1+z^2}$, $0<|z-i|<2$, $2<|z-i|<+\infty$, $1<|z|<+\infty$；

解：(1) 当 $0<|z-3|<2$ 时,

$$f(z)=\frac{1}{z-5}=\frac{1}{z-3-2}=-\frac{1}{2}\frac{1}{1-\frac{z-3}{2}}=-\frac{1}{2}\sum_{n=0}^{\infty}\left(\frac{z-3}{2}\right)^n$$

当 $4<|z-1|<+\infty$ 时

$$f(z)=\frac{1}{z-1-4}=\frac{1}{z-1}\frac{1}{1-\frac{4}{z-1}}=\frac{1}{z-1}\sum_{n=0}^{\infty}\frac{4^n}{(z-1)^n}$$

(2) 当 $1<|z|<2$ 时，

$$\begin{aligned}f(z)&=-\frac{1}{3}\frac{z}{z^2+1}-\frac{2}{3}\frac{1}{z^2+1}+\frac{1}{3}\frac{1}{z-2}\\&=-\frac{1}{3z}\sum_{n=0}^{\infty}\left(-\frac{1}{z^2}\right)^n-\frac{2}{3z^2}\sum_{n=0}^{\infty}\left(-\frac{1}{z^2}\right)^n-\frac{1}{6}\sum_{n=0}^{\infty}\left(\frac{z}{2}\right)^n\end{aligned}$$

(3) 当 $0<|z|<1$ 时，

$$f(z)=\frac{1}{z^2(z-\mathrm{i})}=-\frac{1}{\mathrm{i}z^2}\frac{1}{1-\frac{z}{\mathrm{i}}}=-\frac{1}{\mathrm{i}z^2}\sum_{n=0}^{\infty}\frac{z^n}{\mathrm{i}^n}$$

(4) 当 $0<|z-\mathrm{i}|<2$ 时，

$$f(z)=\frac{1}{1+z^2}=\frac{1}{(z-\mathrm{i})(z+\mathrm{i})}=\frac{1}{(z-\mathrm{i})(z-\mathrm{i}+2\mathrm{i})}=\frac{1}{2\mathrm{i}(z-\mathrm{i})}\frac{1}{1-\left(-\frac{z-\mathrm{i}}{2\mathrm{i}}\right)}$$

$$=\frac{1}{2\mathrm{i}(z-\mathrm{i})}\sum_{n=0}^{\infty}(-1)^n\frac{(z-\mathrm{i})^n}{(2\mathrm{i})^n}$$

当 $2<|z-\mathrm{i}|<+\infty$ 时

$$\begin{aligned}f(z)&=\frac{1}{1+z^2}=\frac{1}{(z-\mathrm{i})(z+\mathrm{i})}=\frac{1}{(z-\mathrm{i})(z-\mathrm{i}+2\mathrm{i})}\\&=\frac{1}{(z-\mathrm{i})^2}\frac{1}{1-\left(-\frac{2\mathrm{i}}{z-\mathrm{i}}\right)}=\frac{1}{(z-\mathrm{i})^2}\sum_{n=0}^{\infty}(-1)^n\frac{(2\mathrm{i})^n}{(z-\mathrm{i})^n}\end{aligned}$$

当 $1<|z|<+\infty$ 时

$$f(z)=\frac{1}{1+z^2}=\frac{1}{(z-\mathrm{i})(z+\mathrm{i})}=\frac{1}{2\mathrm{i}}\left(\frac{1}{z-\mathrm{i}}-\frac{1}{z+\mathrm{i}}\right)=\frac{1}{2\mathrm{i}}\left(\frac{1}{z}\sum_{n=0}^{\infty}\frac{\mathrm{i}^n}{z^n}-\frac{1}{z}\sum_{n=0}^{\infty}(-1)^n\frac{\mathrm{i}^n}{z^n}\right)$$

第 5 章　留数定理及其应用

5.1 知识要点

一、孤立奇点的分类及其孤立奇点邻域内函数的性质

1. 当函数 $f(z)$ 在去掉圆心的某圆盘 $D:0<|z-z_0|<R(0<R\leqslant+\infty)$ 内有定义并且解析时，我们称 z_0 为 $f(z)$ 的孤立奇点. 此时在 D 内，$f(z)$ 有洛朗展开式

$$f(z)=\sum_{n=1}^{+\infty}c_{-n}(z-z_0)^{-n}+\sum_{n=0}^{+\infty}c_n(z-z_0)^n,$$

如果 c_{-n} 全部为零，只有有限个不为零或有无穷多个不为零，则 z_0 分别称为的 $f(z)$ 的可去奇点、极点或本性奇点. 若存在正整数 m，使得 $c_{-m}\neq0$，且当 $-n<-m$ 时，$c_{-n}=0$，那么我们称 z_0 是 $f(z)$ 的 m 阶极点.

z_0 是 $f(z)$ 的可去奇点，极点或本性奇点的充要条件分别是 $\lim\limits_{z\to z_0}f(z)$ 是有限，无穷或不存在.

2. 当函数 $f(z)$ 在区域 $R<|z|<+\infty$ 内解析时，那么称 ∞ 为 $f(z)$ 的孤立奇点.

如果 $c_n(n>0)$ 全部为零，只有有限个不为零或有无穷多个不为零，则分别称 ∞ 为 $f(z)$ 的可去奇点，极点或本性奇点.

∞ 是 $f(z)$ 的可去奇点，极点或本性奇点的充要条件分别是 $\lim\limits_{z\to\infty}f(z)$ 是有限，无穷或不存在.

二、函数的零点和极点的关系

1. 设 $f(z)$ 在 z_0 处解析，且不恒为零. 如果 $f(z_0)=0$，则称 z_0 是 $f(z)$ 的零点. 如果 $f(z_0)=f'(z_0)=\cdots=f^{(m-1)}(z_0)=0$，$f^{(m)}(z_0)\neq0$，则称 z_0 是 $f(z)$ 的 m 阶零点.

2. z_0 是 $f(z)$ 的阶零点的必要与充分条件是：$f(z)=(z-z_0)^m\phi(z)$，其中 $\phi(z)$ 是一个在 $|z-z_0|<R$ 内解析的函数，并且 $\phi(z_0)\neq0$.

z_0 是 $f(z)$ 的 m 阶极点的必要与充分条件是：$f(z)=\dfrac{1}{(z-z_0)^m}\phi(z)$，其中 $\phi(z)$ 是一个在 $|z-z_0|<R$ 内解析的函数，并且 $\phi(z_0)\neq0$.

3. z_0 是 $f(z)$ 的 m 阶极点当且仅当 z_0 是 $\dfrac{1}{f(z)}$ 的 m 阶零点.

三、留数定理

1. 留数的定义

设函数$f(z)$在区域$0<|z-z_0|<R$内解析，称积分$\frac{1}{2\pi i}\int_C f(z)\mathrm{d}z$为$f(z)$在孤立奇点$z_0$的留数，记作$\mathrm{Res}[f(z),z_0]$，积分是$0<|z-z_0|<R$内，包围$z_0$沿着$C$按逆时针方向取的简单闭曲线.

当z_0为$f(z)$的孤立奇点，且在去掉圆心的某圆盘$D:0<|z-z_0|<R\ (0<R\leqslant+\infty)$内$f(z)$有洛朗展开式$f(z)=\sum_{n=1}^{+\infty}c_{-n}(z-z_0)^{-n}+\sum_{n=0}^{+\infty}c_n(z-z_0)^n$时，$\mathrm{Res}(f(z),z_0)=c_{-1}$.

2. 留数的计算规则

(1) 当z_0是$f(z)$的解析点或可去奇点时，$\mathrm{Res}(f(z),z_0)=0$.

(2) 当z_0是$f(z)$的一个$k(k\geqslant1)$阶极点时，

$$\mathrm{Res}(f(z),z_0)=\frac{1}{(k-1)!}\lim_{z\to z_0}\frac{d^{k-1}[(z-z_0)^kf(z)]}{\mathrm{d}z^{k-1}}.$$

特别地，当$k=1$，$f(z)=\frac{P(z)}{Q(z)}$时，$\mathrm{Res}(f,z_0)=\frac{P(z_0)}{Q'(z_0)}$.

(3) ∞的留数$\mathrm{Res}(f(z),\infty)=-\mathrm{Res}(\frac{1}{z^2}f(\frac{1}{z}),0)$.

3. 留数定理从某种意义上讲，可视为柯西－古萨基本定理的推广.

第一留数定理　D是在复平面上的一个有界区域，其边界是一条或有限条简单闭曲线C. 设$f(z)$在D内除去有限孤立奇点$z_1,z_2,\cdots,z_n$外处处都解析，并且它在C上也解析，那么我们有$\int_C f(z)\mathrm{d}z=2\pi i\sum_{k=1}^{n}\mathrm{Res}(f,z_k)$其中沿$C$的积分是按关于区域$D$的正向取的.

第二留数定理　设$f(z)$在除去有限孤立奇点$z_1,z_2,\cdots,z_{n-1}$和$z_n=\infty$的扩充复平面内解析，则$\sum_{k=1}^{n}\mathrm{Res}(f,z_k)=0$.

四、应用留数定理计算实积分

利用留数定理可以把要求的积分转化为复变函数沿闭曲线的积分，这种方法的关键之处是：A. 选取恰当的复变函数作为被积函数；B. 选取恰当的封闭积分曲线. 这里主要介绍三种类型的积分的计算公式.

1. $\int_0^{2\pi}R(\sin x,\cos x)\mathrm{d}x=2\pi i\sum_{k=1}^{n}\mathrm{Res}[f(z),z_k]$,

其中$f(z)=R(\frac{z^2-1}{2zi},\frac{z^2+1}{2z})\frac{1}{zi}$，$z_1,z_2,\cdots,z_n$ 是包含在圆周$|z|=1$内部的$f(z)$的孤立奇点. $R(\sin x,\cos x)$为 $\sin x,\cos x$ 的有理分式，且在$[0,2\pi]$上连续.

2. $\int_{-\infty}^{+\infty}f(x)\mathrm{d}x=2\pi i\sum_{k=1}^{n}\mathrm{Res}(f(z),z_k)$，其中$f(x)=\frac{P(x)}{Q(x)}$，多项式$Q(x)$的次数比$P(x)$的次数至少高二次，$z_1,z_2,\cdots,z_n$ 是$f(z)$在上半平面所有的孤立奇点. $Q(x)$无实根.

3. $\int_{-\infty}^{\infty}f(x)\mathrm{e}^{ipx}\mathrm{d}x=2\pi i\sum_{k=1}^{n}\mathrm{Res}[f(z)\mathrm{e}^{ipz},z_k]$，其中$f(x)$是$x$的有理函数，在$(-\infty,+\infty)$上连续，$p>0$是实数. 函数$f(z)$在上半平面中除了$z_1,z_2,\cdots,z_n$有限个孤立奇点外处处解析且无实奇点. 当$|z|\to\infty$时，函数$f(z)$在$0\leqslant\arg z\leqslant\pi$中一致趋于零.

五、幅角原理和儒歇定理

1. 辐角原理

如果$w=f(z)$在简单闭曲线C上及其内部处处解析，且$w=f(z)$在C上不等于零，则$w=f(z)$在C内的零点个数等于$f(z)$的幅角的改变量除以2π.

2. 儒歇定理

设D是在复平面上的一个有界区域，其边界C是一条或有限条简单闭曲线. 设函数$f(z)$及$g(z)$在D及C所组成的闭区域上解析，并且在C上，$|f(z)|>|g(z)|$，那么在D上，$f(z)$及$f(z)+g(z)$的零点的个数相同.

5.2 典型例题

例1 试求下列函数的奇点及其类型

(1) $f(z)=\frac{\sin z-z}{z^3}$；(2) $f(z)=\frac{\sin z-z}{z^6}$；(3) $f(z)=\mathrm{e}^{\frac{1}{z}}$.

分析 可利用公式 $\sin z=z-\frac{1}{3!}z^3+\frac{1}{5!}z^5-\frac{1}{7!}z^7+\frac{1}{9!}z^9-\ldots$，和

$\mathrm{e}^z=1+z+\frac{z^2}{2!}+\frac{z^3}{3!}+\ldots$

解 (1) $z=0$ 是$f(z)=\frac{\sin z-z}{z^3}$的孤立奇点，由于

$$f(z)=\frac{\sin z-z}{z^3}=\frac{1}{z^3}(-\frac{1}{3!}z^3+\frac{1}{5!}z^5-\ldots)$$

$$=-\frac{1}{3!}+\frac{1}{5!}z^2-\ldots,\ 0<|z|<+\infty$$

所以 $z=0$ 是 $f(z)=\dfrac{\sin z-z}{z^3}$ 的可去奇点.

(2) $z=0$ 是 $f(z)=\dfrac{\sin z-z}{z^6}$ 的孤立奇点,由于

$$f(z)=\frac{\sin z-z}{z^6}=\frac{1}{z^6}\left(-\frac{1}{3!}z^3+\frac{1}{5!}z^5-\frac{1}{7!}z^7+\frac{1}{9!}z^9-\dots\right)$$
$$=-\frac{1}{3!}z^{-3}+\frac{1}{5!}z^{-1}-\frac{1}{7!}z+\frac{1}{9!}z^3-\dots,\ 0<|z|<+\infty$$

所以 $z=0$ 是 $f(z)=\dfrac{\sin z-z}{z^6}$ 的三级极点.

(3) $z=0$ 是 $f(z)=e^{\frac{1}{z}}$ 的孤立奇点,由于

$$f(z)=e^{\frac{1}{z}}=1+\frac{1}{z}+\frac{1}{2!z^2}+\dots+\frac{1}{n!z^n}+\dots,\ 0<|z|<+\infty$$

所以 $z=0$ 是 $f(z)=e^{\frac{1}{z}}$ 的本性奇点.

总结 熟练掌握利用洛朗级数展开法判断奇点的类型.

例 2 $z=1$ 和 $z=-\dfrac{1}{2}$ 分别是函数 $f(z)=\dfrac{5z+1}{(z-1)(2z+1)^2}$ 的几级极点?

分析 显然,$z=1$ 和 $z=-\dfrac{1}{2}$ 为 $\dfrac{1}{f(z)}$ 的零点.

解 $z=1$ 和 $z=-\dfrac{1}{2}$ 分别是函数 $\dfrac{1}{f(z)}$ 的一级零点和二级零点,故为 $f(z)=\dfrac{5z+1}{(z-1)(2z+1)^2}$ 的一级极点和二级极点.

总结 熟练掌握零点和极点的关系,即函数 $f(z)$ 以点 z_0 为 m 级极点的充要条件是点 z_0 为 $\dfrac{1}{f(z)}$ 的 m 级零点.

例 3 设 $f(z)=\dfrac{5z-2}{z(z-1)^2}$,求 $\text{Res}[f(z),0]$,$\text{Res}[f(z),1]$,$\text{Res}[f(z),2]$.

分析 需要先判断 $z=0$,$z=1$ 和 $z=2$ 的奇点类型.

解 $z=0$ 和 $z=1$ 分别为 $f(z)$ 的一级极点和二级极点,$z=2$ 为 $f(z)$ 的解析点.

$\text{Res}[f(z),0]=\lim\limits_{z\to 0}z\dfrac{5z-2}{z(z-1)^2}=-2$;$\text{Res}[f(z),1]=\lim\limits_{z\to 1}\left((z-1)^2\dfrac{5z-2}{z(z-1)^2}\right)'=2$;

$\text{Res}[f(z),2]=0$.

总结 熟练掌握求解函数在孤立奇点处(可去奇点、极点和本性奇点)的留数的求法.

例 4 计算积分 $\displaystyle\int_{|z|=1}\frac{\cos z}{z^3}dz$.

分析 被积函数在 $|z|=1$ 内只有 $z=0$ 一个三级极点,可应用留数定理.

解 $\int_{|z|=1}\frac{\cos z}{z^3}\mathrm{d}z=2\pi\mathrm{i}\mathrm{Res}[f(z),0]=2\pi\mathrm{i}\frac{1}{2!}\lim_{z\to0}(\cos z)''=-\pi\mathrm{i}.$

总结 熟练掌握应用留数定理求解此类曲线积分的方法,同时,注意一题多解,此题也可应用高阶导数公式求解.

例 5 利用留数定理计算积分 $\int_0^{2\pi}\mathrm{e}^{\mathrm{e}^{\mathrm{i}\theta}}\mathrm{d}\theta$.

分析 类比 $\int_0^{2\pi}R(\sin x,\cos x)\mathrm{d}x$ 型积分.

解 令 $z=\mathrm{e}^{\mathrm{i}\theta}$,则 $\mathrm{d}z=\mathrm{i}\mathrm{e}^{\mathrm{i}\theta}\mathrm{d}\theta=\mathrm{i}z\mathrm{d}\theta$,故 $\mathrm{d}\theta=\frac{1}{\mathrm{i}z}\mathrm{d}z$, 故原积分等于 $I=\int_C\mathrm{e}^z\frac{\mathrm{d}z}{\mathrm{i}z}$,其中 C 为单位圆,因为 $f(z)=\frac{\mathrm{e}^z}{\mathrm{i}z}$ 只有一个一阶极点 $z=0$,所以

$$I=\left(2\pi\mathrm{i}\cdot\frac{\mathrm{e}^z}{\mathrm{i}}\right)_{z=0}=2\pi.$$

总结 熟练掌握 $\int_0^{2\pi}R(\sin x,\cos x)\mathrm{d}x$ 型积分的计算方法,且举一反三.

例 6 计算积分 $\int_0^{2\pi}\frac{\sin^2\theta}{a+b\cos\theta}\mathrm{d}\theta\ (a>b>0)$.

解 令 $z=\mathrm{e}^{\mathrm{i}\theta}$,则 $\sin\theta=\frac{z^2-1}{2z\mathrm{i}}$,$\cos\theta=\frac{z^2+1}{2z}$,$\mathrm{d}z=\mathrm{i}\mathrm{e}^{\mathrm{i}\theta}\mathrm{d}\theta$,

$$\begin{aligned}\int_0^{2\pi}\frac{\sin^2\theta}{a+b\cos\theta}\mathrm{d}\theta&=\oint_{|z|=1}\frac{(z^2-1)^2}{-4z^2}\cdot\frac{1}{a+b\left(\frac{z^2+1}{2z}\right)}\cdot\frac{\mathrm{d}z}{\mathrm{i}z}\\&=\oint_{|z|=1}\frac{(z^2-1)^2}{-2\mathrm{i}z^2(bz^2+2az+b)}\mathrm{d}z\\&=\oint_{|z|=1}\frac{(z^2-1)^2\mathrm{d}z}{-2\mathrm{i}z^2b\left(z-\frac{-a+\sqrt{a^2-b^2}}{b}\right)\left(z-\frac{-a-\sqrt{a^2-b^2}}{b}\right)}\\&=2\pi\mathrm{i}\left\{\mathrm{Res}[f(z),0]+\mathrm{Res}\left[f(z),\frac{(-a+\sqrt{a^2-b^2})}{b}\right]\right\}\\&=\frac{2\pi}{b^2}(a-\sqrt{a^2-b^2}).\end{aligned}$$

例 7 利用留数定理计算积分 $\int_0^{\infty}\frac{x^2\mathrm{d}x}{(x^2+a)^2}$,$a>0$.

分析 $\int_{-\infty}^{+\infty}f(x)\mathrm{d}x$ 型积分及对称性

解 $I=\dfrac{1}{2}\int_{-\infty}^{\infty}\dfrac{x^2\mathrm{d}x}{(x^2+a^2)^2}=\pi\mathrm{i}\left[\dfrac{\mathrm{d}}{\mathrm{d}z}\dfrac{z^2}{(z+a\mathrm{i})^2}\right]_{z=a\mathrm{i}}=\pi\mathrm{i}\left[\dfrac{2z}{(z+a\mathrm{i})^2}-\dfrac{2z^2}{(z+a\mathrm{i})^3}\right]_{z=a\mathrm{i}}$

$=\pi\mathrm{i}\left[\dfrac{2za\mathrm{i}}{(z+a\mathrm{i})^3}\right]_{z=a\mathrm{i}}=\pi\mathrm{i}\dfrac{-2a^2}{-8a^3\mathrm{i}}=\dfrac{\pi}{4a}$

总结 熟练掌握$\int_{-\infty}^{+\infty}f(x)\mathrm{d}x$型积分的计算.

例8 计算积分$\int_{-\infty}^{+\infty}\dfrac{\mathrm{d}x}{(x^2+a^2)^2(x^2+b^2)}\quad(a>0,b>0,a\neq b)$

解 $R(z)=\dfrac{1}{(z^2+a^2)^2(z^2+b^2)}$在上半平面有二级极点$z=a\mathrm{i}$，一级极点$z=b\mathrm{i}$.

$$\mathrm{Res}[R(z),a\mathrm{i}]=\left[\frac{1}{(z+a\mathrm{i})^2(z^2+b^2)}\right]'\Bigg|_{z=a\mathrm{i}}=\frac{1}{2b\mathrm{i}(a^2-b^2)^2},$$

$$\mathrm{Res}[R(z),b\mathrm{i}]=\frac{1}{(z^2+a^2)^2(z+b\mathrm{i})}\Bigg|_{z=b\mathrm{i}}=\frac{b^2-3a^2}{4a^3\mathrm{i}(b^2-a^2)^2},$$

所以$\displaystyle\int_{-\infty}^{+\infty}\frac{\mathrm{d}x}{(x^2+a^2)^2(x^2+b^2)}=2\pi\mathrm{i}\{\mathrm{Res}[R(z),b\mathrm{i}]+\mathrm{Res}[R(z),a\mathrm{i}]\}$

$$=\frac{(2a+b)\pi}{2a^3b(a+b)^2}.$$

例9 利用留数定理计算积分$\int_0^{\infty}\dfrac{\cos x}{1+x^2}\mathrm{d}x$.

分析 $\int_{-\infty}^{+\infty}f(x)\mathrm{e}^{\mathrm{i}mx}\mathrm{d}x$ 型积分

解 令$f(z)=\dfrac{1}{1+z^2}$,则其有两个一阶极点为$\pm\mathrm{i}$,其中i位于上半平面中,又当$|z|\to\infty$时,$f(z)$一致趋于零,从而

$$\int_0^{\infty}\frac{\cos x}{1+x^2}\mathrm{d}x=\frac{1}{2}\int_{-\infty}^{\infty}\frac{\mathrm{e}^{\mathrm{i}z}}{1+z^2}\mathrm{d}z=\pi\mathrm{i}\mathrm{Res}\left[\frac{\mathrm{e}^{\mathrm{i}z}}{1+x^2},\mathrm{i}\right]=\pi\mathrm{i}\left[\frac{\mathrm{e}^{\mathrm{i}z}}{x+\mathrm{i}}\right]_{z=\mathrm{i}}=\pi\mathrm{i}\frac{\mathrm{e}^{-1}}{2\mathrm{i}}=\frac{\pi}{2\mathrm{e}}.$$

总结 熟练掌握$\int_{-\infty}^{+\infty}f(x)\mathrm{e}^{\mathrm{i}mx}\mathrm{d}x$型积分的计算

例10 计算积分$\int_0^{+\infty}\dfrac{x\sin mx}{(x^2+a^2)^2}\mathrm{d}x,(m>0,a>0)$.

解 $\displaystyle\int_0^{+\infty}\frac{x\sin mx}{(x^2+a^2)}\mathrm{d}x=\frac{1}{2}\int_{-\infty}^{+\infty}\frac{x\sin mx}{(x^2+a^2)^2}\mathrm{d}x=\frac{1}{2}\mathrm{Im}\left[\int_{-\infty}^{+\infty}\frac{x}{(x^2+a^2)^2}\mathrm{e}^{\mathrm{i}mx}\mathrm{d}x\right]$

又$f(z)=\dfrac{z}{(z^2+a^2)^2}\mathrm{e}^{\mathrm{i}mx}$,在上半平面只有二级极点$z=a\mathrm{i}$,

$$\mathrm{Res}(f(z),a\mathrm{i})=\frac{\mathrm{d}}{\mathrm{d}z}\left[\frac{z}{(z+a\mathrm{i})^2}\mathrm{e}^{\mathrm{i}mz}\right]_{z=a\mathrm{i}}=\frac{m}{4a}\mathrm{e}^{-ma},$$

则 $\int_{-\infty}^{+\infty}\frac{x}{(x^2+a^2)^2}e^{imx}dx=2\pi i\mathrm{Res}\left[\frac{z}{(z^2+a^2)^2}e^{imz},ai\right]$.

所以 $\int_0^{+\infty}\frac{x\sin mx}{(x^2+a^2)^2}dx=\frac{1}{2}\mathrm{Im}[2\pi i\mathrm{Res}(f(z),ai)]=\frac{m\pi}{4a}e^{-ma}$.

例 11 证明 $\int_0^{\infty}\sin x^2dx=\int_0^{\infty}\cos x^2dx=\frac{1}{2}\sqrt{\frac{\pi}{2}}$.

证 设函数 e^{iz^2}，当 $z=x$ 时，$e^{iz^2}=\cos x^2+i\sin x^2$，如图 $\oint_C e^{iz^2}dz=0$，

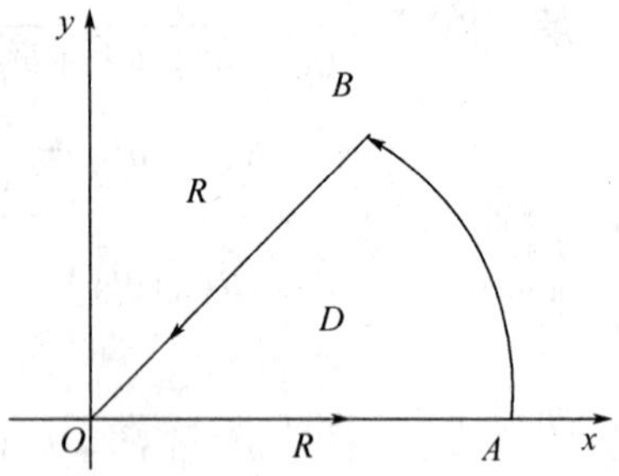

$\oint_{OA}e^{ix^2}dz+\oint_{AB}e^{iz^2}dz+\oint_{BO}e^{iz^2}dz=0$，

$\int_0^R e^{ix^2}dx+\int_0^{\frac{\pi}{4}}e^{iR^2e^{i2\theta}}Rie^{i\theta}d\theta+\int_R^0 e^{ir^2e^{\frac{\pi}{2}i}}e^{\frac{\pi}{4}i}dr=0$，

或 $\int_0^R(\cos x^2+i\sin x^2)dx$

$=e^{\frac{\pi}{4}i}\int_0^R e^{-r^2}dr-\int_0^{\frac{\pi}{4}}e^{iR^2\cos 2\theta-R^2\sin 2\theta}Rie^{i\theta}d\theta$.

当 $R\to\infty$ 时，

$$e^{\frac{\pi}{4}i}\int_0^{\infty}e^{-r^2}dr=\frac{\sqrt{\pi}}{2}\cdot e^{\frac{\pi}{4}i}=\frac{1}{2}\sqrt{\frac{\pi}{2}}+\frac{i}{2}\sqrt{\frac{\pi}{2}}$$

$$\left|\int_0^{\frac{\pi}{4}}e^{iR^2\cos 2\theta-R^2\sin 2\theta}Rie^{i\theta}d\theta\right|\leqslant\int_0^{\frac{\pi}{4}}e^{-R\sin 2\theta}Rd\theta\leqslant R\int_0^{\frac{\pi}{4}}e^{-\frac{4}{\pi}R^2\theta}d\theta=\frac{\pi}{4R}(1-e^{-R^2})$$

当 $R\to\infty$，趋于0. 再利用 $\int_0^{\infty}e^{-r^2}dr=\frac{\sqrt{\pi}}{2}$ 即可证明本题.

例 12 利用儒歇定理，求方程 $f(z)=z^4-5z+1=0$ 在 $|z|<1$ 内的根的个数.

解 $|z|=1$ 时，$|-5z+1|>|5z|-1=4>1=|z^4|$. 因此方程 $f(z)=z^4-5z+1=0$ 在 $|z|<1$ 内的根的个数和方程 $g(z)=-5z+1=0$ 在 $|z|<1$ 内的根的个数相等，仅有一个根.

总结 熟练应用儒歇定理，判定方程在指定区域内的根的个数.

5.3 同步训练题

1. 填空题

(1) 函数 $f(z)=\frac{1}{z^3(e^{z^3}-1)}$ 以 $z=0$ 为孤立奇点，其类型为________.

(2) 函数 $f(z)=\frac{1-\cos(z-2)}{(z-2)^2}$ 以 $z=2$ 为孤立奇点，其类型为________.

(3)函数$f(z)=\dfrac{1}{(z^2+\mathrm{i})^3}$的奇点为________.

(4)留数$\mathrm{Res}\left[\dfrac{z}{(z-1)(z+1)^2},1\right]=$________.

(5)留数$\mathrm{Res}\left[\dfrac{1-\cos z}{z^4},0\right]=$________.

(6)留数$\mathrm{Res}\left[\dfrac{\tan\pi z}{z^3},\dfrac{1}{2}\right]=$________.

2. 利用留数定理计算下列积分

(1) $\displaystyle\int_0^{2\pi}\frac{\mathrm{d}\theta}{(2+\sqrt{3}\cos\theta)^2}$

(2) $\displaystyle\int_0^{2\pi}\frac{\mathrm{d}\theta}{1+a\sin\theta}(-1<a<1)$

(3) $\displaystyle\int_0^{2\pi}\frac{\mathrm{d}x}{1-2p\cos x+p^2},0<p<1$

(4) $\displaystyle\int_0^{2\pi}\cos^{2n}x\mathrm{d}x$

(5) $\displaystyle\int_{-\infty}^{+\infty}\frac{x^4\mathrm{d}x}{(2+3x^2)^4}$

(6) $\displaystyle\int_{-\infty}^{+\infty}\frac{x^2\mathrm{d}x}{1+x^4}$

(7) $\displaystyle\int_{-\infty}^{+\infty}\frac{\mathrm{d}x}{x^2-2x+4}$

(8) $\displaystyle\int_{-\infty}^{+\infty}\frac{x\cos x\mathrm{d}x}{x^2-2x+10}$

(9) $\displaystyle\int_{-\infty}^{+\infty}\frac{\cos x\mathrm{d}x}{x^4+1}$

(10) $\displaystyle\int_{-\infty}^{+\infty}\frac{x\sin x\mathrm{d}x}{x^2-2x+2}$

3. 计算积分$\displaystyle\oint_C\frac{\mathrm{e}^z}{z}\mathrm{d}z,C:|z|=1$从而证明：$\displaystyle\int_0^{\pi}\mathrm{e}^{\cos\theta}\cos(\sin\theta)\mathrm{d}\theta=\pi$.

4. 设C_1与C_2为两条互不包含,也不相交的正向简单闭曲线,证明：

$$\frac{1}{2\pi\mathrm{i}}\left[\oint_{C_1}\frac{z^2}{z-z_0}\mathrm{d}z+\oint_{C_2}\frac{\sin z}{z-z_0}\mathrm{d}z\right]=\begin{cases}z_0^2 & z_0\in C_1\\ \sin z_0 & z_0\in C_2\end{cases}$$

5. 应用儒歇定理，求方程$z=\phi(z)$在$|z|<1$内的根的个数，在这里$\phi(z)$在$|z|<1$内解析，并且$|\phi(z)|<1$.

6. 应用幅角原理证明胡尔维茨定理：设$\{f_n(z)\}$是区域D内内闭一致收敛于$f(z)$的解析函数列,且$f_n(z),n\in\mathbf{N}$在D内无零点,那么$f(z)$在D内恒等于零,或者没有零点.

5.4 同步训练题答案

1. 填空题

(1)六级极点； (2)可去奇点； (3)$z=\pm\dfrac{\sqrt{2}}{2}(1-\mathrm{i})$； (4)$\dfrac{1}{4}$； (5)0； (6)$\dfrac{-8}{\pi}$.

2. 计算题

(1) 4π;　(2) $\dfrac{2\pi}{\sqrt{1-a^2}}$;　(3) $\dfrac{2\pi}{1-p^2}$;　(4) $\dfrac{(2n)!}{2^{2n}(n!)^2}$;

(5) $\pi/288\sqrt{6}$;　(6) $\pi/\sqrt{2}$;　(7) $\pi/\sqrt{3}$;　(8) $\pi e^{-3}(\cos 1-3\sin 1)/3$;

(9) $\dfrac{\pi}{2}e^{-1/\sqrt{2}}\cos(\dfrac{1}{\sqrt{2}}-\dfrac{\pi}{4})$;　(10) $\dfrac{\sqrt{2}\pi}{e}\sin(1+\dfrac{\pi}{4})$.

5.5　教材同步精选习题精解

1. 设函数 $f_1(z)$ 和函数 $f_2(z)$ 都以 z_0 为孤立奇点,问 $f_1(z)+f_2(z)$ 在 z_0 的孤立奇点的类型?

解:(1)若 z_0 为函数 $f_1(z)$ 的可去奇点

若 z_0 为函数 $f_2(z)$ 的可去奇点,则 $\lim\limits_{z\to z_0}[f_1(z)+f_2(z)]=\lim\limits_{z\to z_0}f_1(z)+\lim\limits_{z\to z_0}f_2(z)$ 是有限值, z_0 为函数 $f_1(z)+f_2(z)$ 的可去奇点.

若 z_0 为函数 $f_2(z)$ 的极点, 则 $\lim\limits_{z\to z_0}[f_1(z)+f_2(z)]=\lim\limits_{z\to z_0}f_1(z)+\lim\limits_{z\to z_0}f_2(z)=\infty$, z_0 为函数 $f_1(z)+f_2(z)$ 的极点.

若 z_0 为函数 $f_2(z)$ 的本性奇点, 则 $\lim\limits_{z\to z_0}[f_1(z)+f_2(z)]$ 既不是有限值,也不是无穷, 故 z_0 为函数 $f_1(z)+f_2(z)$ 的本性奇点.

(2) z_0 为函数 $f_1(z)$ 的极点

若 z_0 为函数 $f_2(z)$ 的可去奇点,则 $\lim\limits_{z\to z_0}[f_1(z)+f_2(z)]=\lim\limits_{z\to z_0}f_1(z)+\lim\limits_{z\to z_0}f_2(z)=\infty$, z_0 为函数 $f_1(z)+f_2(z)$ 的极点.

若 z_0 为函数 $f_2(z)$ 的极点, 当 $f_1(z)=-f_2(z)$ 时, $\lim\limits_{z\to z_0}[f_1(z)+f_2(z)]=0$, z_0 为函数 $f_1(z)+f_2(z)$ 的可去奇点;否则 $\lim\limits_{z\to z_0}[f_1(z)+f_2(z)]=\lim\limits_{z\to z_0}f_1(z)+\lim\limits_{z\to z_0}f_2(z)=\infty$, z_0 为函数 $f_1(z)+f_2(z)$ 的极点奇点.

若 z_0 为函数 $f_2(z)$ 的本性奇点, 则 $\lim\limits_{z\to z_0}[f_1(z)+f_2(z)]$ 既不是有限值,也不是无穷, 故 z_0 为函数 $f_1(z)+f_2(z)$ 的本性奇点. (也可从 $f_1(z)+f_2(z)$ 在 z_0 附近的洛朗展开式可以看出 .)

(3) z_0 为函数 $f_1(z)$ 的本性奇点

若 z_0 为函数 $f_2(z)$ 的可去奇点,则 $\lim\limits_{z\to z_0}[f_1(z)+f_2(z)]$ 不存在, z_0 为函数 $f_1(z)+f_2(z)$ 的本性奇点.

若 z_0 为函数 $f_2(z)$ 的极点, 从 $f_1(z)+f_2(z)$ 在 z_0 附近的洛朗展开式, 该展开式中有无穷多个负项的系数不为零, 故 z_0 为函数 $f_1(z)+f_2(z)$ 的本性奇点.

若 z_0 为函数 $f_2(z)$ 的本性奇点，当 $f_1(z)=-f_2(z)$ 时，$\lim\limits_{z\to z_0}[f_1(z)+f_2(z)]=0$，$z_0$ 为函数 $f_1(z)+f_2(z)$ 的可去奇点.

其他情形，就比较复杂了. 比如

当 $f_1(z)=-f_2(z)+\dfrac{1}{(z-z_0)n}$，$n>0$ 时；z_0 为函数 $f_1(z)+f_2(z)$ 的极点，阶数为 n.

当 $f_1(z)=\alpha f_2(z)$，$\alpha\neq-1$ 时，z_0 为函数 $f_1(z)+f_2(z)$ 的本性奇点.

2. 计算积分 $I=\int_0^{2\pi}\dfrac{\cos 2x}{1-2a\cos x+a^2}\mathrm{d}x$，$0<a<1$.

解 令 $z=\mathrm{e}^{\mathrm{i}x}$ 则 $\cos 2x=\dfrac{1}{2}(z^2+z^{-2})$.

于是，所求积分

$$I=\oint_{|z|=1}\frac{1}{2}\left(z^2+\frac{1}{z^2}\right)\frac{1}{1-a\left(z+\dfrac{1}{z}\right)+a^2}\frac{1}{\mathrm{i}z}\mathrm{d}z=\oint_{|z|=1}\frac{1+z^4}{2\mathrm{i}z^2(1-az)(z-a)}\mathrm{d}z$$

函数 $f(z)=\dfrac{1+z^4}{2\mathrm{i}z^2(1-az)(z-a)}$ 有极点 $z_0=0, z_1=a, z_2=\dfrac{1}{a}$. 显然 $z_0=0, z_1=a$ 在圆周 $|z|=1$ 的内部，计算 $f(z)$ 在这两点的留数.

$$\mathrm{Res}(f(z),0)=\lim_{z\to0}\frac{d}{dz}\left[(z-0)^2\frac{1+z^4}{2\mathrm{i}z^2(1-az)(z-a)}\right]=\frac{1+a^2}{2\mathrm{i}a}$$

$$\mathrm{Res}(f(z),a)=\lim_{z\to0}\left[(z-a)\frac{1+z^4}{2\mathrm{i}z^2(1-az)(z-a)}\right]=\frac{1+a^4}{2\mathrm{i}a^2(1-a^2)}$$

由留数定理 $I=2\pi\mathrm{i}\{\mathrm{Res}(f(z),0)+\mathrm{Res}(f(z),a)\}=\dfrac{2\pi a^2}{1-a^2}$.

3. 计算积分 $I=\int_0^{+\infty}\dfrac{\mathrm{d}x}{(1+x)x^a}$，$(0<a<1)$.

分析 该积分的收敛性是显然的，我们可以通过考虑多值函数 $f(z)=\dfrac{1}{z^a(1+z)}$，利用留数定理来求积分，但这样涉及到的多值函数的一些知识，是大家不太熟悉的. 如果令 $x=\mathrm{e}^u$，则所求积分 $I=\int_{-\infty}^{+\infty}\dfrac{\mathrm{e}^b\mathrm{d}u}{(1+\mathrm{e}^u)}$，$(0<b=1-a<1)$，就可以利用单值函数来处理.

解 $I=\int_0^{+\infty}\dfrac{\mathrm{d}x}{(1+x)x^a}\overset{x=\mathrm{e}^u}{=}\int_{-\infty}^{+\infty}\dfrac{\mathrm{e}^{bu}\mathrm{d}u}{(1+\mathrm{e}^u)}$，$b=1-a$

考虑 $w=u+\mathrm{i}v$ 平面上的解析函数 $f(w)=\dfrac{\mathrm{e}^{bw}}{(1+\mathrm{e}^w)}$. 它在闭带形 $0\leqslant\mathrm{Im}w\leqslant2\pi$ 内有唯一的一级极点 $w=\pi\mathrm{i}$. 作以 $-r, r, -r+2\pi\mathrm{i}, r+2\pi\mathrm{i}(0<r<+\infty)$ 为顶点的矩形区域 D，沿区域 D 的

边界∂D对函数$f(w)=\dfrac{e^{bw}}{(1+e^w)}$求积分，我们有

$$2\pi i\mathrm{Res}(f,\pi i)=\oint_{\partial D}f(w)\mathrm{d}w$$

$$=\int_{-r}^{r}\frac{e^{bu}}{(1+e^u)}\mathrm{d}u+\int_0^{2\pi}\frac{e^{b(r+iv)}}{(1+e^{r+iv})}i\mathrm{d}v+\int_{r+2\pi i}^{-r+2\pi i}\frac{e^{bu}}{(1+e^u)}\mathrm{d}u+\int_{2\pi}^{0}\frac{e^{b(-r+iv)}}{(1+e^{-r+iv})}i\mathrm{d}v$$

因此

$$-2\pi ie^{b\pi i}=(1-e^{2\pi bi})\int_{-r}^{r}\frac{e^{bu}}{(1+e^u)}\mathrm{d}u+i\int_0^{2\pi}\frac{e^{b(r+iv)}}{(1+e^{r+iv})}\mathrm{d}v-i\int_0^{2\pi}\frac{e^{b(-r+iv)}}{(1+e^{-r+iv})}\mathrm{d}v$$

而

$$\left|\int_0^{2\pi}\frac{e^{b(r+iv)}}{(1+e^{r+iv})}\mathrm{d}v\right|\leqslant\int_0^{2\pi}\frac{e^{br}}{(e^r-1)}\mathrm{d}v=\frac{2\pi e^{br}}{e^r-1}\xrightarrow{r\to+\infty}0$$

$$\left|\int_0^{2\pi}\frac{e^{b(-r+iv)}}{(1+e^{-r+iv})}\mathrm{d}v\right|\leqslant\int_0^{2\pi}\frac{e^{-br}}{(1-e^{-r})}\mathrm{d}v=\frac{2\pi e^{-br}}{1-e^{-r}}\xrightarrow{r\to+\infty}0$$

从而

$$-2\pi ie^{b\pi i}=(1-e^{\pi bi})\int_{-\infty}^{\infty}\frac{e^{bu}}{(1+e^u)}\mathrm{d}u,$$

$$I=\frac{\pi}{\sin b\pi}=\frac{\pi}{\sin a\pi}$$

4. 试由$\int_0^{\infty}e^{-x^2}\mathrm{d}x=\dfrac{\sqrt{\pi}}{2}$证明$\int_0^{\infty}\cos x^2\mathrm{d}x=\int_0^{\infty}\sin x^2\mathrm{d}x=\dfrac{\sqrt{2\pi}}{4}$.

分析 联想到欧拉公式$e^{i\theta}=\cos\theta+i\sin\theta$,

解 对任意给定的$r>0$,考虑由$\arg z=0$,$\arg z=\dfrac{\pi}{4}$和$\{re^{i\theta};0\leqslant\theta\leqslant\dfrac{\pi}{4}\}$所围成的区域$D$，函数$f(z)=e^{-z^2}$是整个复平面上的解析函数,由柯西定理知

$$0=\oint_{\partial D}f(z)\mathrm{d}z=\int_0^r e^{-x^2}\mathrm{d}x+\int_0^{\frac{\pi}{4}}e^{-(re^{i\theta})^2}rie^{i\theta}\mathrm{d}\theta+\int_r^0 e^{-ix^2}e^{i\frac{\pi}{4}}\mathrm{d}x\qquad(*)$$

而后面两项的积分可作如下处理

$$\int_r^0 e^{-ix^2}ie^{i\frac{\pi}{4}}\mathrm{d}x=-\frac{1+i}{\sqrt{2}}\int_0^r e^{-ix^2}\mathrm{d}x=-\frac{1+i}{\sqrt{2}}\left\{\int_0^r\cos x^2\mathrm{d}x-i\int_0^r\sin x^2\mathrm{d}x\right\}$$

$$\left|\int_0^{\frac{\pi}{4}}e^{-(re^{i\theta})^2}rie^{i\theta}\mathrm{d}\theta\right|=\left|\int_0^{\frac{\pi}{4}}e^{-r^2e^{i2\theta}}rie^{i\theta}\mathrm{d}\theta\right|\leqslant\int_0^{\frac{\pi}{4}}\left|e^{-r^2e^{i2\theta}}rie^{i\theta}\right|\mathrm{d}\theta=r\int_0^{\frac{\pi}{4}}e^{-r^2\cos 2\theta}\mathrm{d}\theta$$

$$=\frac{r}{2}\int_0^{\frac{\pi}{2}}e^{-r^2\cos\theta}\mathrm{d}\theta=\frac{r}{2}\int_0^{\frac{\pi}{2}}e^{-r^2\sin x}\mathrm{d}x\leqslant\frac{r}{2}\int_0^{\frac{\pi}{2}}e^{-r^2\frac{2x}{\pi}}\mathrm{d}x=\frac{\pi}{4r}(1-e^{-r^2})\xrightarrow{r\to+\infty}0$$

故令$(*)$式两边$r\to+\infty$,可得

$$0=\int_0^{+\infty}e^{-x^2}dx-\frac{1+i}{\sqrt{2}}\left\{\int_0^{+\infty}\cos x^2dx-i\int_0^{+\infty}\sin x^2dx\right\}$$

两个复数相等的定义就是其对应的实部和虚部都相等,因此

$$\int_0^{\infty}\cos x^2dx=\int_0^{\infty}\sin x^2dx=\frac{\sqrt{2\pi}}{4}.$$

思 考 题

1. 积分的计算是否都能利用留数定理得到,留数定理的局限性.
2. 儒歇定理对函数在指定区域内零点个数的判定的方便性和局限性.

第 6 章 保形映射

6.1 知识要点

一、解析函数导数的模与幅角的几何意义

1. 设 $w=f(z)$ 为区域 D 内的解析函数，$z_0\in D$，$f'(z_0)\neq 0$ 则导数 $f'(z_0)$ 的辐角 $\arg f'(z_0)$ 在几何意义上表示过点 z_0 的曲线 C 经过映射 $w=f(z)$ 后在 z_0 处的转动角，转动角的大小与方向同曲线 C 的形状和方向无关. 因此，过 z_0 的任意两条曲线间的夹角与过映射 $w=f(z)$ 后所得两曲线间的夹角的大小与方向保持不变(称为保角性).

2. $|f'(z_0)|$ 在几何上表示过点 z_0 的曲线 C 经过映射 $w=f(z)$ 后在 z_0 处的伸缩率的大小，与 C 的形状无关(称该映射具有伸缩率的不变性).

二、解析函数所构成的映射的保形性质

设 $w=f(z)$ 定义在点 z_0 的邻域内，若它在 z_0 具有保角性和伸缩率的不变性，则称 $w=f(z)$ 在 z_0 处是保形的. 若 $w=f(z)$ 在区域 D 内每一点都是保形的，则称 $w=f(z)$ 是区域 D 内的保形映射.

1. 分式线性映射

$$w=\frac{az+b}{cz+d}\quad(ad-bc\neq 0)$$

可看成是由半平移映射、旋转与相似映射、以及复反演映射构成.

2. 分式线性映射在扩充复平面上具有共形性(即是 1－1 映射、保角性)、保圆性(即将圆周映射为圆周)和保对称性(即将关于圆周的对称点映为关于该圆周像的对称点). 这里所讲的圆周包括直线(看成半径为无穷大的圆周).

3. 由扩充复平面上三对相异的对应点 z_1,z_2,z_3 与 w_1,w_2,w_3 可由唯一确定一个分式线性映射：

$$\frac{w-w_1}{w-w_2}\cdot\frac{w_3-w_2}{w_3-w_1}=\frac{z-z_1}{z-z_2}\cdot\frac{z_3-z_2}{z_3-z_1}$$

4. 分式线性映射的功能：能处理边界为圆周、圆弧、直线及直线段的区域间的共形映射问题.

5. 几个常用的分式线性映射

(1) 将上半平面映为单位圆内部的分式线性映射

$$w = e^{i\theta}\frac{z-\lambda}{z-\bar{\lambda}} \quad (\mathrm{Im}\lambda > 0)$$

其中 θ 为任意实数. 特别地,若 $\lambda = i, \theta = 0$ 则有 $w = \frac{z-i}{z+i}$,它是将上半平面映为单位圆内部常用的一个分式线性映射.

(2) 将单位圆内部映为单位圆内部的分式线性映射

$$w = e^{i\varphi}\frac{z-a}{1-\bar{a}z} \quad (|a| < 1)$$

其中 φ 为任意实数.

三、几个初等函数构成的映射

(1) 幂函数 $w = z^n$($n \geqslant 2$ 为正整数)在复平面上除去原点 $z = 0$ 外处处保形,它将 z 平面以 $z = 0$ 为顶点的角形域 $0 < \arg z < \theta$,映射为 w 平面上以 $w = 0$ 为顶点的角形域 $0 < \arg w < n\theta$. 幂函数 $w = z^n$ 的功能是将角形域映射为角形域,且张角扩大为原来 n 倍.

(2) 根式函数 $z = \sqrt[n]{w}$(一个单值分支)则与幂函数 $w = z^n$ 的功能正好相反.

(3) 指数 $w = e^z$ 在复平面上处处保形,它将 z 平面上的水平带形域 $0 < \mathrm{Im}z < a$($a \leqslant 2\pi$)映射成 w 平面上的角形域 $0 < \arg w < a$,它将水平带形域映射为角形域.

怎样才能正确求得将一个区域映射为另一个区域的保形映射 $w = f(z)$?

熟悉常见的初等函数的性质,$w = z + b$, $w = az$, $w = 1/z$ 以及分式线性映射、幂函数与根式函数、指数函数与对数函数等.

(1) 分式线性函数能把由两个圆弧所围成的区域保形映射为以原点为顶点的角形域,特别的,$w = -\frac{z+R}{z-R}$将半径为 R 的上半圆映射为第一象限,并且把 $-R, 0, R$ 分别映射为 $0, 1, \infty$,如图 6.1 所示.

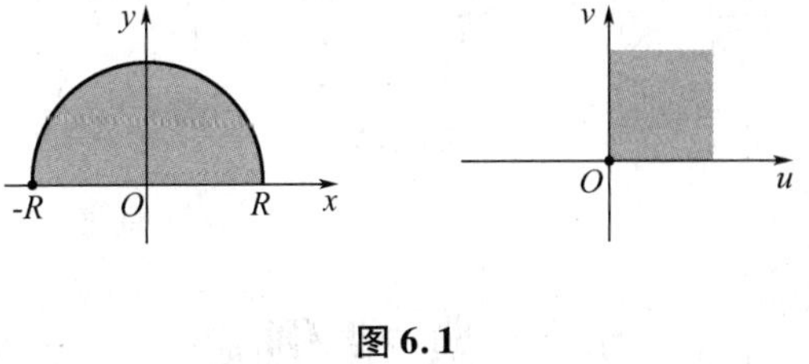

图 6.1

(2) 分式线性映射能把两个相切的两圆周 C_1 和 C_2 所围成的区域保形映射为带形域. 只需将切点 $z = b$ 映射为 $w = \infty$. 在经过平移、旋转与伸缩变换映射为水平带形域 $0 < \mathrm{Im}(w) < h$,

并使得 C_1 和 C_2 分别映射为 $\mathrm{Im}(w)=0,\mathrm{Im}(w)=h$. 完成上述映射的分式线性函数为 $w=k\dfrac{z-a}{z-b}$,其中 k 与 a 是待定常数. 如果带形域宽度 $h=\pi$,则只要使 C_1 上的点 $z=0$ 映为 $w=0$,C_2 上的点 $z=-b$ 映为 $w=\pi\mathrm{i}$,就可以求得 $a=0,k=2\pi\mathrm{i}$,故所求分式线性函数为 $w=2\pi\mathrm{i}\dfrac{z}{z-b}$.

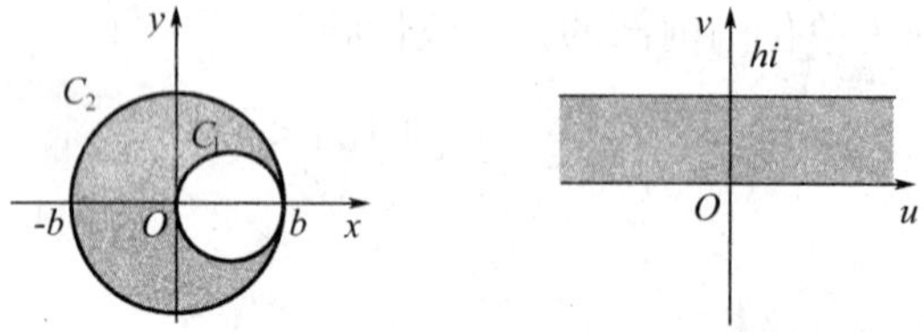

图 6.2

(3) 幂函数 $w=z^n$ 把以原点为顶点的角形域映射成以原点为顶点,张角为原来 n 倍的角形域;把圆周 $|z|=r$ 映为 $|w|=r^n$;把以原点为顶点张角为 θ_0 的扇形域映射为以原点为顶点张角为 $n\theta_0$,半径为 r^n 的扇形域. 特别,将顶角为$\dfrac{\pi}{n}$,半径为 1 的圆扇区域映射为上半个单位圆内部,将顶角为$\dfrac{2\pi}{n}$、半径为 1 的圆扇区域$\left(0<\theta<\dfrac{\pi}{2n}\right)$映射为沿正实轴剪开的单位圆.

(4) 指数函数 $w=\mathrm{e}^z$ 将 z 平面上的水平带形域 $0<\mathrm{Im}z<a\,(a\leqslant 2\pi)$ 保形映射为 w 平面上的角形域 $0<\arg w<a$,而且能将这个带形域在虚轴截下的线段$\overline{AB}$映射成为单位圆周上的圆弧$\overline{A'B'}$,将左半个带形域映射为圆扇形 $OA'B'$,如图 6.3 所示.

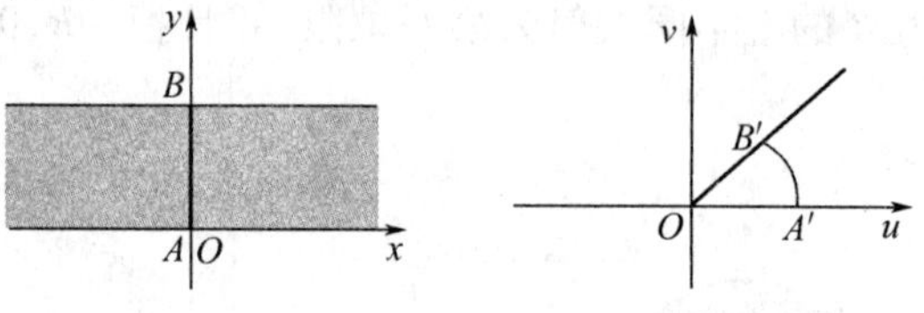

图 6.3

6.2 典型例题

例 1 求映射 $w=f(z)=z^2+4z$ 在点 $z_0=-1+\mathrm{i}$ 处的伸缩率和旋转角,并说明它将 z 平面的哪一部分放大? 哪一部分缩小?

分析 解析函数 $w=f(z)$ 的导数的几何意义表明:导数 $f'(z_0)\neq 0$ 的辐角 $\arg f'(z_0)$ 是过点

z_0 处的旋转角. $|f'(z_0)|$是经过映射 $w=f'(z)$后曲线 C 在 z_0 而且此映射具有旋转角与伸缩率的不变性. 利用此性质,我们只须求出 $\arg f'(z_0)$与$|f'(z_0)|$即可.

解 因$f'(z)=2z+4, f'(z_0)=f'(-1+\mathrm{i})=2(-1+\mathrm{i})+4=2(1+\mathrm{i})$,放在点 $z_0=-1+\mathrm{i}$ 处的旋转角 $=\arg f'(-1+\mathrm{i})=\dfrac{\pi}{4}$,伸缩率 $=|f'(-1+\mathrm{i})|=2\sqrt{2}$.

又因$|f'(z)|=2|z+2|=2\sqrt{(x+2)^2+y}$,这里 $z=x+\mathrm{i}y$,而$|f'(z)|<1$ 的充要条件是$(x+2)^2+y^2<\dfrac{1}{4}$. 故映射 $w=f(z)=z^2+4z$ 把以点 $z=-2$ 为中心,$\dfrac{1}{2}$为半径的圆周内部缩小,外部放大.

例 2 函数 $w=(1+\mathrm{i})z+2\mathrm{i}$ 所构成的映射.

分析 可以把该复合映射分解为 $w=\zeta+\zeta_1, \zeta=(1+\mathrm{i})z, \zeta_1=\zeta+2\mathrm{i}$.

解 先研究映射 $\zeta=(1+\mathrm{i})z$. 由于

$$|\zeta| = |1+\mathrm{i}||z| = \sqrt{2}|z|;\mathrm{Arg}\zeta = \mathrm{Arg}(1+\mathrm{i}) + \mathrm{Arg}z$$

而 $\mathrm{Arg}(1+\mathrm{i})$可取做$\dfrac{\pi}{4}$. 所以把 z 转一个角度$\dfrac{\pi}{4}$,再把$|z|$伸长$\sqrt{2}$倍即得 ζ. 显然,这个映射把图 6.4(a)中的点 A,B,C 映射成图 6.4(b)中的点 A',B',C';半径为 1,2,3 的圆弧和线段 AB,AC 分别映射成半径为$\sqrt{2},2\sqrt{2},3\sqrt{2}$的圆弧和线段 $A'B',A'C'(A'B'=\sqrt{2}AB, A'C'=\sqrt{2}AC)$;扇形 ABC 映射成为扇形 $A'B'C'$,它可把原扇形旋转$\dfrac{\pi}{4}$并将其面积放大到原来的两倍后得到.

由此可知,映射 $w=(1+\mathrm{i})z+2\mathrm{i}$ 把扇形 ABC 映射成圆 6.2(c)中的扇形 $A''B''C''$,所以这一映射是一个在旋转、伸缩之后再作平移的变换.

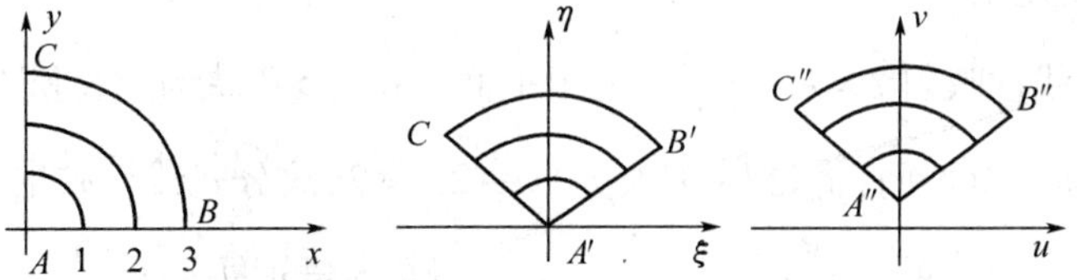

图 6.4

例 3 求把 z 平面上的点 $z_1=1, z_2=\mathrm{i}, z_3=-1$ 分别映射为 w 为平面的点 $w_1=0, w_2=1, w_3=\mathrm{i}$ 的分式线性映射.

分析 可由交比公式计算

解 由交比公式得

$$\frac{w-0}{w-1}:\frac{\mathrm{i}-0}{\mathrm{i}-1}=\frac{z-1}{z-\mathrm{i}}:\frac{-1-1}{-1-\mathrm{i}}$$

化简即得

$$w=\frac{z-1}{(2\mathrm{i}-1)-z}$$

这就是所求分式线性映射.

例4 求把 $z_1=1,z_2=\mathrm{i},z_3=-1$ 分别映射为 $w_1=0,w_2=1,w_3=\infty$ 的分式线性映射.

解 $\dfrac{w-0}{w-1}:\dfrac{1}{1}=\dfrac{z-1}{z-\mathrm{i}}:\dfrac{-1-1}{-1-\mathrm{i}}$

由此得

$$\frac{w}{w-1}=\frac{1+\mathrm{i}}{2}\frac{z-1}{z-\mathrm{i}},$$

解出

$$w=\mathrm{i}\frac{1-z}{1+z}$$

即为所求分式线性映射.

例5 求将上半平面 $\mathrm{Im}(z)>0$ 保形映射为圆 $|w-2\mathrm{i}|<2$ 内部的分式线性映射 $w=f(z)$，使它满足:

(1) $f(2\mathrm{i})=2\mathrm{i}$; (2) $\arg f'(2\mathrm{i})=-\dfrac{\pi}{2}$

分析 我们知道,分式线性映射 $\zeta=\mathrm{e}^{\mathrm{i}\theta}\dfrac{z-2\mathrm{i}}{z+2\mathrm{i}}$ 就可以将上半平面映为单位圆 $|\zeta|=1$ 的内部,并且将 2i 映为 $\zeta=0$,其中 θ 为待定实常数. 只要再将单位圆 $|\zeta|=1$ 的平移至 $w=2\mathrm{i}$,半径伸长为原来的 2 倍,该单位圆内部就映射为圆 $|w-2\mathrm{i}|<2$ 的内部. 最后利用条件(2)确定 θ 的值,就可得到所求的映射 $w=f(z)$.

解 由于分式线性映射 $\zeta=\mathrm{e}^{\mathrm{i}\theta}\dfrac{z-2\mathrm{i}}{z+2\mathrm{i}}$ 将上半平面 $\mathrm{Im}(z)>0$ 映为单位圆 $|\zeta|=1$ 的内部. 且 $z=2\mathrm{i}$ 映为 $\zeta=0$;而 $w=2(\zeta+\mathrm{i})$ 将 $|\zeta|<1$ 映为 $|w-2\mathrm{i}|<2$,故分式线性映射

$$w=2\left(\mathrm{e}^{\mathrm{i}\theta}\frac{z-2\mathrm{i}}{z+2\mathrm{i}}+\mathrm{i}\right)\qquad(\theta\text{ 为待定实数})$$

将上半平面 $\mathrm{Im}(z)>0$ 映为圆 $|w-2\mathrm{i}|<2$ 内部,并且满足条件(1)

又因为

$$f'(2\mathrm{i})=2\left(\mathrm{e}^{\mathrm{i}\theta}\frac{z-2\mathrm{i}}{z+2\mathrm{i}}\right)'\bigg|_{z=2\mathrm{i}}=2\mathrm{e}^{\mathrm{i}\theta}\frac{4\mathrm{i}}{(z+2\mathrm{i})^2}\bigg|_{z=2\mathrm{i}}=-\frac{1}{2}\mathrm{i}\mathrm{e}^{\mathrm{i}\theta}$$

所以 $\arg f'(2\mathrm{i})=\theta-\dfrac{\pi}{2}$. 代入条件(2)得 $\theta=0$ 故 $w=2\left(\dfrac{z-2\mathrm{i}}{z+2\mathrm{i}}+\mathrm{i}\right)$ 即为所求的分式线性映射.

例6 求将 $z=-1,0,1$ 分别映射为 $w=-1,-\mathrm{i},1$ 的分式线性映射. 它将上半平面

$\mathrm{Im}(z)>0$映成什么区域？将上半平面内的直线族 $x=$常数与 $y=$正常数映成什么曲线？

分析 显然，所求的分式线性映射可由已知的三对对应点唯一确定. 由于 $-1,0,1$ 在 z 平面的实轴上，而 $-1,-\mathrm{i},1$ 不在一条直线上，故由分式线性映射的保圆性可知 z 平面的实轴被映为通过这三点的单位圆周 $|w|=1$. 至于上半平面被映射成单位圆内部还是外部，上半平面内的两族直线映射成什么曲线，要由求得得分式线性映射的性质，例如保圆性，保角性等来确定.

解 将三对对应点直接代入交比公式，得

$$\frac{w+1}{w+\mathrm{i}}\cdot\frac{1+\mathrm{i}}{1+1}=\frac{z+1}{z-0}\cdot\frac{1-0}{1+1}$$

化简可得

$$w=\frac{z-\mathrm{i}}{-\mathrm{i}z+1}$$

在分析中已经指出，z 平面的实轴被映成通过 $w=-1,-\mathrm{i},1$ 的单位圆 $|w|=1$，又因为$z=\mathrm{i}$ 被映为 $w=0$，故知上半平面 $\mathrm{Im}(z)>0$ 被映为单位圆 $|w|=1$ 的内部.

由于 z 平面正虚轴上的点 $z=\mathrm{i}y(y\geqslant 0)$ 被映为 $w=\mathrm{i}\dfrac{y-1}{y+1}$，从而有 $u=0,v=\dfrac{y-1}{y+1}$. 当 y 从 0 趋向∞ 时，v 从 -1 变到 1，即 $-1\leqslant v\leqslant 1$. 又因为 $z=0$ 映为 $w=-\mathrm{i}$，$z=\infty$ 映为 $w=\mathrm{i}$，所以正虚轴映为单位圆 $|w|=1$ 内虚轴上的线段 $L:u=0,\ -1\leqslant v\leqslant 1$.

注意到经过该分式线性映射上半 z 平面中没有一点映为 $w=\infty$，根据分式线性映射的保圆性，直线 $y=$正常数的像曲线必是经过 $w=\mathrm{i}$ 与 L 正交且位于单位圆 $|w|<1$ 内的圆周. 因为直线 $x=$常数与 $y=$正常数正交，所以 $x=$常数的像曲线是经过 $w=\mathrm{i}$ 并与 $y=$正常数的像曲线正交且位于 $|w|<1$ 内的圆弧. 这些像曲线的方程都可由将 $y=$正常数和 $x=$常数分别代入上面得到的分式线性映射中求得，这里就省略了.

例 7 证明：在映射 $w=\mathrm{e}^{\mathrm{i}z}$下，互相正交的直线族 $\mathrm{Re}z=c_1$ 与 $\mathrm{Im}z=c_2$ 依次映射成互相正交的直线族 $v=u\tan c_1$ 与圆周族 $u^2+v^2=\mathrm{e}^{-2c_2}$.

证 正交直线族 $\mathrm{Re}z=c_1$ 与 $\mathrm{Im}z=c_2$ 在映射 $\omega=\mathrm{e}^{\mathrm{i}z}$下，有

$$u+\mathrm{i}v=w=\mathrm{e}^{\mathrm{i}z}=\mathrm{e}^{\mathrm{i}(c_1+\mathrm{i}c_2)}=\mathrm{e}^{-c_2}\mathrm{e}^{\mathrm{i}c_1},$$

即得到像曲线族

$$\arg\tan\frac{v}{u}=c_1,u^2+v^2=\mathrm{e}^{-2c_2}.$$

由于在 z 平面上 $\mathrm{e}^{\mathrm{i}z}$处处解析且$\dfrac{\mathrm{d}w}{\mathrm{d}z}=\mathrm{i}\mathrm{e}^{\mathrm{i}z}\neq 0$，$w=\mathrm{e}^{\mathrm{i}z}$在复平面内是保角映射，所以在 w 平面上直线族 $v=u\tan c_1$、圆周族 $u^2+v^2=\mathrm{e}^{-2c_2}$也是互相正交的.

例 8 试证明任何一个分式线性变换 $w=\dfrac{az+b}{cz+d}$都可认为 $ad-bc=1$.

分析 由于分式$\frac{az+b}{cz+d}$的分式与分母同乘以(或同除以)非零复数后,其值不改变,我们可以调整系数 a,b,c,d 使 $ad-bc=1$.

证 对于分式线性变换 $w=\frac{az+b}{cz+d}(ad-bc\neq0)$,因为任意的非零复数 λ,都使

$$w=\frac{az+b}{cz+d}=\frac{(\lambda a)z+(\lambda b)}{(\lambda c)z+(\lambda d)}$$

所以系数 a,b,c,d 不是唯一的. 但可选 λ 使

$$(\lambda a)(\lambda d)-(\lambda b)(\lambda c)=\lambda^2(ad-bc)=1.$$

因 $ad-bc\neq0$,这样的 λ 是存在的. 事实上,取 $\lambda=(\sqrt{ad-bc})^{-1}$即可. 故任何一个分式线性变换 $w=\frac{az+b}{cz+d}$都可认为 $ad-bc=1$.

例 9 求一共形映射,将单位圆 $|z|=1$ 内部在第一象限内的部分映射为单位圆内部.

分析 有人认为这个题很简单,$w=z^4$ 就是所求的映射. 这是不对的,因为 $w=z^4$ 将题中给定区域映射成沿正实轴的半径剪开后的单位圆内部,只要能将它映射成上半平面就行了. 因此只要先将它映射成第一象限. 前面已经指出,上半单位圆可以通过分式线性映射成第一象限,因此只要将已知区域映成上半圆就可以了,这件事可以利用幂函数 $w=z^2$ 来完成. 下面我们沿着分析过程相反的程序一步一步地做,并将完成各步的映射复合起来,就可得到所求的映射.

解 第一步,通过映射 $z_1=z^2$ 将已知区域映为上半单位圆;第二步,通过映射 $z_2=-\frac{z_1+1}{z_1-1}$将上半圆映为第一象限;第三步,通过映射 $z_3=z_2^2$ 将第一象限映成上半平面;最后,通过分式线性映射 $w=\frac{z_3-\mathrm{i}}{z_3+\mathrm{i}}$将上半平面映成单位圆内部. 因此,所求的映射为

$$w=\frac{\left(\frac{z^2+1}{z^2-1}\right)^2-\mathrm{i}}{\left(\frac{z^2+1}{z^2-1}\right)^2+\mathrm{i}}=\frac{(z^2+1)^2-\mathrm{i}(z^2-1)^2}{(z^2+1)^2+\mathrm{i}(z^2-1)^2}$$

例 10 求一映射,将由圆周 $|z|=1$ 与 $\left|z-\frac{\mathrm{i}}{2}\right|=\frac{1}{2}$所围成的月牙形区域保形映射为上半平面.

分析 可以用分式线性函数将两个相切的圆周所围成的区域映射为带形区域,只要将切点映为无穷远点就可以了. 此带形域通过平移、旋转和伸缩又可变为宽为 π 的水平带形域,再利用指数函数 $w=\mathrm{e}^z$ 将水平带形域映为上半平面. 将这些函数复合后就得到所求的映射.

解 首先,作分式线性映射 $z=k\frac{z}{z-\mathrm{i}}$,它将 $z=0$ 映为 $z_1=0$,$z=\mathrm{i}$ 映为 $z_1=\infty$. 为了确定常

数 k 在圆周 $|z|=1$ 上取 $z=-\mathrm{i}$,使它映为 $z=\dfrac{1}{2}$,则得 $k=1$. 因此 $z_1=\dfrac{z}{z-\mathrm{i}}$将月牙形区域映为宽为$\dfrac{1}{2}$的竖直带形域 $0<\mathrm{Re}(z_1)<\dfrac{1}{2}$. 其次易见,映射 $z_2=2\pi\mathrm{i}z_1$ 将竖直带形域映为宽为 π 的水平带形域. 最后,通过指数函数 $w=\mathrm{e}^{z_2}$ 把水平带形域映上半平面 $\mathrm{Im}(\omega)>0$. 因此,将上述函数复合起来,便得了所求的映射 $w=\mathrm{e}^{2\pi\mathrm{i}\frac{z}{z-\mathrm{i}}}$.

例 11 求一映射 $w=f(z)$ 将带形域 $-\dfrac{\pi}{2}<\mathrm{Re}(z)<\dfrac{\pi}{2}$, $\mathrm{Im}(z)>0$ 保形映射为上半平面 $\mathrm{Im}(w)>0$,并使$f\left(\pm\dfrac{\pi}{2}\right)=\pm1$, $f(0)=0$.

分析 为了将给定的区域(竖直的宽为 π 的上半带形域)映射成上半平面,首先可将该区域经过平移和旋转后映为水平的宽为 π 的左半带形域. 该带形域可通过实数函数映射为上半单位圆的内部. 然后,利用分式线性函数和幂函数 $w=z^2$ 将它映为上半平面. 由于题中还要求将 z 平面上的给定三点 $-\dfrac{\pi}{2},0,\dfrac{\pi}{2}$分别映为 w 平面上的给定三点 $-1,0,1$,如果上面得到的上半平面不满足这个要求,则适当选择三对对应点作一分式线性映射将它变为符合题中要求的上半平面.

解 第一步. 通过平移和旋转映射 $z_1=\mathrm{i}\left(z+\dfrac{\pi}{2}\right)$将所给的带形域映为宽为 π 的左半水平带形域 $\mathrm{Re}(z_1)<0$, $0<\mathrm{Im}(z_1)<\pi$;

第二步,通过指数映射 $z_2=e^{z_1}$映射为上半单位圆 $|z_2|<1$, $\mathrm{Im}(z_2)>0$ 的内部;

第三步. 利用映射 $z_3=\left(-\dfrac{z_2+1}{z_2-1}\right)^2=\left(\dfrac{\mathrm{ie}^{\mathrm{i}z}+1}{\mathrm{ie}^{\mathrm{i}z}-1}\right)^2$ 将得到的上半单位圆的内部映射为上半平面 $\mathrm{Im}(z_3)>0$;

第四步,由于 $z_3\left(-\dfrac{\pi}{2}\right)=\infty$, $z_3(0)=-1$, $z_3\left(\dfrac{\pi}{2}\right)=0$,

所以,第三步中所提到的上半平面不满足题目的要求. 为此,我们求一使∞, $-1,0$ 依次映为 $-1,0,1$ 的分式线性映射,将它们代入交比公式即得

$$w=-\frac{z_3+1}{z_3-1}$$

它将上半平面 $\mathrm{Im}(z_3)>0$ 映为上半平面 $\mathrm{Im}(w)>0$,并且符合题中的要求.

综上所述,所求的映射为

$$w=-\frac{\left(\dfrac{\mathrm{ie}^{\mathrm{i}z}+1}{\mathrm{ie}^{\mathrm{i}z}-1}\right)^2+1}{\left(\dfrac{\mathrm{ie}^{\mathrm{i}z}+1}{\mathrm{ie}^{\mathrm{i}z}-1}\right)^2-1}=\frac{\mathrm{e}^{2\mathrm{i}z}-1}{2\mathrm{ie}^{\mathrm{i}z}}=\frac{\mathrm{e}^{\mathrm{i}z}-\mathrm{e}^{-\mathrm{i}z}}{2\mathrm{i}}=\sin z$$

例 12 求一映射，将在实轴上具有左、右两条割痕：$\mathrm{Re}(z)\leqslant -a$，$\mathrm{Im}(z)=0$ 与 $\mathrm{Re}(z)\geqslant a$，$\mathrm{Im}(z)=0(a>0)$的扩充复平面保形映射成水平带形域 $0<\mathrm{Im}(w)<\pi$，并使左、右两条割痕分别映射成水平带形域的下、上边界.

分析 由于指数函数可以将带宽为 π 的水平带形域保形映射为上半平面，所以对数函数可以将上半平面保形映射为宽为 π 的水平带形域. 因此，只要能将具有割痕的扩充复平面映射成上半平面就行了. 为此，我们设法将具有两条割痕的扩充复平面映射成割痕为正实轴的复平面，再利用根式函数就可以实现上述目标. 为了使有两条割痕的平面变为仅有以正实轴为割痕的平面，可以利用分式线性映射将左边的割痕（半直线）映为实轴上的一条直线段，并使它与右边割痕（也就是半直线）的像组成正实轴（根据分式线性映射的保圆性及直线可以看成半径为无穷大的圆周，这是可能的）. 题中还要求左、右两割痕分别映成带形域的下、上边界，因此，在将给定区域映成上半平面时，应使左割痕映成上半平面的正实轴，右割痕映射成负实轴，这一点也是我们在作映射时必须时刻注意的.

解 第一步. 为了使左割痕映射为正实轴上的一条直线段并使它与右割痕的像合并为正实轴，只要使 $z=-a$ 映射成 $z_1=0$，$z=\infty$ 映射成 $z_1=1$，$z=a$ 映射为 $z_1=\infty$ 就行了. 为此，我们取

$$z_1=\frac{z+a}{z-a}$$

易见，它将左割痕映成线段：$0\leqslant\mathrm{Re}(z_1)\leqslant 1$，$\mathrm{Im}(z_1)=0$；右割痕映成半直线：$1\leqslant\mathrm{Re}(z_1)<\infty$，$\mathrm{Im}(z_1)=0$. 从而左、右两割痕的像为 z_1 平面上的正实轴，给定区域被映为具有割痕为正实轴的 z_1 平面.

第二步. 映射 $z_2=\sqrt{z_1}$ 将上述 z_1 平面映射成上半平面 $\mathrm{Im}(z_2)>0$，并使原来的左割痕映为直线段：$-1\leqslant\mathrm{Re}(z_2)\leqslant 1$，$\mathrm{Im}(z_2)=0$；原来的右割痕被映为两条半直线：$\mathrm{Re}(z_2)\leqslant -1$，$\mathrm{Im}(z_2)=0$ 和 $\mathrm{Re}(z_2)\geqslant 1$，$\mathrm{Im}(z_2)=0$.

第三步. 为了使得原来的左割痕映为正实轴，右割痕映为负实轴，只要将线段 $-1\leqslant\mathrm{Re}(z_2)\leqslant 1$，$\mathrm{Im}(z_2)=0$ 映为正实轴，并将第二步中得到的两条半直线映成负实轴，而上半平面 $\mathrm{Im}(z_2)>0$ 仍映为上半平面. 我们作分式线性映射

$$z_3=-\frac{z_2+1}{z_2-1}$$

易见，它将 $z_2=-1,1,\infty$ 分别映为 $z_3=0,\infty,-1$，因此线段 $-1\leqslant\mathrm{Re}(z_2)\leqslant 1$ 映为正实轴；两条半射线分别映为 $-1\leqslant\mathrm{Re}(z_3)\leqslant 0$，$\mathrm{Im}(z_3)=0$ 和 $-\infty<\mathrm{Re}(z_3)\leqslant -1$，$\mathrm{Im}(z_3)=0$，它们合并起来就是负实轴.

第四步. 对数函数 $w=\ln z_3$ 就将第三步中得到的上半平面映成宽为 π 的水平带形域，并使左、右两割痕分别映为带形域的下、上边界.

将上述映射复合起来，便得所求的映射.

$$w = \ln\left[-\frac{\sqrt{\frac{z+a}{z-a}}+1}{\sqrt{\frac{z+a}{z-a}}+1}\right] = \ln\left(-\frac{z+\sqrt{z^2-a^2}}{a}\right)$$

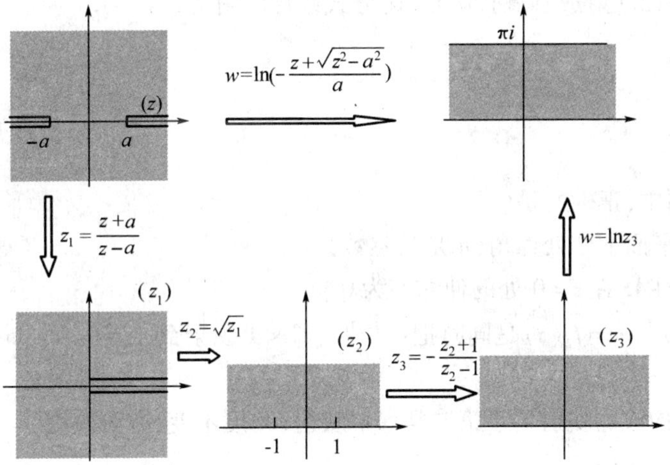

图 6.5

6.3 同步训练题

1. 填空题

(1)分式线性映射 $f(z)=\frac{z-\mathrm{i}}{z+\mathrm{i}}$在 $z=\mathrm{i}$ 处的旋转角为______,伸缩率为______.

(2)把具有割痕:$z=t+t\mathrm{i}(|t|\geqslant 1)$的扩充 z 平面映射成上半平面 $w=\left(\frac{z^2+4}{z^2-4}\right)^2$ 的映射为________.

(3)把单位圆映射成单位圆的分式线性映射,并满足条件 $f\left(\frac{1}{2}\right)=0$, $\arg f'\left(\frac{1}{2}\right)=-\frac{\pi}{2}$的映射为________.

(4)将 $0<\arg z<\frac{\pi}{2}$, $|z|<2$ 映射为上半平面的保形映射是________.

2. 选择题

(1)若函数构成的映射将平面上区域 G 缩小,那么该区域 G 是( ).

A. $|z| < \frac{1}{2}$　　B. $|z+1| < \frac{1}{2}$

C. $|z| > \frac{1}{2}$　　D. $|z+1| > \frac{1}{2}$

(2) 把上半平面映射成圆域且满足,的分式线性映射为(　　).

A. $2\mathrm{i}\,\frac{\mathrm{i}-z}{\mathrm{i}+z}$　　B. $2\mathrm{i}\,\frac{z-\mathrm{i}}{\mathrm{i}+z}$

C. $2\,\frac{\mathrm{i}-z}{\mathrm{i}+z}$　　D. $2\,\frac{z-\mathrm{i}}{\mathrm{i}+z}$

(3) 下列命题中,正确的是(　　).

A$w=z^n$. 在复平面上处处保角(n 是自然数)

B. 映射 $w=z^3+4z$ 在 $z=0$ 处的伸缩率为 0

C. 若 $w=f_1(z)$ 与 $w=f_2(z)$ 是同时把单位圆 $|z|<1$ 映射到上半平面 $\mathrm{Im}(w)>0$ 的分式线性变换,那么 $f_1(z)=f_2(z)$

D. 函数 $w=\bar{z}$ 构成的映射属于第二类保形映射(角度不变,方向改变)

(4) 函数 $w=\frac{e^z-1-i}{e^z-1+i}$将带形域 $0<\mathrm{Im}(z)<\pi$ 映射为(　　).

A. $\mathrm{Re}(w)>0$　　B. $\mathrm{Re}(w)<0$

C. $|w|<1$　　D. $|w|>1$

(5) 映射在点处的伸缩率为(　　).

A. 1;　　B. 2;

C. e^{-1}　　D. e

3. 如果分式线性映射 $w=\frac{az+b}{cz+d}$将上半面 $\mathrm{Im}(z)>0$,映射成上半平面 $\mathrm{Im}(w)>0$,它的系数满足什么条件?

4. 求满足上半平面 $\mathrm{Im}(z)>0$ 映射成单位圆 $|w|<1$ 的分式线性映射 $w=f(z)$ 并满足条件:$f(\mathrm{i})=0$, $\arg f'(\mathrm{i})=0$.

5. 把 $|z|>2$, $|z-\sqrt{2}|<\sqrt{2}$表示的域保角的一一映射为成上半平面,求出实现映射的任一个函数.

6. 求映射 $w=f(z)=z^2+4z$ 在点 $z_0=-1+\mathrm{i}$ 处的伸缩率和旋转角,并说明它将 z 平面的哪一部分放大?哪一部分缩小?

7. 试求函数 $w=\frac{2z}{z^2+1}$将单位圆内部映射成的区域.

8. 试求把虚轴上从 0 到 $h\mathrm{i}(h>0)$有一割痕的上半平面保角映射为上半平面的解析函数.

9. 设 D 是 z 平面上介于直线 $x-y=0$ 与 $x-y+\dfrac{\pi}{(2\sqrt{2})}=0$ 之间的带域，试求把 D 映为 w 平面上的单位圆域的一个保角映射.

10. 函数 $x>0,y>0$ 将区域 $w=\dfrac{z-\mathrm{i}}{z+\mathrm{i}}$映射成什么区域?

11. 求分式线性映射 $w=f(z)$，使上半平面映射为单位圆内部并满足条件:$f(\mathrm{i})=0,\arg f'(\mathrm{i})=0$

12. 试求 z 平面上的半个带形域 $D:\begin{cases}0<\mathrm{Im}z<\pi\\0<\mathrm{Re}z\end{cases}$ 在映射 $w=\mathrm{e}^z$ 下的象.

13. 设 $z_1\neq z_2$，分式线性映射 $w(z)=\dfrac{az+b}{cz+d}$满足 $w(z_j)\neq\infty\ (j=1,2)$，证明 $w(z)$ 把圆周 $\left|\dfrac{z-z_1}{z-z_2}\right|=\lambda$ 映射为圆 $\left|\dfrac{w-w(z_1)}{w-w(z_2)}\right|=\lambda\left|\dfrac{cz_2+d}{cz_1+d}\right|$.

6.4 同步训练题答案

1. 填空题

(1) $-\dfrac{\pi}{2},\dfrac{1}{2}$　　(2) $w=\sqrt{\dfrac{z-(1+\mathrm{i})}{z+(1+\mathrm{i})}}$

(3) $w=-\mathrm{i}\dfrac{2z-1}{2-z}$　　(4) $w=\left(\dfrac{z^2+4}{z^2-4}\right)^2$

2. 选择题

(1)B　(2)B　(3)D　(4)C　(5)B

3. 解:当 $ad-bc>0$ 即 $w'>0$(a,b,c,d 均为实数，z 也在实轴上变)时，取 z_k 沿着增大方向走时，w_k 也沿着增大的方向走，由于在前进方向左侧的区域始终在前进的方向左侧. w 将 $\mathrm{Im}(z)>0$映射成 $\mathrm{Im}(w)>0$.

4. 解:把上半平面 $\mathrm{Im}(z)>0$ 映射成$|w|<1$ 的分式线性映射的一般形式为

$$w=\mathrm{e}^{\mathrm{i}\theta}\left(\frac{z-\lambda}{z-\bar{\lambda}}\right),\mathrm{Im}(\lambda)>0,\theta\in R$$

因 $f(\mathrm{i})=0$，所以 $\lambda=\mathrm{i},\bar{\lambda}=-\mathrm{i}$

所以 $w=\mathrm{e}^{\mathrm{i}\theta}\left(\dfrac{z-\mathrm{i}}{z+\mathrm{i}}\right)$

则
$$w'=\mathrm{e}^{\mathrm{i}\theta}\frac{(z+\mathrm{i})-(z-\mathrm{i})}{(z+\mathrm{i})^2}=\mathrm{e}^{\mathrm{i}\theta}\frac{2\mathrm{i}}{(z+\mathrm{i})^2}$$

故 $w'(\mathrm{i})=\mathrm{e}^{\mathrm{i}\theta}\dfrac{2\mathrm{i}}{(\mathrm{i}+\mathrm{i})^2}=\mathrm{e}^{\mathrm{i}\theta}\left(-\dfrac{\mathrm{i}}{2}\right)=\dfrac{1}{2}\mathrm{e}^{\mathrm{i}\theta}\cdot\mathrm{e}^{\mathrm{i}\left(-\frac{\pi}{2}\right)}=\dfrac{1}{2}\mathrm{e}^{\mathrm{i}\left(\theta-\frac{\pi}{2}\right)}$

因为 $\arg f'(\mathrm{i})=0$ 所以 $\theta-\dfrac{\pi}{2}=0$

即 $\theta=\dfrac{\pi}{2}$, $w=\mathrm{i}\dfrac{z-\mathrm{i}}{z+\mathrm{i}}$.

5. 解:由已知可解得 C_1 与 C_2 的交点是$(\sqrt{2},-\sqrt{2}\mathrm{i}),(\sqrt{2},\sqrt{2}\mathrm{i})$. 在$(\sqrt{2},-\sqrt{2}\mathrm{i})$,$C_1$ 与 C_2 的交角为$\dfrac{\pi}{4}$,

做映射 $\xi=k\left(\dfrac{z-(\sqrt{2}-\sqrt{2}\mathrm{i})}{z-(\sqrt{2}+\sqrt{2}\mathrm{i})}\right)=k\dfrac{z-\sqrt{2}(1-\mathrm{i})}{z-\sqrt{2}(1+\mathrm{i})}$,$k$ 为常数

该映射将 z 平面上的$(\sqrt{2},-\sqrt{2}\mathrm{i}),(\sqrt{2},\sqrt{2}\mathrm{i})$分别映射到 ξ 平面上的 $0,\infty$,将所围区域映射到角形域 $0<\arg\xi<\dfrac{\pi}{4}$,

则 C_2 上的点于 $z=2\sqrt{2}$ 映射成,

$\xi=k\dfrac{2\sqrt{2}-\sqrt{2}(1-\mathrm{i})}{2\sqrt{2}-\sqrt{2}(1+\mathrm{i})}=k\mathrm{i}$ 应落在正实轴上,故取 $k=-\mathrm{i}$,

再通过 $\omega=(\xi)^4$ 将角形域 $0<\arg\xi<\dfrac{\pi}{4}$映射成上半平面,最终得到

$$\omega=\xi^4=\left(-\mathrm{i}\frac{z-\sqrt{2}(1-\mathrm{i})}{z-\sqrt{2}(1+\mathrm{i})}\right)^4=\left(\frac{z-\sqrt{2}(1-\mathrm{i})}{z-\sqrt{2}(1+\mathrm{i})}\right)^4.$$

6. 解:因 $f'(z)=2z+4$,$f'(z_0)=f'(-1+z)=2(-1+z)+4=2(1+\mathrm{i})$,

故在点 $z_0=-1-\mathrm{i}$ 处的旋转角 $=\arg f'(-1+\mathrm{i})=\dfrac{\pi}{4}$,伸缩率 $=|f'(-1+\mathrm{i})|=2\sqrt{2}$.

又因 $|f'(z)|=2|z+2|=2\sqrt{(x+2)^2+y^2}$,这里 $z=x+\mathrm{i}y$,而 $|f'(z)|<1$ 的充要条件是 $(x+2)^2+y^2<\dfrac{1}{4}$. 故映射 $w=f(z)=z^2+4z$ 把以点 $z=-2$ 为中心,$\dfrac{1}{2}$为半径的圆周内部缩小,外部放大.

7. 解: 令 $z=\mathrm{e}^{\mathrm{i}\theta}(0\leqslant\theta<2\pi)$,有 $\omega=\dfrac{2\mathrm{e}^{\mathrm{i}\theta}}{\mathrm{e}^{\mathrm{i}2\theta}+1}=\dfrac{1}{\cos\theta}$

故得到

$$\begin{cases}u=1/\cos\theta\\ v=0\end{cases}\quad(0\leqslant\theta<2\pi)$$

8. 解:用 $z_1=z^2$ 将 z 平面上所给区域映射为 z_1 平面上去掉实轴上的裂缝$[-h^2,+\infty]$的

区域;用 $z_2 = z_1 + h^2$ 把 z_1 平面上的区域映射为 z_2 平面上去掉正实轴(包括原点)的区域(即将原裂缝右移 h^2 个单位).

用 $w = \sqrt{z_2}$(取单值分支)把沿正实轴有裂缝的角形区域(角为 2π)映射成角为 π 的角形区域,这就是上半平面.

将上述映射复合后,则

$w = \sqrt{z^2 + h^2}$

就是所求解析函数.

9. 解:直线 $x - y = 0$ 的倾角为 $\frac{\pi}{4}$,带域 D 的宽度为原点到直线 $x - y + \frac{\pi}{(2\sqrt{2})} = 0$ 的距离,即

$$\frac{\left|0 - 0 - \frac{\pi}{(2\sqrt{2})}\right|}{\sqrt{1^2 + (-1)^2}} = \frac{\pi}{4}$$

所需之映射为

$$w = \frac{\eta - i}{\eta + i} = \frac{\xi^4 - i}{\xi^4 + i} = \frac{e^{4\xi} - i}{e^{4\xi} + i} = \frac{e^{2\sqrt{2}(1-i)z} - i}{e^{2\sqrt{2}(1-i)z} + i}$$

10. 解:在 C_1 上取 $\infty, i, 0$,在 $w = \frac{z - i}{z + i}$ 下映射为 $1, 0, -1$. 在 C_2 上取 $0, 1, -\infty$,在 $w = \frac{z - i}{z + i}$ 下映射为 $-1, -i, 1$.

11. 解:$f(z) = k \cdot \frac{z - i}{z + i} = e^{i\theta}\frac{z - i}{z + i}$,

$$f'(z) = k \cdot \frac{2i}{(z + i)^2}, f'(i) = k \cdot \left(-\frac{i}{2}\right) > 0,$$

$$k = i, w = i \cdot \frac{z - i}{z + i}$$

12. 解:设 $w = \rho e^{i\varphi}, z = x + iy$,则

$$\rho e^{i\varphi} = e^x e^{iy}, \text{即} \begin{cases} \rho = e^x \\ \varphi = y \end{cases}$$

D 的边界:

$$l_1: \begin{cases} 0 \leqslant x \leqslant +\infty \\ y = \pi \end{cases} \text{映为 } l'_1: \begin{cases} 1 \leqslant \rho < +\infty \\ \varphi = \pi \end{cases}$$

$$l_2 = \begin{cases} x = 0 \\ 0 \leqslant y \leqslant \pi \end{cases} \text{映为 } l'_2: \begin{cases} \rho = 1 \\ 0 \leqslant \varphi \leqslant \pi \end{cases}$$

$$l_3: \begin{cases} 0 \leqslant x < +\infty \\ y = 0 \end{cases} \text{映为 } l'_3: \begin{cases} 1 \leqslant \rho < +\infty \\ \varphi = 0 \end{cases}$$

13. 证：$|w-w(z_1)|=\left|\dfrac{(z-z_1)(ad-bc)}{(cz+d)(cz_1+d)}\right|$，$|w-w(z_2)|=\left|\dfrac{(z-z_2)(ad-bc)}{(cz+d)(cz_2+c)}\right|$，并且 $\left|\dfrac{w-w(z_1)}{w-w(z_2)}\right|=\left|\dfrac{z-z_1}{z-z_2}\right|\left|\dfrac{cz_2+d}{cz_1+d}\right|$，从而 $\left|\dfrac{z-z_1}{z-z_2}\right|=\lambda$ 在 $w(z)$ 下的象为圆周 $\left|\dfrac{w-w(z_1)}{w-w(z_2)}\right|=\lambda\left|\dfrac{cz_2+d}{cz_2+d}\right|$

6.5 教材同步精选习题精解

12. 求把单位圆 $|z|<1$ 映射成单位圆 $|w|<1$，且满足下面条件的分式线性映射.

(1) $f\left(\dfrac{1}{2}\right)=0,\arg f'\left(\dfrac{1}{2}\right)=0$；(2) $f\left(\dfrac{1}{2}\right)=0,f(1)=1$；

(3) $f(\alpha)=\alpha,\arg f'(a)=\varphi$；(4) $f(0)=\dfrac{1}{2},f'(0)>0$.

解：(1) 单位圆映射为单位圆的保形映射的形式为 $w=e^{i\varphi}\dfrac{z-z_0}{1-\overline{z_0}z}$，根据条件 $f(\dfrac{1}{2})=0$，所求的分式线性映射为 $w=e^{i\varphi}\dfrac{z-\frac{1}{2}}{1-\frac{1}{2}z}=e^{i\varphi}\dfrac{2z-1}{2-z}$，又因为 $\dfrac{dw}{dz}|_{z=\frac{1}{2}}=\dfrac{4}{3}e^{i\varphi}$，并且已知 $\arg f'(\dfrac{1}{2})=0$，所以 $\varphi=0$，故 $w=e^{i\varphi}\dfrac{z-\frac{1}{2}}{1-\frac{1}{2}z}=\dfrac{2z-1}{2-z}$.

13. 求把上半平面 $\mathrm{Im}(z)>0$ 映射成单位圆 $|w|<1$ 且满足下面条件的分式线性映射：

(1) $f(2i)=0,\arg f'(2i)=0$；(2) $f(1)=1,f(i)=\dfrac{1}{\sqrt{5}}$；(3) $f(i)=0,\arg f'(i)=0$.

解：(2) 已知 $f(i)=1/\sqrt{5}$，由分式线性映射的对称性知 $f(-i)=\sqrt{5}$，将三对对应点 $1,i,-i$ 和 $1,1/\sqrt{5},\sqrt{5}$ 带入交比公式得

$$\frac{w-1}{w-\frac{1}{\sqrt{5}}}\cdot\frac{\sqrt{5}-\frac{1}{\sqrt{5}}}{\sqrt{5}-1}=\frac{z-1}{z-i}\cdot\frac{-i-i}{-i-1}$$

化简 $w=\dfrac{3z+\sqrt{5}-2i}{(\sqrt{5}-2i)z+3}$.

(3) 设将上半平面映射为 $|w|<1$ 的分式线性映射为 $w=e^{i\theta}\dfrac{z-\lambda}{z-\bar{\lambda}}$,其中 θ 为常数,λ 为上半平面映射为 $w=0$ 的点. 由条件 $f(i)=0$ 得,$w=e^{i\theta}\dfrac{z-i}{z+i}$,所以有

$$\left.\frac{dw}{dz}\right|_{z=i}=e^{i\theta}\left.\frac{2i}{(z+i)^2}\right|_{z=i}=-\frac{i}{2}e^{i\theta}=\frac{1}{2}e^{i(\theta-\frac{\pi}{2})}$$

由 $\arg f'(i)=0$,得 $\theta=\dfrac{\pi}{2}$,故所求的映射为 $w=i\dfrac{z-i}{z+i}$.

16 求把下列各图中阴影部分所示区域互为单值地变成上半平面的保形映射.

解 (3)

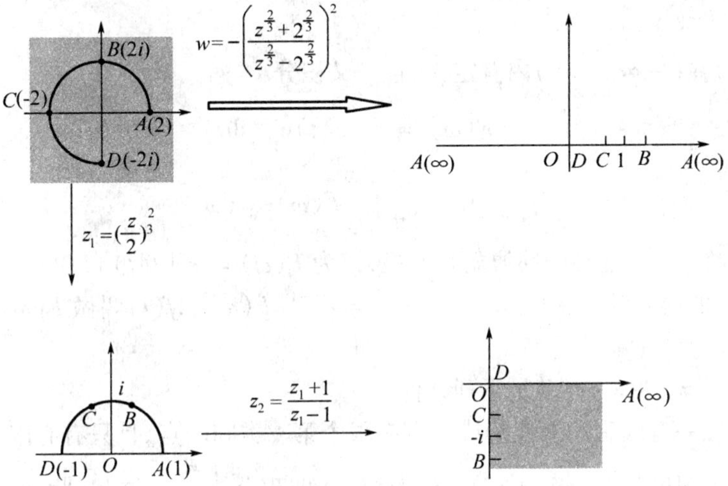

第7章　傅立叶变换

7.1 知识要点

一、傅立叶变换及其逆变换

1. 概念

设函数$f(t)$在$(-\infty,+\infty)$内有定义,且广义积分

$$F(\omega)=\int_{-\infty}^{+\infty}f(t)\mathrm{e}^{-\mathrm{i}\omega t}\mathrm{d}t$$

$$f(t)=\frac{1}{2\pi}\int_{-\infty}^{+\infty}F(\omega)\mathrm{e}^{\mathrm{i}\omega\tau}\mathrm{d}\omega$$

都收敛,则称$F(\omega)$是$f(t)$的傅立叶变换,记为$F(\omega)=\mathscr{F}[f(t)]$,$F(\omega)$叫做$f(t)$的象函数.$f(t)$是$F(\omega)$的傅立叶逆变换式,记为$f(t)=\mathscr{F}^{-1}[F(\omega)]$,$f(t)$叫做$F(\omega)$的象原函数.

2. 存在定理

若$f(t)$在$(-\infty,+\infty)$上满足下列条件:

(1)$f(t)$在任一有限区间上连续或只有有限个第一类间断点,且只有有限个极值点;

(2)$f(t)$在无限区间$(-\infty,+\infty)$上绝对可积(即积分$\int_{-\infty}^{+\infty}|f(t)|\mathrm{d}t$收敛),则$f(t)$的傅立叶变换存在,且

$$f(t)=\frac{1}{2\pi}\int_{-\infty}^{+\infty}\left[\int_{-\infty}^{+\infty}f(\tau)\mathrm{e}^{-\mathrm{i}\omega\tau}\mathrm{d}\tau\right]\mathrm{e}^{\mathrm{i}\omega t}\mathrm{d}\omega=\frac{f(t+0)+f(t-0)}{2}$$

3. 单位脉冲函数和单位阶跃函数

(1)设$\delta_{\varepsilon}(t)=\begin{cases}0,t<0;\\ \dfrac{1}{\varepsilon}, & 0\leqslant t\leqslant\varepsilon,\\ 0,t>\varepsilon,\end{cases}$则$\lim\limits_{\varepsilon\to0}\delta_{\varepsilon}(t)$定义了一个广义函数,记$\delta(t)=\lim\limits_{\varepsilon\to0}\delta_{\varepsilon}(t)$,则$\delta(t)$称为单位脉冲函数,或$\delta-$函数.

$\delta-$函数的傅立叶变换:

$$F(\omega)=\mathscr{F}[\delta(t)]=\int_{-\infty}^{+\infty}\delta(t)\mathrm{e}^{-\mathrm{j}\omega t}\mathrm{d}t=\mathrm{e}^{-\mathrm{j}\omega t}\big|_{t=0}=1$$

(2)称函数 $u(t)=\begin{cases}0, & t<0,\\ 1, & t>0\end{cases}$ 为单位阶跃函数.

单位阶跃函数与单位脉冲函数的关系：

$$\int_{-\infty}^{t}\delta(\tau)\mathrm{d}\tau = u(t),\frac{\mathrm{d}}{\mathrm{d}t}u(t) = \delta(t)$$

单位阶跃函数的傅立叶变换：

$$F(\omega) = \mathscr{F}[u(t)]\frac{1}{\mathrm{i}\omega} + \pi\delta(\omega).$$

4. 非周期函数的谐波分析

对于非周期函数 $f(t)$，傅立叶变换 $F(\omega)$ 又称为 $f(t)$ 的频谱函数，而频谱函数的模 $|F(\omega)|$ 称为 $f(t)$ 的振幅频谱.

二、傅立叶变换的性质

1. 线性性质

$\mathscr{F}[af_1(t)+bf_2(t)]=a\mathscr{F}[f_1(t)]+b\mathscr{F}[f_2(t)]$

$\mathscr{F}^{-1}[aF_1(\omega)+bF_2(\omega)]=a\mathscr{F}^{-1}[\mathscr{F}_1(\omega)]+b\mathscr{F}^{-1}[F_2(\omega)]$

2. 位移性质

$\mathscr{F}[f(t\pm t_0)]=\mathrm{e}^{\pm \mathrm{i}\omega t_0}\mathscr{F}[f(t)]$

$\mathscr{F}^{-1}[F(\omega\mp\omega_0)]=\mathrm{e}^{\pm \mathrm{i}\omega_0 t}f(t)$

3. 微分性质

设 $\mathscr{F}[f(t)]=F(\omega)$，且 $\lim\limits_{t\to\infty}f(t)=0$，$f'(t)$ 在 $(-\infty,+\infty)$ 内存在，且在任何有限区间上除有有限个第一类间断点外连续，则 $\mathscr{F}[f'(t)]$ 存在，且有 $\mathscr{F}[f'(t)]=\mathrm{i}\omega F(\omega)$.

4. 积分性质

设 $\mathscr{F}[f(t)]=F(\omega)$，且当 $t\to\infty$ 时，$g(t)=\int_{-\infty}^{t}f(t)\mathrm{d}t\to 0$，且 $g(t)$ 的傅立叶变换存在，则

$$\mathscr{F}[g(t)] = \frac{1}{\mathrm{i}\omega}F(\omega)$$

5. 能量积分

设 $F(\omega)=\mathscr{F}[f(t)]$，则有

$$\int_{-\infty}^{+\infty}[f(t)]^2\mathrm{d}t = \frac{1}{2\pi}\int_{-\infty}^{+\infty}|F(\omega)|^2\mathrm{d}\omega,$$

这一等式又称为帕塞瓦尔恒等式.

$S(\omega)=|F(\omega)|^2$ 称为能量密度函数(或称能量谱密度).

三、卷积

1. 概念

若已知函数$f_1(t)$,$f_2(t)$,且广义积分$\int_{-\infty}^{+\infty} f_1(\tau)f_2(t-\tau)d\tau$对任意的$t$都收敛,则称该积分为函数$f_1(t)$与$f_2(t)$的卷积,记为$f_1(t)*f_2(t)$,即

$$f_1(t)*f_2(t) = \int_{-\infty}^{+\infty} f_1(\tau)f_2(t-\tau)\mathrm{d}\tau$$

2. 卷积的性质

(1)交换律　$f_1(t)*f_2(t)=f_2(t)*f_1(t)$

(2)结合律　$(f_1(t)*f_2(t))*f_3(t)=f_1(t)*(f_2(t)*f_3(t))$

(3)分配率　$f_1(t)*(f_2(t)+f_3(t))=f_1(t)*f_2(t)+f_1(t)*f_3(t)$

(4)$|f_1(t)f_2(t)|\leqslant|f_1(t)|*|f_2(t)|$

3. 卷积定理

设$f_1(t)$和$f_2(t)$满足傅立叶变换存在定理,且

$$\mathscr{F}[f_1(t)] = F_1(\omega), F[f_2(t)] = F_2(\omega)$$

则

$$\mathscr{F}[f_1(t)*f_2(t)] = F_1(\omega)\cdot F_2(\omega)$$

或

$$\mathscr{F}^{-1}[F_1(\omega)F_2(\omega)] = f_1(t)*f_2(t)$$

4. 相关函数

(1)互相关函数

对于两个不同的函数$f_1(t)$和$f_2(t)$,称积分

$$\int_{-\infty}^{+\infty} f_1(t)f_2(t+\tau)\mathrm{d}t$$

为$f_1(t)$和$f_2(t)$的互相关函数,记为$R_{12}(\tau)$.

(2)自相关函数

当$f_1(t)=f_2(t)=f(t)$时,积分

$$\int_{-\infty}^{+\infty} f(t)f(t+\tau)\mathrm{d}t$$

称为$f(t)$的自相关函数(简称相关函数),记为$R(\tau)$.

(3)相关函数与能量谱密度的关系

$$R(\tau) = \frac{1}{2\pi}\int_{-\infty}^{+\infty} S(\omega)\mathrm{e}^{\mathrm{i}\omega\tau}\mathrm{d}\omega$$

$$S(\omega) = \int_{-\infty}^{+\infty} R(\tau)\mathrm{e}^{-\mathrm{i}\omega\tau}\mathrm{d}\tau$$

相关函数$R(\tau)$和能量谱密度$S(\omega)$构成了一个傅立叶变换对.

思考: 傅立叶级数与傅立叶变换之间有什么联系?

7.2 典型例题

例 1 设$\mathscr{F}[f(t)]=F(\omega)$，$a$为非零常数，试证明

(1) $\mathscr{F}[f(at-t_0)]=\dfrac{1}{|a|}F\left(\dfrac{\omega}{a}\right)\mathrm{e}^{-\mathrm{i}\frac{\omega}{a}t_0}$

(2) $\mathscr{F}[f(t_0-at)]=\dfrac{1}{|a|}F\left(\dfrac{-\omega}{a}\right)\mathrm{e}^{-\mathrm{i}\frac{\omega}{a}t_0}$

证明 （用性质）(1) 令$f_1(t)=f(t-t_0)$. 由位移性质得

$$F_1(\omega)=\mathscr{F}[f_1(t)]=\mathscr{F}[f(t-t_0)]=F(\omega)\mathrm{e}^{-\mathrm{i}\omega t_0}.$$

又$\mathscr{F}[f(at-t_0)]=\mathscr{F}[f_1(at)]=\dfrac{1}{|a|}F_1\left(\dfrac{\omega}{a}\right)=\dfrac{1}{|a|}F\left(\dfrac{\omega}{a}\right)\mathrm{e}^{-\mathrm{i}\frac{\omega}{a}t_0}$

令$g(t)=f(at)$，由上面的等式可得

$$G(\omega)=\mathscr{F}[g(t)]=\mathscr{F}[f(at)]=\frac{1}{|a|}F\left(\frac{\omega}{a}\right).$$

由位移性质得

$$\mathscr{F}[f(at-t_0)]=\mathscr{F}\left[g\left(t-\frac{t_0}{a}\right)\right]=G(\omega)\mathrm{e}^{-\mathrm{i}\frac{t_0}{a}\omega}=\frac{1}{|a|}F\left(\frac{\omega}{a}\right)\mathrm{e}^{-\mathrm{i}\frac{\omega}{a}t_0}$$

(2) 在结论(1)中取a,t_0分别为$-a,-t_0$即得结论(2). 也可用性质类似(1)证明.

注 上述结论(1)隐含着傅立叶变换的位移性质($a=1$)，相似性质($t_0=0$)以及翻转性质($a=-1,t_0=0$).

例 2 求函数$f(t)=tu(t)\mathrm{e}^{-\beta t}\sin\omega_0 t$的傅立叶变换，其中$\beta>0$.

证明 令$\sin\omega_0 t=\dfrac{1}{2\mathrm{i}}(\mathrm{e}^{\mathrm{i}\omega_0 t}-\mathrm{e}^{-\mathrm{i}\omega_0 t})$，由公式$\int x\mathrm{e}^{ax}\,\mathrm{d}x=\dfrac{1}{a^2}\mathrm{e}^{ax}(ax-1)$，得

$$\begin{aligned}\mathscr{F}[f(t)]&=\int_0^{+\infty}t\mathrm{e}^{-(\beta+\mathrm{i}\omega)t}\frac{\mathrm{e}^{\mathrm{i}\omega_0 t}-\mathrm{e}^{-\mathrm{i}\omega_0 t}}{2\mathrm{i}}\mathrm{d}t\\&=\frac{1}{2\mathrm{i}}\int_0^{+\infty}t\mathrm{e}^{-[\beta+\mathrm{i}(\omega-\omega_0)]t}\mathrm{d}t-\frac{1}{2\mathrm{i}}\int_0^{+\infty}t\mathrm{e}^{-[\beta+\mathrm{i}(\omega+\omega_0)]t}\mathrm{d}t\\&=\frac{1}{2\mathrm{i}}\left\{\frac{\mathrm{e}^{-[\beta+\mathrm{i}(\omega-\omega_0)]t}}{[\beta+\mathrm{i}(\omega-\omega_0)]^2}[-(\beta+\mathrm{i}(\omega-\omega_0))t-1]\right\}\Bigg|_0^{+\infty}-\end{aligned}$$

$$\frac{1}{2\mathrm{i}}\left\{\frac{\mathrm{e}^{-[\beta+\mathrm{i}(\omega+\omega_0)]t}}{[\beta+\mathrm{i}(\omega+\omega_0)]^2}[-(\beta+\mathrm{i}(\omega+\omega_0))t-1]\right\}\Bigg|_0^{+\infty}$$

$$=\frac{1}{2\mathrm{i}}\cdot\frac{1}{[\beta+\mathrm{i}(\omega-\omega_0)]^2}-\frac{1}{2\mathrm{i}}\cdot\frac{1}{[\beta+\mathrm{i}(\omega+\omega_0)]^2}$$

$$= \frac{2\omega_0(\beta + i\omega_0)}{[\omega_0^2 + (\beta + i\omega)^2]^2}$$

例 3 求函数 $F(\omega) = \frac{1}{i\omega}e^{-i\omega} + \pi\delta(\omega)$ 的傅立叶逆变换.

解 由线性性质易知 $\mathscr{F}^{-1}[F(\omega)] = \mathscr{F}^{-1}\left[\frac{1}{i\omega}e^{-i\omega}\right] + \pi\mathscr{F}^{-1}[\delta(\omega)]$

注意到 $\mathscr{F}[1] = 2\pi\delta(\omega)$,所以 $\mathscr{F}^{-1}[\delta(\omega)] = \frac{1}{2\pi}$. 对于 $\mathscr{F}^{-1}\left[\frac{1}{i\omega}e^{-i\omega}\right]$,利用位移性质,只需求出 $\mathscr{F}^{-1}\left[\frac{1}{i\omega}\right] \overset{def}{=} g(t)$,便知 $\mathscr{F}^{-1}\left[\frac{1}{i\omega}e^{-i\omega}\right] = g(t-1)$. 但由 $\mathscr{F}[u(t)] = \frac{1}{i\omega} + \pi\delta(\omega)$,$\mathscr{F}[u(-t)] = \frac{-1}{i\omega} + \pi\delta(-\omega)$(翻转性质),以及 $\delta(-\omega) = \delta(\omega)$($\delta(t)$ 为偶函数),即得

$$\mathscr{F}[u(t) - u(-t)] = \frac{2}{i\omega}, \mathscr{F}^{-1}\left[\frac{1}{i\omega}\right] = \frac{u(t) - u(-t)}{2} \overset{def}{=} g(t)$$

故 $\mathscr{F}^{-1}[F(\omega)] = \frac{1}{2}[u(t-1) - u(1-t)] + \frac{1}{2} = u(t-1)$

另外,如果对函数 $\delta(t)$ 的定义比较熟悉后,可直接将 $F(\omega)$ 写成 $\left[\frac{1}{i\omega} + \pi\delta(\omega)\right]e^{-i\omega}$,然后由 $\mathscr{F}^{-1}\left[\frac{1}{i\omega} + \pi\delta(\omega)\right] = u(t)$ 及位移性质得到 $\mathscr{F}^{-1}[F(\omega)] = u(t-1)$.

例 4 求函数 $F(\omega) = \omega\sin\omega t_0$ 的傅立叶逆变换.

解 由 $\mathscr{F}^{-1}[\sin\omega t_0] = \frac{1}{2i}[\delta(t+t_0) - \delta(t-t_0)]$ 以及微分性质

$$\mathscr{F}[f^{(n)}(t)] = (i\omega^n)\mathscr{F}[f(t)] \text{ 或 } f^{(n)}(t) = \mathscr{F}^{-1}[(i\omega)^n\mathscr{F}[f(t)]]$$

可知(事实上,令 $n=1$,$\mathscr{F}[f(t)] = \sin\omega t_0$,或 $f(t) = \frac{1}{2i}[\delta(t+t_0) - \delta(t-t_0)]$ 即可)

$$\mathscr{F}^{-1}[\omega\sin\omega t_0] = \frac{1}{i}\frac{d}{dt}\left\{\frac{1}{2i}[\delta(t+t_0) - \delta(t-t_0)]\right\} = \frac{1}{2}[\delta'(t-t_0) - \delta'(t+t_0)]$$

例 5 求积分方程 $x(t) + \int_{-\infty}^{+\infty} e^{-|t-\tau|}x(\tau)d\tau = e^{-\beta|t|}$ 的解,其中 $\beta > 0$.

解 对方程的两边取傅立叶变换,并记 $\mathscr{F}[x(t)] = X(\omega)$,可得象函数 $X(\omega)$ 满足的方程为

$$\mathscr{F}[x(t)] + \mathscr{F}[x(t) * e^{-|t|}] = \mathscr{F}[e^{-\beta|t|}]$$

$$X(\omega) + X(\omega)\mathscr{F}[e^{-|t|}] = \mathscr{F}[e^{-\beta|t|}]$$

解之得

$$X(\omega) = \frac{\mathscr{F}[e^{-\beta|t|}]}{1 + \mathscr{F}[e^{-|t|}]}$$

而 $$F[\mathrm{e}^{-\beta|t|}]=\int_{-\infty}^{+\infty}\mathrm{e}^{-\beta|t|}\mathrm{e}^{-\mathrm{i}\omega t}\mathrm{d}t=\int_{-\infty}^{0}\mathrm{e}^{(\beta-\mathrm{i}\omega)t}\mathrm{d}t+\int_{0}^{+\infty}\mathrm{e}^{-(\beta+\mathrm{i}\omega)t}\mathrm{d}t$$

$$=\frac{1}{\beta-\mathrm{i}\omega}+\frac{1}{\beta+\mathrm{i}\omega}=\frac{2\beta}{\omega^2+\beta^2}$$

所以 $$X(\omega)=\frac{\dfrac{2\beta}{\omega^2+\beta^2}}{1+\dfrac{2}{\omega^2+1}}=\frac{2\beta(\omega^2+1)}{(\omega^2+3)(\omega^2+\beta^2)}$$

当 $\beta\neq\sqrt{3}$ 时

$$X(\omega)=\frac{\beta^2-1}{\beta^2-3}\cdot\frac{2\beta}{\omega^2+\beta^2}-\frac{2\sqrt{3}\beta}{3(\beta^2-3)}\frac{2\sqrt{3}}{\omega^2+(\sqrt{3})^2}$$

利用式(1)即得

$$x(t)=\mathscr{F}^{-1}[X(\omega)]=\frac{\beta^2-1}{\beta^2-3}F^{-1}\left[\frac{2\beta}{\omega^2+\beta^2}\right]-\frac{2\sqrt{3}\beta}{3(\beta^2-3)}F^{-1}\left[\frac{2\sqrt{3}}{\omega^2+(\sqrt{3})^2}\right]$$

$$=\frac{\beta^2-1}{\beta^2-3}\cdot\mathrm{e}^{-\beta|t|}-\frac{2\sqrt{3}\beta}{3(\beta^2-3)}\mathrm{e}^{-\sqrt{3}|t|}$$

当 $\beta=\sqrt{3}$ 时

$$x(t)=\mathscr{F}^{-1}[X(\omega)]=F^{-1}\left[\frac{2\sqrt{3}(\omega^2+1)}{(\omega^2+3)^2}\right]=\frac{2\sqrt{3}}{2\pi}\int_{-\infty}^{+\infty}\frac{\omega^2+1}{(\omega^2+3)^2}\mathrm{e}^{\mathrm{i}\omega t}\mathrm{d}\omega$$

利用留数可以计算此积分

当 $t>0$ 时

$$x(t)=\frac{\sqrt{3}}{\pi}\cdot2\pi\mathrm{i}\cdot\mathrm{Res}\left[\frac{z^2+1}{(z^2+3)^2}\mathrm{e}^{\mathrm{i}zt},\sqrt{3}\mathrm{i}\right]=2\sqrt{3}\mathrm{i}\cdot\frac{\mathrm{i}(3t-2\sqrt{3})}{18}\mathrm{e}^{\sqrt{3}t}=\frac{2-\sqrt{3}t}{3}\mathrm{e}^{-\sqrt{3}t}$$

当 $t=0$ 时

$$x(t)=\frac{\sqrt{3}}{\pi}\cdot2\pi\mathrm{i}\cdot\mathrm{Res}\left[\frac{z^2+1}{(z^2+3)^2},\sqrt{3}\mathrm{i}\right]=2\sqrt{3}\mathrm{i}\cdot\frac{-\sqrt{3}\mathrm{i}}{9}=\frac{2}{3}$$

当 $t<0$ 时,在式(2)中令 $\omega=-x$ 得

$$x(t)=\frac{\sqrt{3}}{\pi}\int_{-\infty}^{+\infty}\frac{x^2+1}{(x^2+3)^2}\mathrm{e}^{\mathrm{i}(-t)x}\mathrm{d}x=\frac{\sqrt{3}}{\pi}\cdot2\pi\mathrm{i}\cdot\mathrm{Res}\left[\frac{z^2+1}{(z^2+3)^2}\mathrm{e}^{\mathrm{i}(-t)z},\sqrt{3}\mathrm{i}\right]$$

$$=2\sqrt{3}\mathrm{i}\cdot\frac{\mathrm{i}(2\sqrt{3}+3t)}{18}\mathrm{e}^{\sqrt{3}t}=\frac{2+\sqrt{3}t}{3}\mathrm{e}^{\sqrt{3}t}$$

故所给方程当 $\beta\neq\sqrt{3}$ 时解为 $x(t)=\dfrac{\beta^2-1}{\beta^2-3}\cdot\mathrm{e}^{-\beta|t|}-\dfrac{2\sqrt{3}\beta}{3(\beta^2-3)}\mathrm{e}^{-\sqrt{3}|t|}$

当 $\beta=\sqrt{3}$ 时解为

$$x(t)=\begin{cases}\dfrac{2-\sqrt{3}t}{3}\mathrm{e}^{-\sqrt{3}t}, & \text{当 } t>0 \text{ 时}\\ \dfrac{2}{3}, & \text{当 } t=0 \text{ 时}\\ \dfrac{2+\sqrt{3}t}{3}\mathrm{e}^{\sqrt{3}t}, & \text{当 } t<0 \text{ 时}\end{cases}$$

可写成

$$x(t)=\frac{2-\sqrt{3}\,|t|}{3}\mathrm{e}^{-\sqrt{3}\,|t|}$$

例 6 求函数 $f(t)=\begin{cases}1-t^2, t^2<1\\ 0, t^2>1\end{cases}$ 的傅立叶变换.

解 函数 $f(t)=\begin{cases}1-t^2, t^2<1\\ 0, t^2>1\end{cases}$ 为连续的偶函数,其傅立叶变换为

$$\begin{aligned}F(\omega)&=\mathscr{F}[f(t)]=\int_{-\infty}^{+\infty}f(t)\mathrm{e}^{-\mathrm{i}\omega t}\mathrm{d}t\\&=2\int_0^{+\infty}f(t)\cos\omega t\mathrm{d}t=2\int_0^1(1-t^2)\cos\omega t\mathrm{d}t\\&=2\left[\frac{\sin\omega t}{\omega}-\left(\frac{2t\cos\omega t}{\omega^2}-\frac{2\sin\omega t}{\omega^3}+\frac{t^2\sin\omega t}{\omega}\right)\right]_0^1\\&=\frac{4(\sin\omega-\omega\cos\omega)}{\omega^3}\end{aligned}$$

例 7 求函数 $f(t)=\begin{cases}0, t<0\\ \mathrm{e}^{-t}\sin 2t, t\geqslant 0\end{cases}$ 的傅立叶变换.

解 所给函数为连续函数,其傅立叶变换为

$$\begin{aligned}F(\omega)&=\mathscr{F}[f(t)]=\int_{-\infty}^{+\infty}f(t)\mathrm{e}^{-\mathrm{i}\omega t}\mathrm{d}t\\&=\int_0^{+\infty}\mathrm{e}^{-t}\sin 2t\mathrm{e}^{-\mathrm{i}\omega t}\mathrm{d}t=\int_0^{+\infty}\mathrm{e}^{-t}\cdot\frac{\mathrm{e}^{2t\mathrm{i}}-\mathrm{e}^{-2t\mathrm{i}}}{2\mathrm{i}}\cdot\mathrm{e}^{-\mathrm{i}\omega t}\mathrm{d}t\\&=\frac{1}{2\mathrm{i}}\int_0^{+\infty}[\mathrm{e}^{(-1+2\mathrm{i}-\mathrm{i}\omega)t}-\mathrm{e}^{-(1+2\mathrm{i}+\mathrm{i}\omega)t}]\mathrm{d}t=\frac{1}{2\mathrm{i}}\left[\frac{\mathrm{e}^{(-1+2\mathrm{i}-\mathrm{i}\omega)t}}{-1+2\mathrm{i}-\mathrm{i}\omega}+\frac{\mathrm{e}^{-(1+2\mathrm{i}+\mathrm{i}\omega)t}}{1+2\mathrm{i}+\mathrm{i}\omega}\right]_0^{+\infty}\\&=\frac{1}{2\mathrm{i}}\left(\frac{1}{-1+(2-\omega)\mathrm{i}}+\frac{1}{1+(2+\omega)\mathrm{i}}\right)\\&=\frac{2[(5-\omega^2)-2\omega\mathrm{i}]}{25-6\omega^2+\omega^4}\end{aligned}$$

例 8 求函数 $f(t)=\begin{cases}0, & -\infty<t<-1\\ -1, & -1<t<0\\ 1, & 0<t<1\\ 0, & 1<t<+\infty\end{cases}$ 的傅立叶变换.

解 所给函数有间断点 $-1,0,1$ 且 $f(-t)=-f(t)$,是奇函数,其傅立叶变换为

$$\begin{aligned}F(\omega) &= \mathscr{F}[f(t)] = \int_{-\infty}^{+\infty} f(t)\mathrm{e}^{-\mathrm{i}\omega t}\mathrm{d}t\\ &= -2\mathrm{i}\int_0^{+\infty} f(t)\sin\omega t\mathrm{d}t = -2\mathrm{i}\int_0^1 1\cdot\sin\omega t\mathrm{d}t\\ &= \frac{2\mathrm{i}(\cos\omega-1)}{\omega}\end{aligned}$$

例 9 已知某函数的傅立叶变换为 $F(\omega)=\pi[\delta(\omega+\omega_0)+\delta(\omega-\omega_0)]$,求该函数 $f(t)$.

解 由函数 $\delta(t)$ 的性质 $\int_{-\infty}^{+\infty}\delta(t-t_0)g(t)\mathrm{d}t = g(t_0)$,易知

$$\begin{aligned}f(t) &= \frac{1}{2\pi}\int_{-\infty}^{+\infty} F(\omega)\mathrm{e}^{\mathrm{i}\omega t}\mathrm{d}\omega\\ &= \frac{1}{2\pi}\int_{-\infty}^{+\infty}\pi\delta(\omega+\omega_0)\mathrm{e}^{\mathrm{i}\omega t}\mathrm{d}\omega + \frac{1}{2\pi}\int_{-\infty}^{+\infty}\pi\delta(\omega-\omega_0)\mathrm{e}^{\mathrm{i}\omega t}\mathrm{d}\omega\\ &= \frac{1}{2}\mathrm{e}^{\mathrm{i}\omega t}\Big|_{\omega=-\omega_0} + \frac{1}{2}\mathrm{e}^{\mathrm{i}\omega t}\Big|_{\omega=\omega_0} = \cos\omega_0 t\end{aligned}$$

例 10 证明:$\mathscr{F}[\mathrm{e}^{\mathrm{i}\varphi(t)}]=F(\omega)$,其中 $\varphi(t)$ 为一实函数,则

$$\mathscr{F}[\cos\varphi(t)] = \frac{1}{2}[F(\omega)+\overline{F(-\omega)}]$$

$$\mathscr{F}[\sin\varphi(t)] = \frac{1}{2\mathrm{i}}[F(\omega)-\overline{F(-\omega)}]$$

其中 $\overline{F(-\omega)}$ 为 $F(-\omega)$ 的共轭函数.

证明 由 $\mathscr{F}[\mathrm{e}^{\mathrm{i}\varphi(t)}]=F(\omega)$ 知

$$\int_{-\infty}^{+\infty}\mathrm{e}^{\mathrm{i}\phi(t)}\cdot\mathrm{e}^{-\mathrm{i}\omega t}\mathrm{d}t = F(\omega)$$

$$\int_{-\infty}^{+\infty}\mathrm{e}^{\mathrm{i}\phi(t)}\cdot\mathrm{e}^{\mathrm{i}\omega t}\mathrm{d}t = F(-\omega)$$

从而

$$\overline{F(-\omega)} = \int_{-\infty}^{+\infty}\mathrm{e}^{-\mathrm{i}\phi(t)}\cdot\mathrm{e}^{-\mathrm{i}\omega t}\mathrm{d}t = \mathscr{F}[\mathrm{e}^{-\mathrm{i}\phi(t)}]$$

于是由

$$\cos\phi(t) = \frac{1}{2}(\mathrm{e}^{\mathrm{i}\phi(t)}+\mathrm{e}^{-\mathrm{i}\phi(t)}),$$

$$\sin\phi(t) = \frac{1}{2\mathrm{i}}(\mathrm{e}^{\mathrm{i}\phi(t)} - \mathrm{e}^{-\mathrm{i}\phi(t)})$$

易知

$$\mathscr{F}[\cos\phi(t)] = \frac{1}{2}(\mathscr{F}[\mathrm{e}^{\mathrm{i}\phi(t)}] + \mathscr{F}[\mathrm{e}^{-\mathrm{i}\phi(t)}]) = \frac{1}{2}[F(\omega) + F(-\omega)]$$

$$\mathscr{F}[\sin\phi(t)] = \frac{1}{2\mathrm{i}}(\mathscr{F}[\mathrm{e}^{\mathrm{i}\phi(t)}] - \mathscr{F}[\mathrm{e}^{-\mathrm{i}\phi(t)}]) = \frac{1}{2\mathrm{i}}[F(\omega) - F(-\omega)]$$

例 11 若 $f_1(t) = \begin{cases} 0, t^2 < 1 \\ \mathrm{e}^{-t}, t^2 > 1 \end{cases}$，$f_2(t) = \begin{cases} \sin t, 0 \leqslant t \leqslant \frac{\pi}{2} \\ 0, \text{其他} \end{cases}$，求 $f_1(t) * f_2(t)$.

解 由定义

$$f_1(t) * f_2(t) = f_2(t) * f_1(t) = \int_{-\infty}^{+\infty} f_2(\tau) f_1(t-\tau)\mathrm{d}\tau = \int_0^{\frac{\pi}{2}} \sin\tau f_1(t-\tau)\mathrm{d}\tau$$

当 $0 < t \leqslant \frac{\pi}{2}$ 时，由上式

$$\begin{aligned} f_1(t) * f_2(t) &= \int_0^t \sin\tau f_1(t-\tau)\mathrm{d}\tau + \int_t^{\frac{\pi}{2}} \sin\tau f_1(t-\tau)\mathrm{d}\tau \\ &= \int_0^t \sin\tau \mathrm{e}^{-(t-\tau)}\mathrm{d}\tau + 0 = \mathrm{e}^{-t}\int_0^t \sin\tau \mathrm{e}^{\tau}\mathrm{d}\tau \\ &= \mathrm{e}^{-t}\left[\frac{\mathrm{e}^{\tau}}{2}(\sin\tau - \cos\tau)\right]_0^t = \frac{1}{2}(\sin t - \cos t + \mathrm{e}^{-t}) \end{aligned}$$

当 $t \leqslant 0$ 时，$f_1(t-\tau) = 0\left(\tau \in \left(0, \frac{\pi}{2}\right]\right)$，由式(1)

$$f_1(t) * f_2(t) = 0$$

当 $t > \frac{\pi}{2}$ 时，$f_1(t-\tau) = \mathrm{e}^{-(t-\tau)}\left(\tau \in \left[0, \frac{\pi}{2}\right]\right)$，由式(1)

$$f_1(t) * f_2(t) = \int_0^{\frac{\pi}{2}} \sin\tau \mathrm{e}^{-(t-\tau)}\mathrm{d}\tau = \mathrm{e}^{-t}\left[\frac{\mathrm{e}^{\tau}}{2}(\sin\tau - \cos\tau)\right]_0^{\frac{\pi}{2}} = \frac{1}{2}\mathrm{e}^{-t}(1 + \mathrm{e}^{\frac{\pi}{2}})$$

故

$$f_1(t) * f_2(t) = \begin{cases} 0, t \leqslant 0 \\ \frac{1}{2}(\sin t - \cos t + \mathrm{e}^{-t}), 0 < t \leqslant \frac{\pi}{2} \\ \frac{1}{2}\mathrm{e}^{-t}(1 + \mathrm{e}^{\frac{\pi}{2}}), t > \frac{\pi}{2} \end{cases}$$

例 12 若 $F_1(\omega) = \mathscr{F}[f_1(t)]$，$F_2(\omega) = \mathscr{F}[f_2(t)]$，证明

$$\mathscr{F}[f_1(t) \cdot f_2(t)] = \frac{1}{2\pi}F_1(\omega) * F_2(\omega).$$

证明 类似卷积定理的证明.

$$\mathscr{F}^{-1}\left[\frac{1}{2\pi}F_1(\omega)*F_2(\omega)\right]=\frac{1}{(2\pi)^2}\int_{-\infty}^{+\infty}[F_1(\omega)*F_2(\omega)]e^{i\omega t}d\omega$$

$$=\frac{1}{(2\pi)^2}\int_{-\infty}^{+\infty}\left[\int_{-\infty}^{+\infty}F_1(\tau)F_2(\omega-\tau)d\tau\right]e^{i\omega t}d\omega$$

$$=\frac{1}{(2\pi)^2}\int_{-\infty}^{+\infty}\int_{-\infty}^{+\infty}F_1(\tau)e^{i\tau t}F_2(\omega-\tau)e^{i(\omega-\tau)t}d\tau d\omega$$

$$=\frac{1}{(2\pi)^2}\int_{-\infty}^{+\infty}F_1(\tau)e^{i\tau t}\left[\int_{-\infty}^{+\infty}F_2(\omega-\tau)e^{i(\omega-\tau)t}d\omega\right]d\tau$$

$$\xlongequal{令 x=\omega-\tau}\frac{1}{2\pi}\int_{-\infty}^{+\infty}F_1(\tau)e^{i\tau t}\left[\frac{1}{2\pi}\int_{-\infty}^{+\infty}F_2(x)e^{ixt}dx\right]d\tau$$

$$=\frac{1}{2\pi}\int_{-\infty}^{+\infty}F_1(\tau)e^{i\tau t}f_2(t)d\tau=f_2(t)\cdot f_1(t)$$

即

$$\mathscr{F}[f_1(t)\cdot f_2(t)]=\frac{1}{2\pi}F_1(\omega)*F_2(\omega)$$

7.3 同步训练题

1. 选择题

(1)设$f(t)=\delta(t-t_0)$,则$\mathscr{F}[f(t)]=($ $)$

(A)1 (B)2π (C) $e^{i\omega t_0}$ (D)$e^{-i\omega t_0}$

(2)设$\mathscr{F}[f(t)]=F(\omega)$,则$\mathscr{F}[(t-2)f(t)]=($ $)$

(A)$f'(\omega)-2F(\omega)$ (B) $-f'(\omega)-2F(\omega)$

(C) $if'(\omega)-2F(\omega)$ (D) $-if'(\omega)-2F(\omega)$

(3)设$f(t)=\delta(2-t)+e^{i\omega_0 t}$,则$\mathscr{F}[f(t)]=($ $)$

(A)$e^{-2\omega i}+2\pi\delta(\omega-\omega_0)$ (B)$e^{2\omega i}+2\pi\delta(\omega-\omega_0)$

(C)$e^{-2\omega i}+2\pi\delta(\omega+\omega_0)$ (D)$e^{2\omega i}+2\pi\delta(\omega+\omega_0)$

(4)设$f(t)=\cos\omega_0 t$,则$\mathscr{F}[f(t)]=($ $)$

(A) $\pi[\delta(\omega+\omega_0)+\delta(\omega-\omega_0)]$

(B)$\pi[\delta(\omega+\omega_0)-\delta(\omega-\omega_0)]$

(C)$\pi i[\delta(\omega+\omega_0)+\delta(\omega-\omega_0)]$

(D)$\pi i[\delta(\omega+\omega_0)-\delta(\omega-\omega_0)]$

(5)设$f(t)=te^{i\omega_0 t}$,则$\mathscr{F}[f(t)]=($ $)$

(A)$2\pi\delta'(\omega-\omega_0)$ (B)$2\pi\delta'(\omega+\omega_0)$

(C)$2\pi i\delta'(\omega+\omega_0)$ (D)$2\pi i\delta'(\omega-\omega_0)$

2. 填空题

(1) 设$f(t)=\sin^2 t$,则$\mathscr{F}[f(t)]=$________________.

(2) 设$f(t)=\sin\left(5t+\frac{\pi}{3}\right)$,则$\mathscr{F}[f(t)]=$________________.

(3) 若$F(\omega)=\mathscr{F}[f(t)]$,则$\mathscr{F}[tf(2t)]=$________________.

(4) 若$F(\omega)=\mathscr{F}[f(t)]$,则$\mathscr{F}[(t-2)f(-2t)]=$________________.

(5) 若$F_1(\omega)=\mathscr{F}[f_1(t)]$, $F_2(\omega)=\mathscr{F}[f_2(t)]$,则$\mathscr{F}[f_1(t)+f_2(t)]$ =________________.

3. 求函数$f(t)=\sin\omega_0 t\cdot u(t)$的傅立叶逆变换.

4. 求函数$f(t)=e^{-\beta t}\sin\omega_0 t\cdot u(t)\quad(\beta>0)$ 的傅立叶逆变换.

5. 已知某函数的傅立叶变换为$F(\omega)=\frac{\sin\omega}{\omega}$,求该函数$f(t)$.

6. 求函数$f(t)=\cos t\sin t$的傅立叶变换.

7. 证明:若$\mathscr{F}[e^{i\phi(t)}]=F(\omega)$,其中$\varphi(t)$为一实函数,则

$$\mathscr{F}[\cos\phi(t)]=\frac{1}{2}[F(\omega)+\overline{F(-\omega)}]$$

$$\mathscr{F}[\sin\phi(t)]=\frac{1}{2i}[F(\omega)-\overline{F(-\omega)}]$$

8. 设$\mathscr{F}[f(t)]=\frac{3}{1+\omega^2}$,求$f(t)$.

9. 设$f(t)=\begin{cases}0, & t<0\\ e^{-t}, & t>0\end{cases}$,求$u(t)*f(t)$.

10. 求微积分方程$x'(t)-\int_{-\infty}^{t}x(t)\mathrm{d}t=e^{-|t|}$的解,其中$-\infty<t<+\infty$.

11. 求解积分方程$\int_{-\infty}^{+\infty}e^{-|t-\tau|}g(\tau)\mathrm{d}\tau=\sqrt{2\pi}e^{-\frac{t^2}{2}}$.

12. 若函数$f_1(t)=\begin{cases}\frac{b}{a}t, 0\leqslant t\leqslant a\\ 0,其他\end{cases}$, $f_2(t)=\begin{cases}1, 0\leqslant t\leqslant a\\ 0,其他\end{cases}$,求$f_1(t)$和$f_2(t)$的互相关函数$R_{12}(\tau)$.

7.4 同步训练题答案

1. 选择题

(1)D (2)C (3)A (4)A (5)D

2. 填空题

(1) $\pi\delta(\omega)-\dfrac{2}{\pi}[\delta(\omega+2)+\delta(\omega-2)]$

(2) $\dfrac{\pi}{2}[(\sqrt{3}+\mathrm{i})\delta(\omega+5)+(\sqrt{3}-\mathrm{i})\delta(\omega-5)]$

(3) $\dfrac{\mathrm{i}}{2}\dfrac{\mathrm{d}}{\mathrm{d}\omega}F\left(\dfrac{\omega}{2}\right)$

(4) $\dfrac{\mathrm{i}}{2}\dfrac{\mathrm{d}}{\mathrm{d}\omega}F\left(-\dfrac{\omega}{2}\right)-F\left(-\dfrac{\omega}{2}\right)$

(5) $\dfrac{1}{2\pi}F_1(\omega)*F_2(\omega)$

3. 解：$\mathscr{F}[\sin\omega_0 t\cdot u(t)]=\dfrac{1}{2\pi}\mathscr{F}[\sin\omega_0 t]*\mathscr{F}[u(t)]$

$$=\frac{1}{2\pi}[\pi\mathrm{i}(\delta(\omega+\omega_0)-\delta(\omega-\omega_0))]*\left[\frac{1}{\mathrm{i}\omega}+\pi\delta(\omega)\right]$$

$$=\frac{\mathrm{i}}{2}\left\{\delta(\omega+\omega_0)*\frac{1}{\mathrm{i}\omega}+\delta(\omega+\omega_0)*\pi\delta(\omega)-\delta(\omega-\omega_0)*\frac{1}{\mathrm{i}\omega}-\delta(\omega-\omega_0)*\pi\delta(\omega)\right\}$$

而$\delta(\omega\pm\omega_0)*\dfrac{1}{\mathrm{i}\omega}=\dfrac{1}{\mathrm{i}(\omega\pm\omega_0)}$，$\delta(\omega\pm\omega_0)*\pi\delta(\omega)=\pi\delta(\omega\pm\omega_0)$

所以$\mathscr{F}[\sin\omega_0 t\cdot u(t)]=\dfrac{\mathrm{i}}{2}\left\{\dfrac{1}{\mathrm{i}(\omega+\omega_0)}+\pi\delta(\omega+\omega_0)-\dfrac{1}{\mathrm{i}(\omega-\omega_0)}-\pi\delta(\omega-\omega_0)\right\}$

$$=\frac{\omega_0}{\omega_0^2-\omega^2}+\frac{\pi\mathrm{i}}{2}(\delta(\omega+\omega_0)-\delta(\omega-\omega_0))$$

4. 解 由定义得

$$\mathscr{F}^{-1}[\mathrm{e}^{-\beta t}\cos\omega_0 t\cdot u(t)]=\int_{-\infty}^{+\infty}\mathrm{e}^{-\beta t}\cos\omega_0 t\cdot u(t)\mathrm{e}^{-\mathrm{i}\omega t}\mathrm{d}t$$

$$=\int_0^{+\infty}\mathrm{e}^{-(\beta+\mathrm{i}\omega)t}\cos\omega_0 t\mathrm{d}t$$

$$=\left.\frac{\mathrm{e}^{-(\beta+\mathrm{i}\omega)t}[-(\beta+\mathrm{i}\omega)\cos\omega_0 t-\omega_0\sin\omega_0 t]}{(\beta+\mathrm{i}\omega)^2+{\omega_0}^2}\right|_0^{+\infty}$$

$$=\frac{\beta+\mathrm{i}\omega}{(\beta+\mathrm{i}\omega)^2+\omega_0^2}$$

5. $f(t)=\begin{cases}\dfrac{1}{2}[u(1+t)+u(1-t)-1], & |t|\neq 1\\ \dfrac{1}{4}, & |t|=1\end{cases}$.

6. $F(\omega)=\dfrac{\pi}{2}\mathrm{i}[\delta(\omega+2)-\delta(\omega-2)]$.

7 证明：$F(\omega)=\int_{-\infty}^{+\infty}e^{i\phi(t)}e^{-i\omega t}dt$

$\overline{F(-\omega)}=\int_{-\infty}^{+\infty}\overline{e^{i\phi(t)}e^{i\omega t}}dt=\int_{-\infty}^{+\infty}e^{-i\phi(t)}e^{-i\omega t}dt,$

$\frac{1}{2}[F(\omega)+\overline{F(-\omega)}]=\int_{-\infty}^{+\infty}\frac{e^{i\phi(t)}+e^{-i\phi(t)}}{2}e^{-i\omega t}dt=\int_{-\infty}^{+\infty}\cos\phi(t)e^{-i\omega t}dt=F[e^{i\phi(t)}]$

同理可得 $\mathscr{F}[\sin\phi(t)]=\frac{1}{2i}[F(\omega)-\overline{F(-\omega)}]$.

8. $\frac{3}{2}e^{-|t|}$.

9. $(1-e^{-t})u(t)$.

10. $x(t)=\begin{cases}\frac{1}{2}te^{-t}, & t\geqslant 0\\ \frac{1}{2}te^{t}, & t<0\end{cases}$

11. $g(t)=\sqrt{\frac{\pi}{2}}(2-t^2)e^{-\frac{1}{2}t^2}$.

12. 解由定义

$$R_{12}(\tau)=\int_{-\infty}^{+\infty}f_1(t)f_2(t+\tau)d\tau=\int_0^a\frac{b}{a}tf_2(t+\tau)dt \tag{1}$$

当 $t\in[0,a]$ 时，$t+\tau\in[\tau,a+\tau]$，而只有当 $t+\tau\in[0,a]$ 时，$f_2(t+\tau)=1$，其他情形 $f_2(t+\tau)=0$.

当 $0<\tau\leqslant a$ 时，由式(1)

$R_{12}(\tau)=\int_0^{a-\tau}\frac{b}{a}tf_2(t+\tau)d\tau+\int_{a-\tau}^{a}\frac{b}{a}tf_2(t+\tau)dt=\int_0^{a-\tau}\frac{b}{a}td\tau+0=\frac{b}{2a}(a-\tau)^2$

当 $a<\tau<+\infty$ 时，$f_2(t+\tau)=0(t\in[0,a])$，$R_{12}(\tau)=0$

当 $-a\leqslant\tau\leqslant 0$ 时，由式(1)

$R_{12}(\tau)=\int_0^{-\tau}\frac{b}{a}tf_2(t+\tau)d\tau+\int_{-\tau}^{a}\frac{b}{a}tf_2(t+\tau)dt=0+\int_{-\tau}^{a}\frac{b}{a}td\tau=\frac{b}{2a}(a^2-\tau^2)$

当 $\tau<-a$ 时，$f_2(t+\tau)=0(t\in[0,a])$，$R_{12}(\tau)=0$

故

$$R_{12}(\tau)=\begin{cases}\frac{b}{2a}(a^2-\tau^2), & -a\leqslant\tau\leqslant 0\\ \frac{b}{2a}(a-\tau)^2, & 0<\tau\leqslant a\\ 0, & |\tau|<a\end{cases}$$

7.5 教材同步精选习题精解

1. 求函数下列函数的傅立叶变换.

(1)$f(t)=\begin{cases}4, & 0\leqslant t\leqslant 2\\ 0, & 其他\end{cases}$

(3)$f(t)=\begin{cases}e^{-t}\sin 2t, & t\geqslant 0\\ 0, & t<0\end{cases}$

解:(1) $F(\omega)=\int_{-\infty}^{+\infty}f(t)e^{-i\omega t}dt=\int_0^2 4e^{-i\omega t}dt=\frac{4i}{\omega}-\frac{4i}{\omega}e^{-2i\omega}$

(3) $F(\omega)=\int_{-\infty}^{+\infty}f(t)e^{-i\omega t}dt=\int_0^{+\infty}e^{-t}\sin 2te^{-i\omega t}dt=\frac{2}{(i\omega+1)^2+4}$

2. 设 $F(\omega)$是函数$f(t)$的傅立叶变换,证明 $F(\omega)$与$f(t)$有相同的奇偶性.

证明:不妨设$f(t)$为偶函数,则

$$F(-\omega)=\int_{-\infty}^{+\infty}f(t)e^{i\omega t}dt=-\int_{-\infty}^{+\infty}f(-t)e^{-i\omega(-t)}d(-t)$$

令 $\tau=-t$,则

$$F(-\omega)=-\int_{+\infty}^{-\infty}f(\tau)e^{-i\omega\tau}d\tau=\int_{-\infty}^{+\infty}f(\tau)e^{-i\omega\tau}d\tau=F(\omega)$$

因此,$F(\omega)$为偶函数.

同理可得$f(t)$为奇函数时,$F(\omega)$也为奇函数.

故 $F(\omega)$与$f(t)$有相同的奇偶性.

3. 求函数$f(t)=e^{-\beta|t|}(\beta>0)$的傅立叶变换.

解: $F(\omega)=\mathscr{F}[f(t)]=\int_{-\infty}^{+\infty}e^{-\beta|t|}e^{-i\omega t}dt$

$$=\int_0^{+\infty}e^{-\beta t}e^{-i\omega t}dt+\int_{-\infty}^{0}e^{\beta t}e^{-i\omega t}dt=\frac{1}{\beta+i\omega}+\frac{1}{\beta-i\omega}=\frac{2\beta}{\beta^2+\omega^2}$$

4. 求函数

$$f(t)=\frac{1}{2}\left[\delta(t+a)+\delta(t-a)+\delta\left(t+\frac{a}{2}\right)+\delta\left(t-\frac{a}{2}\right)\right]$$

的傅立叶变换,其中 a 为实常数.

解: $F(\omega)=\mathscr{F}[f(t)]$

$$=\frac{1}{2}\int_{-\infty}^{+\infty}\left[\delta(t+a)+\delta(t-a)+\delta\left(t+\frac{a}{2}\right)+\delta\left(t-\frac{a}{2}\right)\right]e^{-i\omega t}dt$$

$$=\cos a\omega+\cos\frac{a}{2}\omega$$

4. 求函数$f(t)=\delta(t-1)(t-2)^2\cos t$的傅立叶变换.

解：$F(\omega)=\mathscr{F}[f(t)]=\int_{-\infty}^{+\infty}\delta(t-1)(t-2)^2\cos t e^{-i\omega t}dt=e^{-i\omega}\cos 1$

9. 利用傅立叶变换的性质求下列函数的傅立叶变换

(2)$f(t)=u(t)t^n$

解：(2) 设$F(\omega)=\mathscr{F}[f(t)]$，则$\dfrac{d^n}{d\omega^n}F(\omega)=(-i)^n\mathscr{F}[t^nu(t)]$

因此$\mathscr{F}[t^nu(t)]=\dfrac{1}{(-i)^n}\dfrac{d^n}{d\omega^n}F(\omega)=\dfrac{n!}{(i\omega)^{n+1}}+i^n\pi\delta^{(n)}(\omega)$

11. 求下列微分积分方程的解

(1) $x'(t)-4\int_{-\infty}^{t}x(t)dt=e^{-|t|}, (-\infty<t<+\infty)$;

解：根据傅立叶变换的线性性质、微分性质和积分性质，记

$$X(\omega)=\mathscr{F}[x(t)]$$

对上述方程两端取傅立叶变换得

$$i\omega X(\omega)+\frac{4}{i\omega}X(\omega)=\frac{2}{1+\omega^2}$$

$$X(\omega)=\frac{2i\omega}{(1+\omega^2)(4-\omega^2)}$$

对上式求傅立叶逆变换得

$$x(t)=\begin{cases}\dfrac{1}{3}(e^{2t}-e^{t}), & t<0\\ 0, & t=0\\ \dfrac{1}{3}(e^{-t}-e^{-2t}), & t>0\end{cases}$$

第 8 章　拉普拉斯变换及其应用

8.1 知识要点

一、拉普拉斯变换定义及其存在性

1. 拉普拉斯变换定义

设函数当 $t \geqslant 0$ 时有定义，且积分

$$F(s) = \int_0^{+\infty} f(t)\mathrm{e}^{-st}\mathrm{d}t \tag{8-1}$$

在复平面区域($\mathrm{Re}(s) > C \geqslant 0$)内收敛，则式(8－1)称为拉普拉斯变换，简称拉氏变换，记为

$$F(s) = \mathscr{L}[f(t)]$$

并称是 $F(s)$ 的拉普拉斯逆变换，记为 $f(t) = \mathscr{L}^{-1}[f(t)]$.

2. 拉普拉斯变换存在定理

若函数满足：

(1)在 $t \geqslant 0$ 的任意有限区间上分段连续；

(2) $\exists M > 0, C \geqslant 0$，使得 $|f(t)| \leqslant M\mathrm{e}^{Ct}$（$C$ 称为它的增长指数），则 $f(t)$ 的拉普拉斯变换 $F(s) = \int_0^{+\infty} f(t)\mathrm{e}^{-st}\mathrm{d}t$ 在半平面 $\mathrm{Re}(s) > C$ 上存在.

二、拉普拉斯变换性质

1. 线性性质

$$\mathscr{L}[af_1(t) + bf_2(t)] = a\mathscr{L}[f_1(t)] + b\mathscr{L}[f_2(t)]$$

2. 微分性质

设 $F(s) = \mathscr{L}[f(t)]$，且 $f(t)$ 在 $(0, \infty)$ 内可微，而 $f'(t)$ 在 $t > 0$ 的任意有限区间内除有限个第一类间断点外连续，则 $\mathscr{L}[f'(t)]$ 存在，且有

$$\mathscr{L}[f'(t)] = sF(s) - f(0^+) \quad (\mathrm{Re}(s) > C)$$

其中

$$f(0^+) = \lim_{x \to 0^+} f(t).$$

3. 积分性质

设 $F(s)=\mathscr{L}[f(t)]$,则

$$\mathscr{L}\left[\int_0^t f(t)\mathrm{d}t\right]=\frac{1}{s}F(s)\,(\mathrm{Re}(s)>s)$$

4. 位移性质

设 $F(s)=\mathscr{L}[f(t)]$,则有

$$\mathscr{L}[\mathrm{e}^{at}f(t)]=F(s-a)\,(\mathrm{Re}(s-a)>C)$$

5. 延迟性质

设 $F(s)=\mathscr{L}[f(t)]$,且 $t<0$ 时 $f(t)=0$,则对 $\forall\tau\geqslant0$,有

$$\mathscr{L}[f(t-\tau)]=\mathrm{e}^{-s\tau}F(s),\mathscr{L}^{-1}[\mathrm{e}^{-s\tau}F(s)]=f(t-\tau)\,(\mathrm{Re}(s)>C)$$

6. 相似性质

设 $F(s)=\mathscr{L}[f(t)]$,则

$$L[f(at)]=\frac{1}{a}F\left(\frac{s}{a}\right)\left(a>0,\mathrm{Re}\left(\frac{s}{a}\right)>C\right)$$

7. 初值定理*

函数 $f(t)$ 及其导数 $f'(t)$ 满足拉氏变换存在条件,且 $L[f(t)]=F(s)$,则

$$\lim_{t\to0}f(t)=\lim_{s\to\infty}sF(s).$$

8. 终值定理*

函数 $f(t)$ 及其导数 $f'(t)$ 满足拉氏变换存在条件,且 $L[f(t)]=F(s)$,$\lim\limits_{t\to\infty}f(t)$ 存在,$sF(s)$ 在包含虚轴在内的右半平面解析,则

$$\lim_{t\to\infty}f(t)=\lim_{s\to0}sF(s)$$

三、拉普拉斯逆变换的计算

1. 留数法

设 $s_1,s_2,\cdots,s_n$ 是函数 $F(s)$ 的所有奇点,且 $\lim\limits_{s\to\infty}F(s)=0$,则 $\exists\beta\in\mathrm{R}$,使得 $\mathrm{Re}(s_k)<\beta(k=1,2,\cdots,n)$,则在 $f(t)$ 的连续点有 $f(t)=\dfrac{1}{2\pi\mathrm{i}}\displaystyle\int_{\beta-\mathrm{i}\infty}^{\beta+\mathrm{i}\infty}F(s)\mathrm{e}^{st}\mathrm{d}s=\sum_{k=1}^{n}\mathrm{Res}[F(s)\mathrm{e}^{st},s_k]$,$\displaystyle\sum_{k=1}^{n}\mathrm{Res}[F(s)\mathrm{e}^{st},s_k](t>0)$.

2. 部分分式法

设 $F(s)=\dfrac{A(s)}{B(s)}=\dfrac{a_ms^m+a_{m-1}s^{m-1}+\cdots+a_0}{s^n+b_{n-1}s^{n-1}+\cdots+b_0}$ 是有理既约真分式,$s_k(k=1,2,\cdots,p)$ 是 $B(s)$ 的 p 个单根,z_j 是 $B(s)$ 的 $n_j(j=1,2,\cdots,q)$ 阶重根,且 $p+n_1+n_2+\cdots+n_q=n$,则有

$$\frac{A(s)}{B(s)}=\frac{c_1}{s-s_1}+\frac{c_2}{s-s_2}+\cdots+\frac{c_p}{s-s_p}+\left[\frac{c_{11}}{s-z_1}+\frac{c_{12}}{(s-z_1)^2}+\cdots+\frac{c_{1n_1}}{(s-z_1)^{n_1}}\right]+$$
$$\left[\frac{c_{21}}{s-z_2}+\frac{c_{22}}{(s-z_2)^2}+\cdots+\frac{c_{2n_2}}{(s-z_2)^{n_2}}\right]+\cdots+$$
$$\left[\frac{c_{q1}}{s-z_q}+\frac{c_{q2}}{(s-z_q)^2}+\cdots+\frac{c_{qn_q}}{(s-z_q)^{n_q}}\right]$$

其中，$c_k(k=1,2,\cdots,p)$，$c_{ij}(\mathrm{i}=1,2,\cdots,q;j=1,2,\cdots,n_i)$为待定常数.

将一个复杂拉氏变换像函数 $F(s)$ 拆分成若干分母为单项式的简单函数，此时再去求取拉氏逆变换，便可得到 $F(s)$ 的像原函数 $f(t)$，这将大大简化问题的复杂度.

四、卷积定理

1. 卷积定义

设函数 $f_1(t)$ 和 $f_2(t)$ 在$[0,+\infty)$绝对可积，则称含参变量 t 的积分

$$\int_0^t f_1(\tau)f_2(t-\tau)\mathrm{d}\tau$$

为函数 $f_1(t)$ 和 $f_2(t)$ 的卷积. 记为 $f_1(t)*f_2(t)$.

2. 卷积定理

设函数 $f_1(t)$ 和 $f_2(t)$ 都满足拉氏变换的存在定理，且有

$$L[f_1(t)]=F_1(s)(\mathrm{Re}(s)>C_1),L[f_2(t)]=F_2(s)(\mathrm{Re}(s)>C_2),$$

则

$$L[f_1(t)*f_2(t)]=F_1(s)F_2(s),(\mathrm{Re}(s)>C=\max\{C_1,C_2\})$$
$$L^{-1}[F_1(s)F_2(s)]=f_1(t)*f_2(t).$$

五、拉普拉斯变换的应用

1. 线性微分、积分方程求解中的应用.
2. 线性系统及传递函数中的应用.
3. 系统时－频响应分析中的应用.

思考：1. 讨论拉普拉斯变换与傅立叶变换的联系与区别.

2. 拉普拉斯变换在应用中如何使得一些数学问题简化.

8.2 典型例题

例 1 利用拉普拉斯变换的定义求函数 $f(t)=\cos t\cdot\delta(t)-\sin t\cdot u(t)$ 的拉氏变换.

分析 由单位脉冲函数 $\delta(t)$ 及单位阶跃函数 $u(t)$ 的定义显然有，函数 $f(t)$ 在 $t\geqslant 0$ 时有

定义，且当 $t<0$ 时有 $f(t)=0$，满足拉氏变换的定义条件.

解 $F(s)=\mathscr{L}[f(t)]=\mathscr{L}[\cos t\cdot\delta(t)-\sin t\cdot u(t)]$

$$=\int_0^{+\infty}(\cos t\cdot\delta(t)-\sin t\cdot u(t))\mathrm{e}^{-st}\mathrm{d}t$$

$$=\int_0^{+\infty}\cos t\cdot\delta(t)\mathrm{e}^{-st}\mathrm{d}t-\int_0^{+\infty}\sin t\mathrm{e}^{-st}\mathrm{d}t$$

由 $\delta(t)$ 的定义及性质可知

$$\int_0^{+\infty}\cos t\cdot\delta(t)\mathrm{e}^{-st}\mathrm{d}t=\cos t\cdot\mathrm{e}^{-st}\big|_{t=0}=1$$

故

$$F(s)=1-\mathscr{L}[\sin t]=1-\frac{1}{s^2+1}=\frac{s^2}{s^2+1}.$$

例 2 求如图 8.1 所示函数 $f(t)$ 的拉氏变换.

分析 欲求 $f(t)$ 的拉氏变换，则应先确定其具体的表达式，由图知函数 $f(t)$ 为阶梯函数，可利用单位阶跃函数来描述.

解 利用单位阶跃函数 $u(t)=\begin{cases}1 & t>0\\0 & t<0\end{cases}$ 可将函数 $f(t)$ 表示为

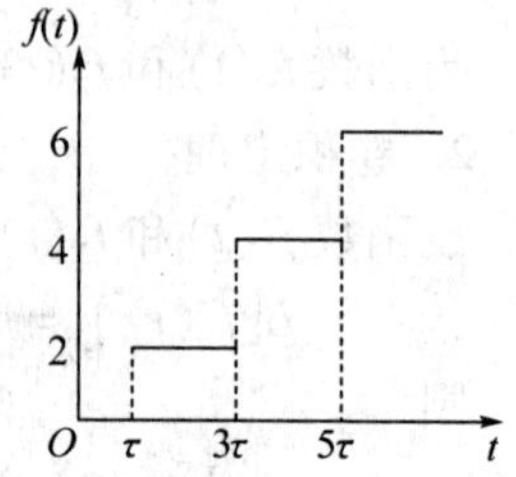

图 8.1

$$f(t)=2\{u(t-\tau)+u(t-3\tau)+u(t-5\tau)+\cdots\}$$

$$=\sum_{k=0}^{\infty}2u(t-(2k+1)\tau)$$

故取拉氏变换得

$$F(s)=\mathscr{L}[f(t)]=\sum_{k=0}^{\infty}\mathscr{L}[2u(t-(2k+1)\tau)]$$

$$=2\left\{\frac{1}{s}\mathrm{e}^{-s\tau}+\frac{1}{s}\mathrm{e}^{-3s\tau}+\frac{1}{s}\mathrm{e}^{-5s\tau}+\cdots\right\}$$

当 $\mathrm{Re}(s)>0$ 时，有 $|\mathrm{e}^{-2\tau s}|<1$，上式右端为一公比的模小于 1 的等比级数，从而有

$$F(s)=\frac{2}{s}\frac{\mathrm{e}^{-\tau s}}{1-\mathrm{e}^{-2\tau s}}=\frac{1}{s\cdot\mathrm{sh}\tau s}.$$

总结 工程上很多系统的激励函数往往都可以用单位脉冲函数 $\delta(t)$ 和单位阶跃函数 $u(t)$ 来表示，因此需要掌握如何利用 $\delta(t)$ 和 $u(t)$ 来描述一个图形函数，并对信号进行时－频分析.

例 3 设函数 $f(t)=t^3\mathrm{e}^{at}$，求其拉氏变换像函数 $F(s)=L[f(t)]$.

分析 函数 $f(t)$ 中含有两个初等函数 $f_1(t)=t^3$ 和 $f_2(t)=\mathrm{e}^{at}$，其对应的像函数参见教材中例 3 和例 4. 但需要注意到 e^{at} 经常出现在拉普拉斯变换的平移性质中，若设 $F_1(s)=$

$\mathscr{L}[f_1(t)]$，则 $F_1(s-a)=\mathscr{L}[e^{at}f_1(t)]$.

解 对于函数 $f_1(t)=t^3$，有 $F_1(s)=\mathscr{L}[f_1(t)]=\frac{3!}{s^4}$，再利用拉普拉斯变换的平移性质，得

$$\mathscr{L}[f_1(t)e^{at}]=F_1(s-a)=\frac{3!}{(s-a)^4}.$$

总结 熟练掌握拉普拉斯变换的基本性质，以及一些基本初等函数的拉氏变换，可以大大简化计算的复杂度. 可以将此例的结论推广为：

若设函数 $f(t)=t^n e^{at}$，由于初等函数 $f_1(t)=t^n$ 的拉普拉斯变换像函数为 $F_1(s)=\mathscr{L}[f_1(t)]=\frac{n!}{s^{n+1}}$，故有 $F(s)=\mathscr{L}[f(t)]=F_1(s-a)=\frac{n!}{(s-a)^{n+1}}$成立.

例 4 求函数 $f(t)=t\int_0^t e^{-3x}\sin 2x\mathrm{d}x$ 的拉氏变换.

分析 函数 $f(t)$ 的组成形式较复杂，若熟练掌握拉普拉斯变换的基本性质，不难发现若设 $g(t)=\sin 2x$，其拉氏变换为 $G(s)=\mathscr{L}(g(t))$，则 $\mathscr{L}(e^{-3x}\sin 2x)=G(s+3)$，

$\mathscr{L}(\int_0^t e^{-3x}\sin 2x\mathrm{d}x)=\frac{1}{s}\cdot G(s+3)$，进而 $L(t\int_0^t e^{-3x}\sin 2x\mathrm{d}x)=-(\frac{1}{s}\cdot G(s+3))'$.

解 将函数 $f(t)$ 简单变形得

$$f(t)=t\int_0^t e^{-3x}\sin 2x\mathrm{d}x=-(-t)\int_0^t e^{-3x}\sin 2x\mathrm{d}x$$

对其取拉氏变换则有

$$F(s)=\mathscr{L}[f(t)]=-\mathscr{L}[-t\int_0^t e^{-3x}\sin 2x\mathrm{d}x]$$

由拉氏变换的微分性质便有

$$F(s)=-[\mathscr{L}(\int_0^t e^{-3x}\sin 2x\mathrm{d}x)]'_s$$

再由积分性质得

$$\mathscr{L}(\int_0^t e^{-3x}\sin 2x\mathrm{d}x)=\frac{1}{s}\mathscr{L}(e^{-3t}\sin 2t)$$

又因为

$$G(s)=\mathscr{L}(\sin 2t)=\frac{2}{s^2+4}$$

由平移性质有

$$\mathscr{L}(e^{-3t}\sin 2t)=\frac{2}{(s+3)^2+4}$$

综上，则有

$$F(s)=-\left(\frac{1}{s}\cdot\frac{2}{(s+3)^2+4}\right)'$$

$$=\frac{2[(s+3)^2+4]+4s(s+3)}{s^2[(s+3)^2+4]^2}=\frac{2(3s^2+12s+13)}{s^2[(s+3)^2+4]^2}.$$

总结 函数$f(t)$的描述形式虽然很复杂,但熟练应用拉氏变换的基本性质,便可利用初等函数的拉氏变换的一些基本变形得到$f(t)$的拉氏变换. 在求解拉氏变换及其逆变换时,应该对几种算式很敏感:

(1)$e^{at}\cdot f(t)$:拉氏变换的平移性质;

(2)$\int_0^t f(\tau)\mathrm{d}\tau$:拉氏变换的积分性质;

(3)$(-t)^n\cdot f(t)$:拉氏变换的微分性质.

例 5 利用拉普拉斯变换计算积分 $I=\int_0^{+\infty}\frac{\sin x}{x(1+x^2)}\mathrm{d}x$.

分析 积分$\int_0^{+\infty}\frac{\sin x}{x(1+x^2)}\mathrm{d}x$为一个实变量的广义积分,而被积函数$\frac{\sin x}{x(1+x^2)}$的原函数并不容易求得,若直接利用广义积分知识计算此积分难度很大. 广义积分$\int_0^{+\infty}\frac{\sin x}{x(1+x^2)}\mathrm{d}x$若存在则其值为一实常数,这里引入参变量$t$,使成为$t$的函数,便可利用拉普拉斯变换的微分、积分性质来计算此积分.

解 引入参变量t构造函数

$$f(t)=\int_0^{+\infty}\frac{\sin tx}{x(1+x^2)}\mathrm{d}x$$

取拉氏变换得

$$\begin{aligned}F(s)&=\mathscr{L}[f(t)]=\int_0^{+\infty}\left(\int_0^{+\infty}\frac{\sin tx}{x(1+x^2)}\mathrm{d}x\right)\mathrm{e}^{-st}\mathrm{d}t\\&=\int_0^{+\infty}\frac{1}{x(1+x^2)}\int_0^{+\infty}\sin tx\,\mathrm{e}^{-st}\mathrm{d}t\mathrm{d}x\\&=\int_0^{+\infty}\frac{1}{x(1+x^2)}\frac{x}{s^2+x^2}\mathrm{d}x\\&=\frac{1}{s^2-1}\int_0^{+\infty}\left(\frac{1}{1+x^2}-\frac{1}{s^2+x^2}\right)\mathrm{d}x\\&=\frac{1}{s^2-1}\frac{\pi}{2}(1-\frac{1}{s})=\frac{\pi}{2}(\frac{1}{s}-\frac{1}{s+1})\end{aligned}$$

由拉氏逆变换得

$$f(t)=\mathscr{L}^{-1}[F(s)]=\frac{\pi}{2}\left(L^{-1}\left[\frac{1}{s}\right]-L^{-1}\left[\frac{1}{s+1}\right]\right)=\frac{\pi}{2}(1-\mathrm{e}^{-t})$$

又因为原广义积分$I=f(1)$,所以有

$$I = \int_0^{+\infty} \frac{\sin x}{x(1+x^2)} dx = \frac{\pi}{2}(1 - e^{-1})$$

总结 灵活运用拉普拉斯变换的基本性质,可以在求解积分问题上提供不同的算法.

例 6 求函数 $F(s) = \ln \frac{s+1}{s-1}$ 的拉普拉斯逆变换.

分析 $F(s)$ 为一对数函数,直接求解拉氏逆变换无从着手,因此可以考虑利用拉氏变换的性质来消除对数函数,自然想到拉氏变换的微分与积分性质.

解 由题意有

$$f'(s) = \left(\ln \frac{s+1}{s-1}\right)' = \frac{s-1}{s+1} \cdot \frac{-2}{(s-1)^2} = \frac{1}{s+1} - \frac{1}{s-1}$$

且

$$F(s) = -\int_s^{\infty} f'(u) du$$

因此,得

$$F(s) = -\int_s^{\infty} \left(\frac{1}{u+1} - \frac{1}{u-1}\right) du$$

若设实函数

$$g(t) = \mathscr{L}^{-1}\left[\frac{1}{s+1} - \frac{1}{s-1}\right] = e^{-t} - e^{t}$$

由拉氏变换的积分性质有

$$f(t) = \mathscr{L}^{-1}[F(s)] = -\frac{g(t)}{t}$$

故有

$$f(t) = -\frac{e^{-t} - e^{t}}{t} = \frac{e^{t} - e^{-t}}{t} = 2\frac{\text{sh}t}{t}$$

总结 在求解拉氏变换及其逆变换时,利用微分及积分性质,可以使计算简化. 因此,要充分掌握拉氏变换的性质,并做到熟练应用.

例 7 已知 $F(s) = \frac{2s^2 - 4}{(s+1)(s-3)(s-2)}$,利用留数法求其像原函数 $f(t) = L^{-1}[F(s)]$.

分析 利用留数法计算拉普拉斯逆变换,首先判断是否满足条件 $\lim\limits_{s\to\infty} F(s) = 0$,然后确定函数 $F(s)$ 的所有极点 s_k,分别计算 $F(s)e^{st}$ 在各极点 s_k 处的留数,最后取代数和.

解 由题意很容易得 $\lim\limits_{s\to\infty} F(s) = 0$,且函数 $F(s)$ 有 3 个一级极点,分别为 $s_1 = -1, s_2 = 3$ 和 $s_3 = 2$. 故由留数法得

$$f(t) = \mathscr{L}^{-1}[F(s)] = \sum_{k=1}^{3} \text{Res}[F(s)e^{st}, s_k]$$

由 $s_k(k=1,2,3)$ 都为 $F(s)$ 的一级极点,故

$$f(t) = \sum_{k=1}^{3} \lim_{s \to s_k}[(s-s_k)F(s)]$$

$$= \lim_{s \to -1}\frac{2s^2-4}{(s-3)(s-2)}e^{st} + \lim_{s \to 3}\frac{2s^2-4}{(s+1)(s-2)}e^{st} + \lim_{s \to 2}\frac{2s^2-4}{(s+1)(s-3)}e^{st}$$

$$= -\frac{1}{6}e^{-t} + \frac{7}{2}e^{3t} - \frac{4}{3}e^{2t}$$

总结 利用留数法求拉氏逆变换,要注意前提条件是否得到满足,然后再去利用留数的计算方法来求解 $F(s)e^{st}$ 在各极点处的留数.

例 8 设函数 $F(s)=\dfrac{s^3-4s+1}{s(s-1)^3}$,求其拉普拉斯变换象原函数 $\mathscr{L}^{-1}[F(s)]$.

分析 从定义出发求解拉普拉斯逆变换涉及到了复积分,计算往往较复杂,需要利用留数定理来计算. 但因为 $F(s)$ 为一个有理既约真分式,因此,可以利用部分分式法,将其拆分成若干初等函数的代数和形式,然后再做拉氏逆变换,这样计算更简单.

解 设 $F(s)=\dfrac{A(s)}{B(s)}$,则由题意知 $s=0$ 和 $s=1$ 分别为 $B(s)$ 的 1 阶和 3 阶零点,故 $F(s)$ 可拆分成如下初等函数代数和形式

$$F(s) = \left[\frac{A}{s-1} + \frac{B}{(s-1)^2} + \frac{C}{(s-1)^3}\right] + \frac{D}{s}$$

对于参数 A,B,C 和 D,可以利用回代的方法确定(参见教材例 17),但在这里我们采用留数的方法来确定.

$$A=\mathrm{Res}[F(s),1]=\frac{1}{2!}\lim_{s\to 1}\frac{d^2}{ds^2}[(s-1)^3F(s)]=\frac{1}{2!}\lim_{s\to 1}\frac{d^2}{ds^2}\left[s^2-4+\frac{1}{s}\right]=\frac{1}{2}\lim_{s\to 1}\left[2+\frac{2}{s^3}\right]=2$$

$$B=\mathrm{Res}[(s-1)F(s),1]=\lim_{s\to 1}\frac{d}{ds}[(s-1)^3F(s)]=\lim_{s\to 1}(2s-\frac{1}{s^2})=1$$

$$C=\mathrm{Res}[(s-1)^2F(s),1]=\lim_{s\to 1}[(s-1)^3F(s)]=\lim_{s\to 1}\left[s^2-4+\frac{1}{s}\right]=-2$$

$$D=\mathrm{Res}[F(s),0]=\lim_{s\to 0}[sF(s)]=\lim_{s\to 0}\frac{s^3-4s+1}{(s-1)^3}=-1$$

即

$$F(s) = \frac{2}{s-1} + \frac{1}{(s-1)^2} - \frac{2}{(s-1)^3} - \frac{1}{s}$$

故有

$$f(t) = \mathscr{L}^{-1}[F(s)] = 2\mathscr{L}^{-1}\left[\frac{1}{s-1}\right] + \mathscr{L}^{-1}\left[\frac{1}{(s-1)^2}\right] - \mathscr{L}^{-1}\left[\frac{2!}{(s-1)^3}\right] - \mathscr{L}^{-1}\left[\frac{1}{s}\right]$$

$$= 2e^t + te^t - t^2e^t - 1.$$

总结 熟练掌握拉普拉斯逆变换的求解方法，将复杂的复积分运算转化为一系列初等函数的逆变换求解，降低问题的复杂度.

例 9 求函数 $f_1(t)=t$ 和 $f_2(t)=\mathrm{sh}t$ 在 $[0,+\infty)$ 的卷积 $f(t)=f_1(t)*f_2(t)$.

分析 利用卷积的定义 $f(t)=f_1(t)*f_2(t)=\int_0^t f_1(\tau)f_2(t-\tau)\mathrm{d}\tau$ 计算.

解 $f_1(t)*f_2(t)=\mathrm{sh}t*t=\int_0^t \mathrm{sh}t\cdot(t-\tau)\mathrm{d}\tau$

$$=\frac{1}{2}\int_0^t \mathrm{e}^{\tau}(t-\tau)\mathrm{d}\tau-\frac{1}{2}\int_0^t \mathrm{e}^{-\tau}(t-\tau)\mathrm{d}\tau$$

$$=\frac{1}{2}\int_0^t (t-\tau)\mathrm{d}\mathrm{e}^{\tau}+\frac{1}{2}\int_0^t (t-\tau)\mathrm{d}\mathrm{e}^{-\tau}$$

$$=\frac{1}{2}\left[(t-\tau)\mathrm{e}^{\tau}\Big|_0^t+\int_0^t \mathrm{e}^{\tau}\mathrm{d}\tau+(t-\tau)\mathrm{e}^{-\tau}\Big|_0^t+\int_0^t \mathrm{e}^{-\tau}\mathrm{d}\tau\right]$$

$$=\frac{1}{2}\left[-2t+\mathrm{e}^{\tau}\Big|_0^t+(-\mathrm{e}^{-\tau})\Big|_0^t\right]=\mathrm{sh}t-t$$

例 10 求微分方程 $y''+4y=\begin{cases}1, & 0\leqslant t\leqslant 4\\ 0, & t>4\end{cases}$，满足初始条件 $y(0)=3, y'(0)=-2$ 的解.

分析 利用拉普拉斯变换求解微分方程，涉及到对方程两端同时进行拉氏变换，因此例题中需要对分段函数取拉氏变换，不妨设函数 $x(t)=\begin{cases}1, & 0\leqslant t\leqslant 4\\ 0, & t>4\end{cases}$，则其拉氏变换为

$$X(s)=\mathscr{L}[x(t)]=\int_0^{+\infty}x(t)\mathrm{e}^{-st}\mathrm{d}t$$

$$=\int_0^4 \mathrm{e}^{-st}\mathrm{d}t=-\frac{1}{s}\mathrm{e}^{-st}\Big|_0^4=\frac{1}{s}(1-\mathrm{e}^{-4s}).$$

解 方程两边取拉普拉斯变换，若令 $L[y(t)]=Y(s)$，则有

$$s^2Y(s)-sy(0)-y'(0)+4Y(s)=\frac{1}{s}(1-\mathrm{e}^{-4s})$$

代入初始条件，整理得

$$(s^2+4)Y(s)-3s+2=\frac{1}{s}(1-\mathrm{e}^{-4s})$$

求得

$$Y(s)=\frac{1-\mathrm{e}^{-4s}}{s(s^2+4)}+\frac{3s-2}{s^2+4}$$

$$=\frac{1}{s(s^2+4)}+\frac{3s-2}{s^2+4}-\mathrm{e}^{-4s}\left[\frac{1}{s(s^2+4)}\right]$$

$$= \frac{1}{4}\left(\frac{1}{s} - \frac{s}{s^2+4}\right) + 3\frac{s}{s^2+2^2} - \frac{2}{s^2+2^2} - \frac{1}{4}\left(\frac{e^{-4s}}{s} - \frac{se^{-4s}}{s^2+2^2}\right)$$

取拉普拉斯逆变换得

$$y(t) = \frac{1}{4}(1-\cos 2t) + 3\cos 2t - \sin 2t - \frac{1}{4}[1-\cos 2(t-4)u(t-4)]$$

例 11 求方程组$\begin{cases} x'+y''=\delta(t-1) \\ 2x+y'''=2u(t-1) \end{cases}$ 满足初始条件$\begin{cases} x(0)=y(0)=0 \\ y''(0)=y'(0)=0 \end{cases}$ 的解.

解 方程组两端同取拉氏变换得

$$\begin{cases} sX(s)-x(0)+s^2Y(s)-sy(0)-y'(0) = L[\delta(t-1)] \\ 2X(s)+s^3Y(s)-s^2y(0)-sy'(0)-y''(0) = 2L[u(t-1)] \end{cases}$$

由 $\mathscr{L}[\delta(t)]=1$ 及 $\mathscr{L}[u(t)]=\frac{1}{s}$,利用拉氏变换的时移性质得

$$\mathscr{L}[\delta(t-1)] = e^{-s}\cdot 1$$

$$\mathscr{L}[u(t-1)] = \frac{1}{s}\cdot e^{-s}$$

代入上述方程得

$$\begin{cases} sX(s)+s^2Y(s) = e^{-s} \\ 2X(s)+s^3Y(s) = \frac{2e^{-s}}{s} \end{cases}$$

解得

$$\begin{cases} X(s) = \frac{e^{-s}}{s} \\ Y(s) = 0 \end{cases}$$

取拉氏逆变换得

$$\begin{cases} x(t) = \mathscr{L}^{-1}\left(\frac{e^{-s}}{s}\right) = u(t-1) \\ y(t) = 0 \end{cases}$$

例 12 求解积分方程 $y(t)=x(t)+\int_0^t y(\tau)r(t-\tau)\mathrm{d}\tau$,其中 $x(t)=t$ 和 $r(t)=\sin t$ 为已知函数.

分析 利用拉普拉斯变换求解积分方程的基本思路与求解微分方程的思路一致.

解 注意到方程的积分部分其实就是 $y(t)$ 和 $r(t)$ 的卷积 $y(t)*r(t)=\int_0^t y(\tau)r(t-\tau)\mathrm{d}\tau$,因此对方程取拉普拉斯变换有

$$Y(s) = X(s) + Y(s)R(s)$$

解得

$$Y(s) = \frac{X(s)}{1-R(s)}$$

其中,$X(s)=L[x(t)]=\frac{1}{s^2}$,$R(s)=\mathscr{L}[r(t)]=\frac{1}{1+s^2}$,代入上式得

$$Y(s) = \frac{1}{s^2}+\frac{1}{s^4}$$

取拉普拉斯逆变换得

$$y(t) = \mathscr{L}^{-1}[F(s)] = t+\frac{1}{6}t^3.$$

例 13 求解微分方程 $ty''(t)-ty'(t)-y(t)=0$ 满足初始条件 $y(0)=0$ 的解.

分析 很显然,此例中涉及到的是变系数线性微分方程,可以利用拉普拉斯变换来求解,主要涉及到拉普拉斯变换的微分性质.

解 设 $\mathscr{L}[y(t)]=Y(s)$,则由拉普拉斯变换的微分性质有

$$\mathscr{L}[ty(t)] = -Y'(s)$$

$$\mathscr{L}[y'(t)] = sY(s)-y(0)$$

$$\mathscr{L}[y''(t)] = s^2Y(s)-sy(0)-y'(0)$$

故有

$$\mathscr{L}[ty'(t)] = -[sY(s)-y(0)]' = -sY'(s)-Y(s)$$

$$\begin{aligned}\mathscr{L}[ty''(t)] &= -[s^2Y(s)-sy(0)-y'(0)]'\\ &= -s^2Y'(s)-2sY(s)+y(0)\end{aligned}$$

则对方程两端同取拉普拉斯变换,得方程

$$-(s^2-s)Y'(s)-2sY(s) = 0$$

此方程为一阶齐次微分方程,可利用分离变量的方法求解

$$\frac{Y'(s)}{Y(s)} = \frac{-2}{s-1}$$

得

$$\ln(Y(s)) = -2\ln(s-1)+c_1(c_1\text{ 积分常数})$$

化简得

$$Y(s) = \frac{c}{(s-1)^2}$$

其中,c 为常数,且 $c=e^{c_1}$. 对 $Y(s)$ 取拉普拉斯逆变换,得方程的解

$$y(t) = \mathscr{L}^{-1}[Y(s)] = \mathscr{L}^{-1}\left[\frac{c}{(s-1)^2}\right] = cte^t.$$

总结 利用拉普拉斯变换求解线性微分方程是一种很重要的手段,在求解过程中,要熟练

运用拉氏变换的各种性质,同时也要回顾一些微分方程求解的知识.

例 14 如图 8.2 所示的机械系统,最初是静止的,在外力 $f(t) = A\sin\omega t$(其中 A 为常数)的作用下开始运动,不涉及阻力,试求该物体的运动规律.

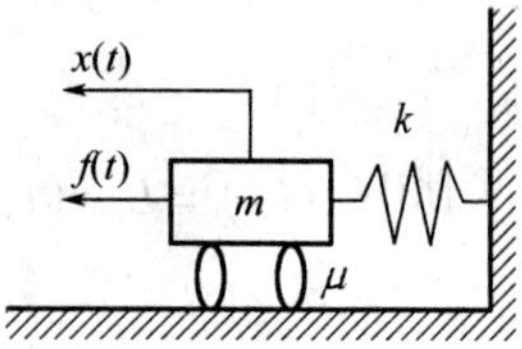

图 8.2

分析 这是一个典型的机械系统,利用高中的物理知识可以很容易列出方程,但是外力 $f(t) = A\sin\omega t$ 是一个随时间变换的函数,利用高中物理知识求解较难. 这里可以利用拉普拉斯变换的方法来求解.

解 设物体的质量为 m,k 为弹劲度系数,$x(t)(t \geqslant 0)$ 为位移函数,由牛顿第二定律建立方程

$$m\frac{\mathrm{d}^2x}{\mathrm{d}t^2} + kx = f(t)$$

由题意显然可知 $t=0$ 时刻有 $x(0) = x'(0) = 0$. 此机械系统的描述方程为一个二阶常系数非齐次微分方程,若设 $X(s) = \mathscr{L}[x(t)]$,$F(s) = \mathscr{L}[f(t)]$,对方程两端同时取拉普拉斯变换得

$$m[s^2x(s) - sm(0) - x'(0) + kx(s) = F(s)]$$

将初始条件代入解得

$$X(s) = \frac{F(s)}{ms^2 + k} = \frac{1}{m} \cdot \frac{F(s)}{s^2 + \frac{k}{m}}$$

又因为 $f(t) = A\sin\omega t$,则有

$$F(s) = \mathscr{L}[f(t)] = A\frac{\omega}{s^2 + \omega^2}$$

故有

$$X(s) = \frac{A}{m} \cdot \frac{\frac{\omega}{s^2 + \omega^2}}{s^2 + \frac{k}{m}} = \frac{A}{m} \cdot \frac{\omega}{(s^2 + \omega^2)(s^2 + \frac{k}{m})}$$

若设 $\omega_0^2 = \frac{k}{m}$,化简上式得

$$\begin{aligned} X(s) &= \frac{A\omega}{m} \cdot \frac{1}{(s^2 + \omega^2)(s^2 + \omega_0^2)} \\ &= \frac{A\omega}{m} \cdot \frac{1}{\omega^2 - \omega_0^2} \cdot \left(\frac{1}{s^2 + \omega_0^2} - \frac{1}{s^2 + \omega^2}\right) \end{aligned}$$

取拉普拉斯逆变换得

$$x(t) = \mathscr{L}^{-1}[X(s)]$$

$$= \frac{A\omega}{m(\omega^2 - \omega_0^2)} \cdot \left(\frac{1}{\omega_0}\sin\omega_0 t - \frac{1}{\omega}\sin\omega t\right)$$

$$= \frac{A}{m\omega_0(\omega^2 - \omega_0^2)} \cdot (\omega\sin\omega_0 t - \omega_0\sin\omega t).$$

此例中,ω_0 往往称为系统的固有频率,由系统自身的参数确定,而 ω 为作用力的频率(也称为扰动频率). 因此,若 $\omega_0 \neq \omega$,则系统的运动响应为不同频率简谐运动的叠加;若 $\omega_0 = \omega$,此系统便会产生共振现象,振幅将随时间无限增大. 当然,这是理论上的情形,实际上,在振幅相当大时,或者系统已经被破坏,或者系统已不再满足原来的方程描述.

总结 利用拉普拉斯变换可以对系统进行时－频分析,以及系统响应求解.

例 15 设有两个自由度的线性系统如图 8.3 所示,系统参数均为已知,设 t 时刻 m_1 的位移为 $x_1(t)$,m_2 的位移为 $x_2(t)$,坐标轴 x_1 与 x_2 的正向如图 8.3 所示,且有一外力 $f(t)$ 沿着 x_2 的正方向作用在 m_2 上. 若把 $f(t)$ 看做系统的输入,m_1 的位移为 $x_1(t)$ 看做输出,试求该系统的传递函数 $G(s) = \dfrac{X_1(s)}{F(s)}$.

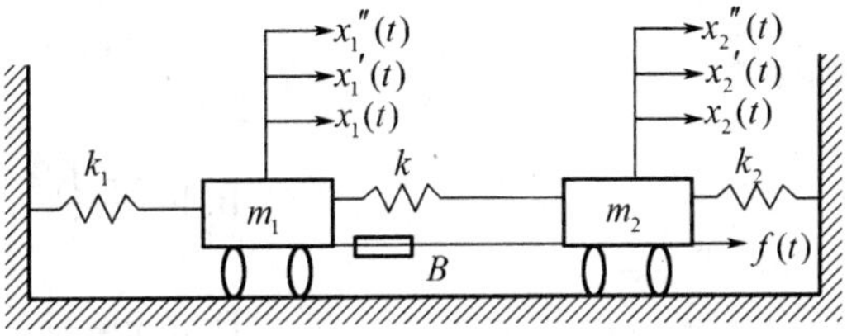

图 8.3

图中,m_1,m_2 为系统的质量,k,k_1,k_2 为弹劲度系数,B 为阻尼系数,$t=0$ 时刻该装置静止时,三个弹簧都是原来长度,且 $x_1(0) = x_2(0) = x'_1(0) = x'_2(0) = 0$.

分析 由题意知弹簧 k_1、k 与阻尼 B 对 m_1 的作用,且 k 与 B 的作用取决于 m_2 对 m_1 的相对位移 $x_2 - x_1$ 与相对速度 $x'_2 - x'_1$,且力的大小分别为 $f_{k_1} = k_1x_1$、$f_k = k(x_2 - x_1)$、$f_B = B(x'_2 - x'_1)$,同理可分析作用在 m_2 上的力. ,m_1 与 m_2 的具体受力情况如图 8.4 所以.

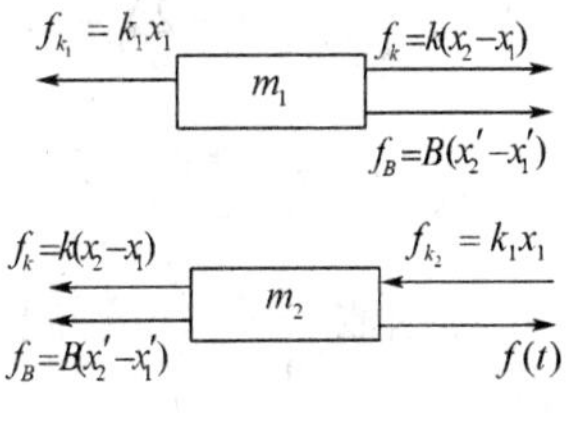

图 8.4

解 由牛顿第二定律分别列出 m_1 与 m_2 的受力方程

$$\begin{cases} m_1x''_1 = -k_1x_1 + k(x_2 - x_1) + B(x_2' - x'_1) \\ m_2x''_2 = -k_2x_2 - k(x_2 - x_1) - B(x'_2 - x'_1) + f(t) \end{cases}$$

若设 $X_1(s) = \mathscr{L}[x_1(t)]$,$X_2(s) = \mathscr{L}[x_2(t)]$,$F(s) = \mathscr{L}[f(t)]$,则对方程两端取拉氏变换得

$$\begin{cases} m_1 s^2 X_1(s) = -k_1 X_1(s) + k(X_2(s) - X_1(s)) + B(sX_2(s) - sX_1(s)) \\ m_2 s^2 X_2(s) = -k_2 X_2(s) - k(X_2(s) - X_1(s)) - B(sX_2(s) - sX_1(s)) + F(s) \end{cases}$$

利用消元法得

$$\{m_1 m_2 s^4 + B(m_1 + m_2)s^3 + [m_1(k + k_2) + m_2(k + k_1)]s^2 + B(k_1 + k_2)s + k_1 k_2 + k(k_1 + k_2)\} X_1(s) = \{Bs + k\} F(s)$$

故得系统传递函数为

$$G(s) = \frac{X_1(s)}{F(s)} = Bs + k / \{m_1 m_2 s^4 + B(m_1 + m_2)s^3 + [m_1(k + k_2) + m_2(k + k_1)]s^2 + B(k_1 + k_2)s + k_1 k_2 + k(k_1 + k_2)\}$$

总结 利用拉普拉斯变换求解系统的传递函数,则需要明确系统的输入与输出,在复频域内求的传递函数.

8.3 同步训练题

1. 选择题

(1)设 $f(t) = \frac{2\sinh t}{t}$,则 $\mathscr{L}[f(t)] = ($　　$)$.

A. $\ln\frac{s-1}{s+1}$　　B. $\ln\frac{s+1}{s-1}$

C. $2\ln\frac{s-1}{s+1}$　　D. $2\ln\frac{s+1}{s-1}$

(2)设 $\mathscr{L}[f(t)] = F(s)$,则 $\mathscr{L}[\int_0^t (t-2)e^{2t} f(t)\,dt] = ($　　$)$.

A. $-\frac{1}{s}[f'(s-2) + 2F(s-2)]$　　B. $-\frac{1}{s}[f'(s+2) + 2F(s+2)]$

C. $\frac{1}{s}[f'(s-2) - 2F(s-2)]$　　D. $\frac{1}{s}[f'(s+2) - 2F(s+2)]$

(3)函数 $\frac{s+1}{(s+2)^4}$ 的拉氏逆变换 $\mathscr{L}^{-1}[\frac{s+1}{(s+2)^4}] = ($　　$)$.

A. $\frac{1}{6}t^{-2}e^{2t} - \frac{1}{2}t^2 e^{-2t}$　　B. $\frac{1}{2}t^2 e^{-2t} - \frac{1}{6}t^3 e^{-2t}$

C. $\frac{1}{2}e^{-2t} - \frac{1}{6}e^{-2t}$　　D. $\frac{1}{2}t^3 e^{-2t} - \frac{1}{6}te^{-2t}$

(4)函数 $\ln\frac{s^2+1}{s(s+1)}$ 的拉氏逆变换 $\mathscr{L}^{-1}\left[\ln\frac{s^2+1}{s(s+1)}\right] = ($　　$)$.

A. $1 - e^{-t} - 2\cos t$　　B. $\frac{1}{t}(1 - e^{-t})$　　C. $\frac{1}{t}(1 - e^{-t} - 2\cos t)$　　D. $\frac{1}{t}(1 - 2\cos t)$

2. 填空题

(1)若 $\mathscr{L}[f(t)]=\frac{e^{-\frac{1}{s}}}{s}$,则 $\mathscr{L}[e^{-t}f(3t)]=$________.

(2)设周期函数 $f(t)$ 的周期为 T,且在 $[0,T)$ 上 $f(t)=\begin{cases}1, & 0\leqslant t\leqslant \frac{T}{2}\\ -1, & \frac{T}{2}<t<T\end{cases}$,则 $f(t)$ 的拉氏变换为________.

(3)函数 $F(s)=\arctan\frac{a}{s}$ 的拉式逆变换为________.

(4)函数 $F(s)=\frac{s^3+8s^2+26s+22}{s^3+7s^2+14s+8}$ 的拉式逆变换为________.

3. 求下列函数的拉氏变换

(1) $f(t)=\int_0^t\frac{e^{-x}\sin x}{x}dx$;　　(2) $f(t)=\cos^2 t$;

(3) $f(t)=\begin{cases}3, & 0\leqslant t<\frac{\pi}{2}\\ \cos t, & t\geqslant\frac{\pi}{2}\end{cases}$;　　(4) $f(t)=e^{2t}+5\delta(t)$.

4. 三角脉冲函数 $f(t)$ 如图所示的拉氏变换.

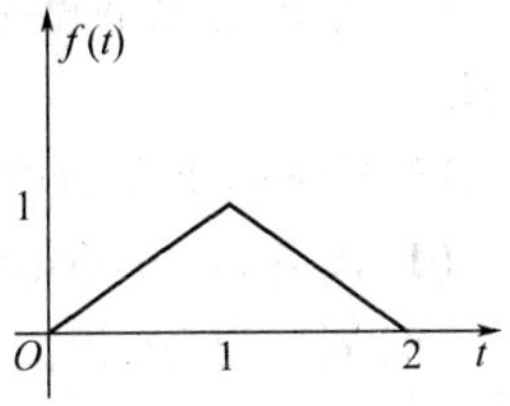

图 8.5

5. 计算下列积分

(1) $\int_0^{+\infty}te^{-3t}\sin t\,dt$;　　(2) $\int_0^{+\infty}\frac{e^{-3t}-e^{-6t}}{t}dt$.

6. 已知函数 $f(t)=\begin{cases}3, & 0\leqslant t<2,\\ -1, & 2\leqslant t<4,\\ 0 & t>4,\end{cases}$ 求 $f(t)$ 的拉氏变换.

7. 应用微分性质分析图 8.7(a)中所描述函数 $f_1(t)$,$f_2(t)$,$f_3(t)$ 的象函数之间的关系,以及并各函数的导函数形式.

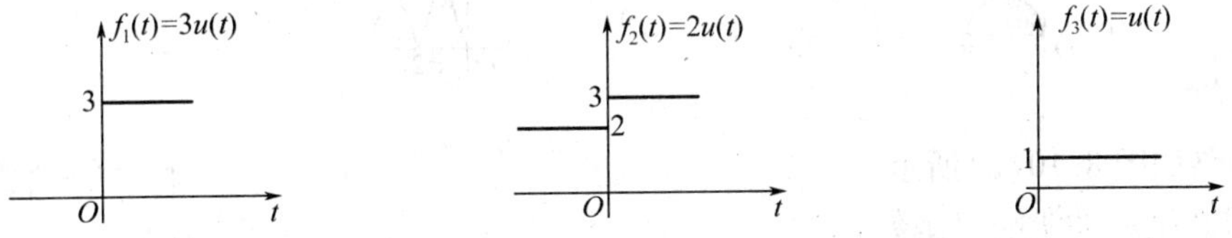

图 8.7(a)

8. 求下列函数的拉氏逆变换

(1) $F(s)=\dfrac{e^{-s}}{s(s^2+1)}$;　　(2) $F(s)=\dfrac{4s+5}{s^2+5s+6}$.

9. 求下列非既约真分式函数的拉氏逆变换

(1) $F(s)=\dfrac{s^4+4s^2+1}{s^2(s^2+4)}$;　　(2) $F(s)=\dfrac{s^2+9s+11}{s^2+5s+6}$.

10. 设 $L[f(t)]=F(s)$,证明 $\int_s^{+\infty}F(s)\mathrm{d}s=\mathscr{L}\left[\dfrac{f(t)}{t}\right](\mathrm{Re}(s)>C)$.

11. 利用卷积定理证明等式 $\mathscr{L}^{-1}\left[\dfrac{s}{(s^2+a^2)^2}\right]=\dfrac{t}{2a}\sin at\ (a\neq 0)$.

12. 已知 $\mathscr{L}[f(t)]=F(s)$,$m\geqslant n$,$a>0$,$b\geqslant 0$,试求 $f(at-b)u(at-b)$ 的拉氏变换.

13. 求微分方程 $y''+4y'-12y=0$ 满足初始条件 $y(0)=1$,$y'(0)=0$ 的解.

14. 求微分方程 $y''+4y=2\sin t$ 满足初始条件 $y(0)=0$,$y'(0)=1$ 的特解.

15. 求解常微分方程组 $\begin{cases}x''-x-2y'=e^t, & x(0)=-\dfrac{3}{2}, \quad x'(0)=\dfrac{1}{2}\\ x'-y''-2y=t^2, & y(0)=1, \quad y'(0)=-\dfrac{1}{2}\end{cases}$.

16. 求微分方程组 $\begin{cases}x''+2x+\int_0^t y(t)\mathrm{d}t=t\\ x''+2x'+y=\sin 2t\end{cases}$ 在初始条件 $x(0)=1$,$x'(0)=-1$ 下的解.

17. 求解变系数微分方程 $y''(t)+ty'(t)-y(t)=0$ 的满足初始条件 $y(0)=0$,$y'(0)=1$ 的解.

18. 求下列周期函数的拉氏变换.

(1)周期为 2π 的半整流正弦波函数,如图 8.8 所示.

(2)周期为 2τ,齿高为 h 的三角冲击波函数 $h(t)$,如图 8.9 所示.

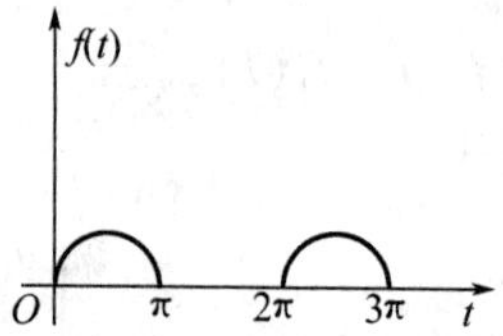

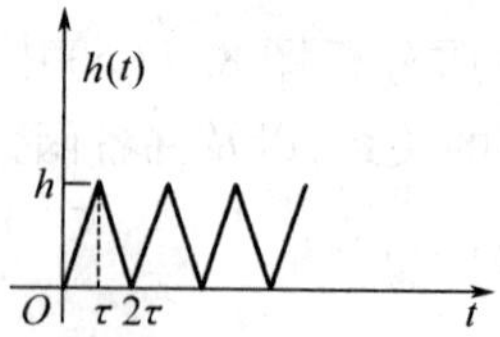

19. 电路如图 8.10(a)所示

(1)求系统的冲激响应函数 $h(t)$;

(2)求系统的起始状态 $i_L(0_-)$,$v_C(0_-)$ 使系统的零输入响应等于冲激响应;

(3)求系统的起始状态,使系统对 $u(t)$ 的激励的完全响应仍为

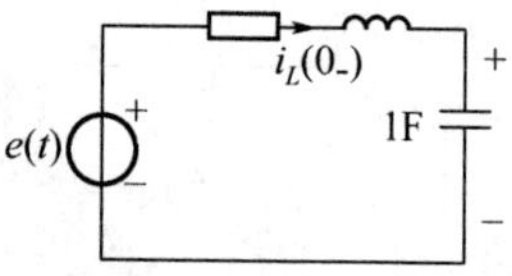

图 8.10(a)

$u(t)$.

20. 设 $\mathscr{L}[f(t)]=F(s)$，$\mathscr{L}[g(t)]=G(s)$，证明公式 $sF(s)G(s)=\mathscr{L}\left[f(0)g(t)+\int_0^t f'(\tau)g(t-\tau)\mathrm{d}\tau\right]$.

8.4 同步训练题答案

1. 选择题

(1) B;(2) A;(3) B;(4) C.

2. 填空题

(1) $\dfrac{\mathrm{e}^{-\frac{3}{s+1}}}{s+1}$;　　(2) $\dfrac{1}{s}\mathrm{th}\dfrac{Ts}{4}$;

(3) $\dfrac{\sin at}{t}$;　　(4) $\delta(t)-3\mathrm{e}^{-4t}3\mathrm{e}^{-2t}+\mathrm{e}^{-t}$.

3. 解(1) $f(t)=\int_0^t \dfrac{\mathrm{e}^{-x}\sin x}{x}\mathrm{d}x$

$$F(s)=\mathscr{L}\left[\int_0^t \frac{\mathrm{e}^{-x}\sin x}{x}\mathrm{d}x\right]=\frac{1}{s}\mathscr{L}\left(\frac{\mathrm{e}^{-t}\sin t}{t}\right)$$

$$=\frac{1}{s}\int_s^\infty L(\mathrm{e}^{-t}\sin t)\mathrm{d}s=\frac{1}{s}\int_s^\infty \frac{1}{(s+1)^2+1}\mathrm{d}s=\frac{1}{s}[\arctan(s+1)]\Big|_s^\infty$$

$$=\frac{1}{s}\left[\frac{\pi}{2}-\arctan(s+1)\right]$$

(2) $\mathscr{L}[\cos^2 t]=\int_0^{+\infty}\cos^2 t\mathrm{e}^{-st}\mathrm{d}t=\int_0^{+\infty}\dfrac{1+\cos 2t}{2}\mathrm{e}^{-st}\mathrm{d}t=\dfrac{1}{2s}+\dfrac{1}{2}\int_0^{+\infty}\cos 2t\mathrm{e}^{-st}\mathrm{d}t$

$$=\frac{1}{2s}+\frac{1}{4}\int_0^{+\infty}[\mathrm{e}^{(2\mathrm{j}-s)t}+\mathrm{e}^{-(2\mathrm{j}+s)t}]\mathrm{d}t=\frac{1}{2s}+\frac{1}{4}\left[\frac{1}{s-2\mathrm{j}}+\frac{1}{s+2\mathrm{j}}\right]$$

$$=\frac{1}{2s}+\frac{s}{2(s^2+4)}=\frac{s^2+2}{s(s^2+4)}$$

(3) $F(s)=\mathscr{L}[f(t)]=\int_0^{+\infty}f(t)\mathrm{e}^{-st}\mathrm{d}t$

$$=3\int_0^{\frac{\pi}{2}}\mathrm{e}^{-st}\mathrm{d}t-\int_{\frac{\pi}{2}}^{+\infty}\cos t\mathrm{e}^{-st}\mathrm{d}t=-\frac{3}{s}\mathrm{e}^{-st}\Big|_0^{\frac{\pi}{2}}+\int_{\frac{\pi}{2}}^{+\infty}\frac{\mathrm{e}^{\mathrm{j}t}+\mathrm{e}^{-\mathrm{j}t}}{2}\mathrm{e}^{-st}\mathrm{d}t$$

$$=\frac{3}{s}(1-\mathrm{e}^{-\frac{\pi s}{2}})+\frac{1}{2}\int_{\frac{\pi}{2}}^{+\infty}[\mathrm{e}^{(\mathrm{j}-s)t}+\mathrm{e}^{-(\mathrm{j}+s)t}]\mathrm{d}t$$

$$= \frac{3}{s}(1-e^{-\frac{\pi s}{2}}) + \frac{1}{2}\left(\frac{e^{(j-s)t}}{j-s} + \frac{e^{-(j+s)t}}{-(j+s)}\right)\Bigg|_{\frac{\pi}{2}}^{+\infty}$$

$$= \frac{3}{s}(1-e^{-\frac{\pi s}{2}}) + \frac{1}{2}\left(\frac{e^{-(j+s)\frac{\pi}{2}}}{j+s} - \frac{e^{(j-s)\frac{\pi}{2}}}{j-s}\right) \ (\mathrm{Re}s>0)$$

$$= \frac{3}{s}(1-e^{-\frac{\pi s}{2}}) + \frac{1}{2}e^{-\frac{\pi}{2}s}\left(\frac{-j}{j+s} - \frac{j}{j-s}\right) = \frac{3}{s}(1-e^{-\frac{\pi}{2}s}) - \frac{1}{s^2+1}e^{-\frac{\pi}{2}s}$$

(4)答：$\mathscr{L}[f(t)] = \int_0^{+\infty}[e^{2t}+5\delta(t)]e^{-st}dt = \int_0^{+\infty}e^{-(2-s)t}dt + 5\int_0^{+\infty}\delta(t)e^{-st}dt$

$$= \frac{1}{s-2} + 5e^{-st}\big|_{t=0} \ (\mathrm{Re}s>2)$$

$$= 5 + \frac{1}{s-2}$$

4. **解**　由图 8.5 可知，函数 $f(t)$ 的表示式为

$$f(t) = \begin{cases} t & 0<t<1 \\ 2-t & 1<t<2 \\ 0 & \text{其他} \end{cases}$$

解法一　利用拉氏变换的定义来计算.

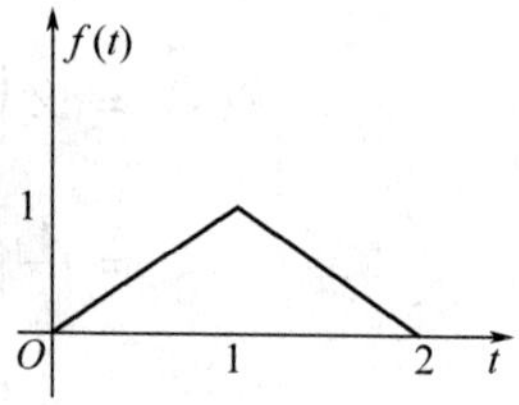

图 8.5

$$F(s) = \int_0^{\infty} f(t)e^{-st}dt$$

$$= \int_0^1 te^{-st}dt + \int_1^2 (2-t)e^{-st}dt$$

$$= t\left(-\frac{1}{s}e^{-st}\right)\Bigg|_0^1 + \int_0^1 \frac{1}{s}e^{-st}dt + 2\int_0^1 e^{-st}dt - \int_1^2 te^{-st}dt$$

$$= -\frac{1}{s}e^{-s} - \frac{1}{s^2}e^{-s} + \frac{1}{s^2} - \frac{2}{s}e^{-2s} + \frac{2}{s}e^{-s} + \frac{2}{s}e^{-2s} - \frac{1}{s^2}e^{-s}$$

$$= \frac{1}{s^2}(1-e^{-s})^2$$

解法二　利用线性叠加和时移性质求解

利用单位阶跃函数 $u(t)$，三角脉冲函数 $f(t)$ 还可以表示如下

$$f(t) = tu(t) - 2(t-1)u(t-1) + (t-2)u(t-2)$$

由拉氏变换的平移和微分性质有

$$\mathscr{L}[tu(t)] = \frac{1}{s^2}$$

$$\mathscr{L}[f(t-t_0)] = F(s)e^{-st_0}$$

故有

$$F(s)=\frac{1}{s^2}(1-2e^{-s}+e^{-2s})$$
$$=\frac{1}{s^2}(1-e^{-s})^2$$

解法三 利用微分性质求解

信号的波形仅由直线组成,信号导数的象函数容易求得,或者信号经过几次微分后出现原信号,这时利用微分性质比较简单.

将$f(t)$的一阶导及二阶导函数波形如图 8.6(a)、图 8.6(b)所示.

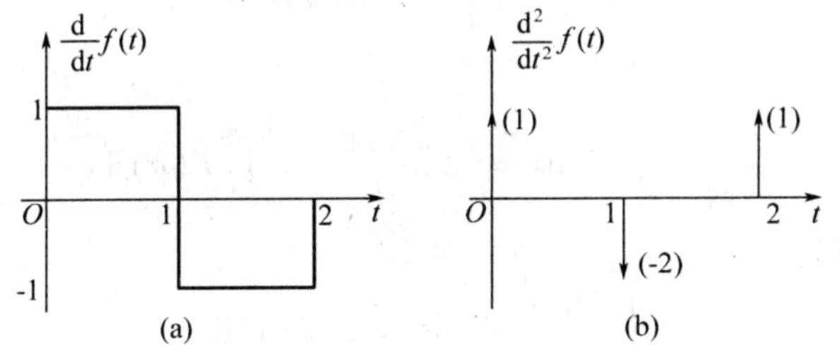

图 8.6

由函数$f(t)$的任意种表达式可得

$$\mathscr{L}\left[\frac{d^2f(t)}{dt^2}\right]=L[\delta(t)-2\delta(t-1)+\delta(t-2)]=(1-e^{-s})^2$$

由拉氏变换的微分性质得

$$\mathscr{L}\left[\frac{d^2f(t)}{dt^2}\right]=s^2F(s)-sf(0)-f'(0)$$

由$f(t)$的表达式自然可得到$f(0)=f'(0)=0$,故有

$$s^2F(s)=(1-e^{-s})^2$$

即

$$F(s)=\frac{1}{s^2}(1-e^{-s})^2.$$

5. **解** 求解实变量的广义积分问题,通常也可以利用拉氏变换的定义及性质来求解.

(1)由初等函数的拉氏变换知

$$\mathscr{L}[\sin t]=\frac{1}{s^2+1}$$

由微分性质得

$$\mathscr{L}[t\sin t] = -\left(\frac{1}{s^2+1}\right)' = \frac{2s}{(s^2+1)^2}$$

而由拉氏变换的定义

$$\mathscr{L}[t\sin t] = \int_0^{+\infty} t\sin t \cdot \mathrm{e}^{-st}\mathrm{d}t$$

则当取 $s=3$ 时，便得

$$\int_0^{+\infty} t\mathrm{e}^{-3t}\sin t\mathrm{d}t = \left.\frac{2s}{(s^2+1)^2}\right|_{s=3} = \frac{3}{50}$$

(2)设 $F(s)=L[f(t)]$，则由拉氏变换的积分性质有

$$\mathscr{L}\left[\frac{f(t)}{t}\right] = \int_s^{\infty} F(u)\mathrm{d}u$$

又因为

$$\int_0^{+\infty}\frac{f(t)}{t}\mathrm{e}^{-st}\mathrm{d}t = \mathscr{L}\left[\frac{f(t)}{t}\right] = \int_s^{\infty} F(u)\mathrm{d}u$$

当 $s=0$ 时，便得到

$$\int_0^{+\infty}\frac{f(t)}{t}\mathrm{e}^{-st}\mathrm{d}t = \int_0^{\infty} F(s)\mathrm{d}s$$

利用此结论计算广义积分得

$$\int_0^{+\infty}\frac{\mathrm{e}^{-3t}-\mathrm{e}^{-6t}}{t}\mathrm{d}t = \int_0^{\infty} L[\mathrm{e}^{-3t}-\mathrm{e}^{-6t}]\mathrm{d}s$$

$$= \int_0^{\infty}\left[\frac{1}{S+3}-\frac{1}{S+6}\right]\mathrm{d}s = \ln\left.\frac{s+3}{s+6}\right|_0^{\infty} = \ln 2$$

6. 解 $F(s)=\mathscr{L}[f(t)]=\int_0^{+\infty} f(t)\mathrm{e}^{-st}\mathrm{d}t$

$$= 3\int_0^2 \mathrm{e}^{-st}\mathrm{d}t - \int_2^4 \mathrm{e}^{-st}\mathrm{d}t = -\left.\frac{3}{s}\mathrm{e}^{-st}\right|_0^2 + \left.\frac{1}{s}\mathrm{e}^{-st}\right|_2^4$$

$$= \frac{1}{s}(3-4\mathrm{e}^{-2s}+\mathrm{e}^{-4s})$$

7. 解 (1)对于拉氏变换，$f_1(t)=f_2(t)u(t)$ 故二者的象函数相同，即

$$F_1(s) = F_2(s) = \frac{3}{s}$$

(2)$F_1(s)=F_2(s)$，$f_1(t)\neq f_2(t)$，因此

$$\mathscr{L}[f'_1(t)] \neq \mathscr{L}[f'_2(t)]$$

对于 $f_1(t)$，由于 $f_1(0_-)=0$，故

$$\mathscr{L}[f'_1(t)] = sF(s)-0 = 3$$

对于 $f_2(t)$，由于 $f_2(0_-)=2$，故

$$\mathscr{L}[f'_2(t)] = sF(s) - 2 = 1$$

取拉氏逆变换得 $f'_1(t) = 3\delta(t)$, $f'_2(t) = \delta(t)$, $f'_3(t) = \delta(t)$,分别如图 4 - 3(b)所示.

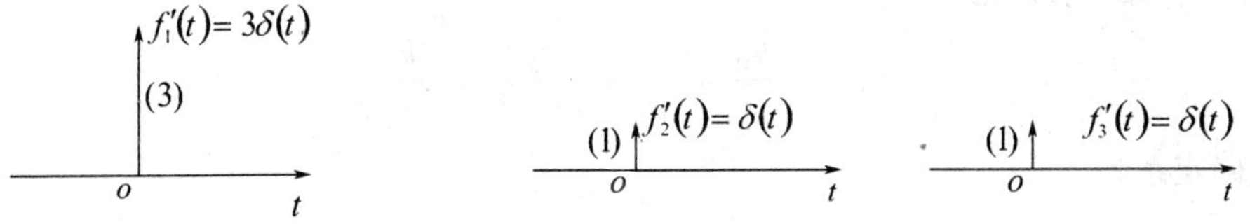

图 8.7(b)

(3)虽然 $f_2(t)$, $f_3(t)$ 一阶导相同,但是 $f_2(0_-) = 2$, $f_3(0_-) = 0$

因此,它们的拉氏变换不同,不难看出 $F_2(s) = \dfrac{3}{s}$, $F_3(s) = \dfrac{1}{s}$.

这是应用微分性质应特别注意的问题,由图 4 - 3(b)知

$$\mathscr{L}[f'_1(t)] = sF(s) - 0 = 3,\ 则\ F_1(s) = \frac{3}{s}$$

$$\mathscr{L}[f'_2(t)] = sF(s) - 2 = 1,\ 则\ F_2(s) = \frac{3}{s}$$

$$f_3(t) = \int_{0_-}^{t} \delta(x)\mathrm{d}x,\ 则\ F_3(s) = \frac{1}{s}F[\delta(t)] + \frac{1}{s}f_3(0_-) = \frac{1}{s}$$

8. **解** (1) $F(s) = \dfrac{e^{-s}}{s(s^2+1)} = e^{-s}\left(\dfrac{1}{s} - \dfrac{s}{s^2+1}\right) = \dfrac{e^{-s}}{s} - e^{-s}\dfrac{s}{s^2+1}$

$$f(t) = \mathscr{L}^{-1}[F(s)] = \mathscr{L}^{-1}\left(\frac{e^{-s}}{s}\right) - \mathscr{L}^{-1}\left(e^{-s}\frac{s}{s^2+1}\right)$$
$$= u(t-1) - \cos(t-1)u(t-1)$$

(2) $F(s) = \dfrac{4s+5}{s^2+5s+6} = \dfrac{K_1}{s+2} + \dfrac{K_2}{s+3}$

利用留数法确定系数 K_1 和 K_2,

$$K_1 = \left.\frac{4s+5}{s+3}\right|_{s=-2} = -3,\ K_2 = \left.\frac{4s+5}{s+2}\right|_{s=-3} = 7$$

取拉氏逆变换得

$$f(t) = -3e^{-2t}u(t) + 7e^{-3t}u(t)$$

9. 解(1)将 $F(s)$ 化简成既约真分式的形式,或包含有既约真分式的形式得

$$F(s) = \frac{s^4+4s^2+1}{s^2(s^2+4)} = 1 + \frac{1}{s^2(s^2+4)}$$

不妨设

$$G(s)=\frac{1}{s^2(s^2+4)}$$

则 $G(s)$ 有如下分解形式

$$G(s)=\frac{k_{11}}{s}+\frac{k_{12}}{s^2}+\frac{k_2}{s-\mathrm{i}2}+\frac{k_3}{s+\mathrm{i}2}$$

回代确定系数

$$k_{11}=0,k_{12}=\frac{1}{4}$$

$$k_2=-\frac{1}{16\mathrm{i}},k_3=\frac{1}{16\mathrm{i}}$$

取拉氏逆变换得

$$g(t)=\mathscr{L}^{-1}[G(s)]=-\frac{1}{8}\sin(2t)+\frac{1}{4}t$$

故有

$$f(t)=\mathscr{L}^{-1}[F(s)]=\delta(t)-\frac{1}{8}\sin(2t)+\frac{1}{4}t$$

(2) 将原式化简得

$$F(s)=\frac{s^2+9s+11}{s^2+5s+6}=1+\frac{4s+5}{s^2+5s+6}=1+\frac{-3}{s+2}+\frac{7}{s+3}$$

取拉氏逆变换得

$$f(t)=\mathscr{L}^{-1}[F(s)]=\delta(t)+7\mathrm{e}^{-3t}-3\mathrm{e}^{-2t}$$

10. 证明 $\mathscr{L}[t^2f''(t)+4tf'(t)+2f(t)]=\mathscr{L}[t^2f''(t)]+4\mathscr{L}[tf'(t)]+2\mathscr{L}[f(t)]$

$$=\frac{\mathrm{d}^2}{\mathrm{d}s^2}(\mathscr{L}[f''(t)])-4\frac{\mathrm{d}}{\mathrm{d}s}(\mathscr{L}[tf'(t)])+2F(s)$$

$$=\frac{\mathrm{d}^2}{\mathrm{d}s^2}(s^2F(s))-sf(0)-f'(0)-4\frac{\mathrm{d}}{\mathrm{d}s}(sF(s)-f(0))$$

$$=2F(s)+2sf'(s)+2sf'(s)+s^2f''(s)-4F(s)-4sf'(s)+2F(s)=s^2f''(s)$$

11. 证明 $F(s)=\dfrac{s}{(s^2+a^2)^2}=\dfrac{s}{s^2+a^2}\cdot\dfrac{1}{s^2+a^2}$,由

$$\mathscr{L}^{-1}\left[\frac{s}{s^2+a^2}\right]=\cos at,\mathscr{L}^{-1}\left[\frac{1}{s^2+a^2}\right]=\frac{1}{a}\sin at,$$

有

$$f(t)=\mathscr{L}^{-1}[F(s)]=\frac{1}{a}\cos at*\sin at=\frac{1}{a}\int_0^t\sin a\tau\cdot\cos a(t-\tau)\mathrm{d}\tau$$

$$= \frac{1}{2a}\int_0^t [\sin at + \sin(2a\tau - at)]\mathrm{d}\tau$$

$$= \frac{t\sin at}{2a} + \frac{1}{4a^2}\int_0^t \sin a(2\tau - t)\mathrm{d}a(2\tau - t) = \frac{t\sin at}{2a} + \left[-\frac{1}{4a^2}\cos a(2\tau - t)\right]\Big|_0^t$$

$$= \frac{t\sin at}{2a}$$

12. **解**　令 $g(t)=f(t)u(t)$,则函数 $f(at-b)u(at-b)$ 是由 $g(t)$ 经过延迟与相似变换得到的. 而

$$\mathscr{L}[g(t)] = \mathscr{L}[f(t)u(t)] = F(s),$$

利用延迟性质可知

$$\mathscr{L}[g(t-b)] = F(s)\mathrm{e}^{-bs}$$

令

$$h(t) = g(t-b)$$

则 $L[h(t)]=F(s)\mathrm{e}^{-bs}$,且

$$h(at) = g(at-b) = f(at-b)u(at-b)$$

由相似性质得

$$\mathscr{L}[f(at-b)u(at-b)] = \mathscr{L}[h(at)] = \frac{1}{a}F\left(\frac{s}{a}\right)\mathrm{e}^{-b\frac{s}{a}}$$

13. **解**　对方程两边取拉氏变换,因为 $L[0]=0$,所以 C

$$\mathscr{L}[y'' + 4y' - 12y] = 0$$

由拉氏变换的性质得

$$\mathscr{L}[y''] + 4\mathscr{L}[y'] - 12\mathscr{L}[y] = 0$$

再由拉氏变换的微分性质得

$$[s^2\mathscr{L}[y] - sy(0) - y'(0)] + 4[s\mathscr{L}[y'] - y(0)] - 12\mathscr{L}[y] = 0$$

设 $\mathscr{L}[y]=Y(s)$ 并将初始条件代入

得
$$(s^2+4s-12)Y(s)-s-4=0$$

即
$$Y(s)=\frac{s+4}{s^2+4s-12}$$

下面通过拉氏逆变换求 $y(t)$

先将 $F(s)$ 分解为部分分式之和.

$$Y(s)=\frac{s+4}{s^2+4s-12}=\frac{1/4}{s+6}+\frac{3/4}{s-2}$$

于是

$$y(t) = \mathscr{L}^{-1}[Y(s)] = \mathscr{L}^{-1}\left[\frac{1/4}{s+6}\right] + L^{-1}\left[\frac{3/4}{s-2}\right] = \frac{1}{4}\mathrm{e}^{-6t} + \frac{3}{4}\mathrm{e}^{2t}$$

即所求微分方程的解是

$$y(t)=\frac{1}{4}e^{-6t}+\frac{3}{4}e^{2t}.$$

14. **解** 对方程两边取拉氏变换,得

$$\mathscr{L}[y'']+4\mathscr{L}[y]=2\mathscr{L}[\sin 2t]$$

设 $\mathscr{L}[y]=Y(s)$ 并将初始条件代入,得

$$s^2Y(s)-1+4Y(s)=\frac{4}{s^2+1}$$

求得

$$Y(s)=\frac{s^2+8}{(s^2+4)^2}=\frac{1}{s^2+4}+\frac{4}{(s^2+4)^2}$$

$$y(t)=\mathscr{L}^{-}[Y(s)]=\mathscr{L}^{-1}\left[\frac{1}{s^2+4}+\frac{4}{(s^2+4)^2}\right]$$

$$=\mathscr{L}^{-1}\left[\frac{1}{s^2+4}\right]+\mathscr{L}^{-1}\left[\frac{4}{(s^2+4)^2}\right]$$

利用初等函数的拉氏逆变换,可得

$$y(t)=\frac{1}{2}\sin 2t+\frac{1}{4}(\sin 2t-2t\cos 2t)=\frac{3}{4}\sin 2t-\frac{1}{2}t\cos 2t.$$

15. **解** 令 $X(s)=\mathscr{L}[x(t)]$,$Y(s)=\mathscr{L}[y(t)]$,在方程组两边取拉式变换,并应用初始条件得

$$\begin{cases}s^2X(s)+\frac{3}{2}s-\frac{1}{2}-X(s)-2sY(s)+2=\frac{1}{s-1}\\ sX(s)+\frac{3}{2}-s^2Y(s)+s-\frac{1}{2}-2Y(s)=\frac{2}{s^3}\end{cases}$$

求解得 $\begin{cases}X(s)=-\frac{3}{2(s-1)}+\frac{2}{s^2}\\ Y(s)=-\frac{1}{2(s-1)}-\frac{1}{s^3}+\frac{3}{2s}\end{cases}$

取拉式逆变换得原方程组的解为 $\begin{cases}x(t)=-\frac{3}{2}e^t+2t\\ y(t)=-\frac{1}{2}e^t-\frac{1}{2}t^2+\frac{3}{2}\end{cases}$.

16. **解** 设 $\mathscr{L}[x(t)]=X(s)$,$\mathscr{L}[y(t)]=Y(s)$

$$\mathscr{L}[x'(t)]=sX(s)-x(0)=sX(s)-1$$

$$\mathscr{L}[x''(t)]=s^2X(s)-sx(0)-x'(0)=s^2X(s)-s+1$$

$$\mathscr{L}\left[\int_0^t y(\tau)\mathrm{d}\tau\right]=\frac{1}{s}Y(s)$$

微分积分方程两边取拉氏变换,得

$$\begin{cases} s^2X(s)-s+1+2X(s)+\dfrac{1}{s}Y(s)=\dfrac{1}{s^2} \\ s^2X(s)-s+1+2[sX(s)-1]+Y(s)=\dfrac{2}{s^2+2^2} \end{cases}$$

即

$$\begin{cases} (s^2+2)X(s)+\dfrac{1}{s}Y(s)=\dfrac{1}{s^2}+s-1 \quad (\text{i}) \\ (s^2+2s)X(s)+Y(s)=\dfrac{2}{s^2+2^2}+s+1 \quad (\text{ii}) \end{cases}$$

(i)$\times s-$(ii)得 $(s^3+2s-s^2-2s)X(s)=\dfrac{1}{s}+s^2-s-\dfrac{2}{s^2+2^2}-s+1$

$$s^2(s-1)X(s)=\frac{s^5-2s^4+3s^3-7s^2-6s+4}{s(s^2+2^2)}$$

故有

$$X(s)=\frac{s^5-2s^4+3s^3-7s^2-6s+4}{s^3(s^2+2^2)(s-1)}$$

$$=\frac{A}{s}+\frac{B}{s^2}+\frac{C}{s^3}+\frac{D}{s-1}+\frac{Es+F}{s^2+2^2}$$

比较下式中 s 的同次幂系数,有

$$s^5-2s^4+3s^3-7s^2-6s+4=As^2(s-1)(s^2+4)+Bs(s-1)(s^2+4)$$
$$+C(s-1)(s^2+4)+Ds^3(s^2+4)+(Es+F)(s-1)s^3$$

得

$$\begin{cases} A+D+E=1 \\ -A+B+F-E=-2 \\ 4A-B+C+4D-F=3 \\ -4A+4B-C=-7 \\ -4B+4C=-6 \\ -4C=4 \end{cases}$$

解之,得 $A=\dfrac{5}{2}$,$B=\dfrac{1}{2}$,$C=-1$,$D=-\dfrac{7}{5}$,$E=-\dfrac{1}{10}$,$F=-\dfrac{1}{10}$. 又因为

$$X(s)=\frac{5}{2}\frac{1}{s}+\frac{1}{2}\frac{1}{s^2}-\frac{1}{s^3}-\frac{7}{5}\frac{1}{s-1}-\frac{1}{10}\left(\frac{s}{s^2+2^2}+\frac{1}{2}\frac{2}{s^2+2^2}\right) \quad (\text{iii})$$

故 $x(t)=L^{-1}[X(s)]=\dfrac{5}{2}+\dfrac{1}{2}t-\dfrac{1}{2}t^2-\dfrac{7}{5}\mathrm{e}^t-\dfrac{1}{20}(2\cos 2t+\sin 2t)$,将(iii)代入(ii)中得

$$
\begin{aligned}
Y(s) &= \frac{2}{s^2+2^2}+s+1-s(s+2)X(s)\\
&= \frac{2}{s^2+2^2}+s+1-s(s+2)\left[\frac{5}{2}\frac{1}{s}+\frac{1}{2}\frac{1}{s^2}-\frac{1}{s^3}-\frac{7}{5}\frac{1}{s-1}-\frac{1}{10}\left(\frac{s}{s^2+2^2}+\frac{1}{2}\frac{2}{s^2+2^2}\right)\right]\\
&= \frac{2}{s^2+2^2}+s+1-\frac{5}{2}(s+2)-\frac{1}{2}\frac{s+2}{s}+\frac{s+2}{s^2}+\frac{7}{5}\frac{s(s+2)}{s-1}+\frac{s}{10}\frac{(s+1)(s+2)}{s^2+2^2}\\
&= \frac{2}{s^2+2^2}-\frac{3}{2}s-\frac{9}{2}+\frac{2}{s^2}+\frac{7}{5}\left(s+3+\frac{3}{s-1}\right)+\frac{1}{10}\left(s+3-\frac{2s}{s^2+2^2}-\frac{12}{s^2+2^2}\right)\\
&= \frac{4}{5}\frac{1}{s^2+2^2}-\frac{1}{5}\frac{s}{s^2+2^2}+\frac{2}{s^2}+\frac{21}{5}\frac{1}{s-1}
\end{aligned}
$$

故得 $y(t)=\mathscr{L}^{-1}[Y(s)]=\dfrac{2}{5}\sin 2t-\dfrac{1}{5}\cos 2t+2t+\dfrac{21}{5}e^t$.

17. **解** 设 $Y(s)=\mathscr{L}[y(t)]$,对方程两端取拉普拉斯变换得

$$[s^2Y(s)-sy(0)-y'(0)]-\frac{d}{ds}[sY(s)-y(0)]-Y(s)=0$$

代入出示条件得 $Y(s)$ 的一个一阶方程

$$sY'(s)=s^2Y(s)-1$$

利用分离变量法得

$$\frac{s\,dY(s)}{s^2Y(s)-1}=ds$$

变形得

$$\frac{d(s^2Y(s)-1)}{s^2Y(s)-1}=s\,ds$$

两侧同取积分,得

$$\ln(s^2Y(s)-1)=\frac{1}{2}s^2+c$$

其中,c 为积分常数. 同取指数并化简得

$$Y(s)=\frac{1}{s^2}+\frac{c}{s^2}e^{\frac{1}{2}s^2}$$

利用初值定理确定积分常数 c,由

$$\lim_{s\to\infty}sY(s)=y(0^+)=0$$

因此得 $c=0$,则

$$Y(s)=\frac{1}{s^2}$$

取拉氏逆变换得 $y(t)=0$.

18. **解** 应用周期函数拉氏变换公式 $\mathscr{L}[f_T(t)]=\dfrac{1}{1-e^{-sT}}\displaystyle\int_0^T f(t)e^{-st}dt$ 计算：

(1)函数 $f(t)$ 表达式为：

$$f(t)=\begin{cases}\sin t, & 2k\pi\leqslant t\leqslant(2k+1)\pi\\ 0, & (2k+1)\pi\leqslant t\leqslant(2k+2)\pi\end{cases},k=0,1,2,\cdots$$

取拉氏变换，得

$$\begin{aligned}\mathscr{L}[f(t)]&=\frac{1}{1-e^{-2\pi s}}\int_0^{2\pi}f(t)e^{-st}dt\\&=\frac{1}{1-e^{-2\pi s}}\int_0^{\pi}\sin te^{-st}dt\\&=\frac{1}{1-e^{-2\pi s}}\frac{-\cos t-\sin t}{1+s^2}e^{-st}\Big|_0^{\pi}\\&=\frac{1}{1+s^2(1-e^{-\pi s})}\end{aligned}$$

(2)函数 $h(t)$ 表达式为

$$f(t)=\begin{cases}\dfrac{h}{\tau}t, & 2k\tau\leqslant t\leqslant(2k+1)\tau\\ \dfrac{h}{\tau}(2\tau-t), & (2k+1)\tau\leqslant t\leqslant(2k+2)\tau\end{cases},k=0,1,2,\cdots$$

取拉氏变换，得

$$\begin{aligned}\mathscr{L}[f(t)]&=\frac{1}{1-e^{-2\tau s}}\int_0^{2\tau}f(t)e^{-st}dt\\&=\frac{1}{1-e^{-2\tau s}}\left[\int_0^{\tau}\frac{h}{\tau}te^{-st}dt+\int_{\tau}^{2\tau}\frac{h}{\tau}(2\tau-t)e^{-st}dt\right]\\&=\frac{1}{1-e^{-2\tau s}}\left[\frac{h}{\tau s^2}e^{-2\tau s}-\frac{2h}{\tau s^2}e^{-\tau s}+\frac{h}{\tau s^2}\right]\\&=\frac{h}{\tau s^2}\text{th}\,\frac{s\tau}{2}.\end{aligned}$$

19. 电路如图 8.10(a)所示

(1)求系统的冲激响应函数 $h(t)$；

(2)求系统的起始状态 $i_L(0_-)$，$v_C(0_-)$ 使系统的零输入响应等于冲激响应；

(3)求系统的起始状态，使系统对 $u(t)$ 的激励的完全响应仍为 $u(t)$.

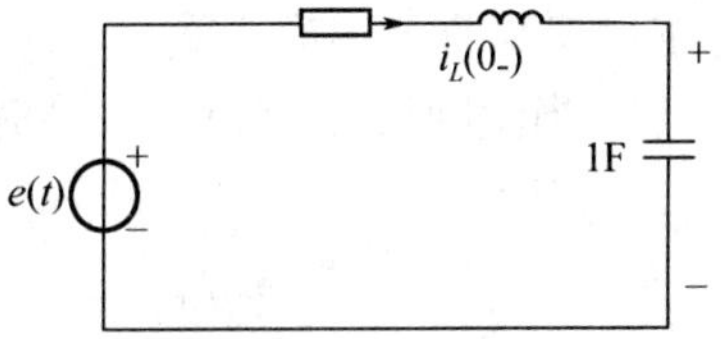

图 8.10(a)

解 (1)系统冲激响应函数 $h(t)$ 与系统传递函数

$H(s)$是一对拉氏变换的关系，对$H(s)$求逆变换可求得$h(t)$，这种方法比在时域求解微分方程简便.

利用s域（复频域）模型图8.10(b)可直写出图8.10(a)电路的系统函数

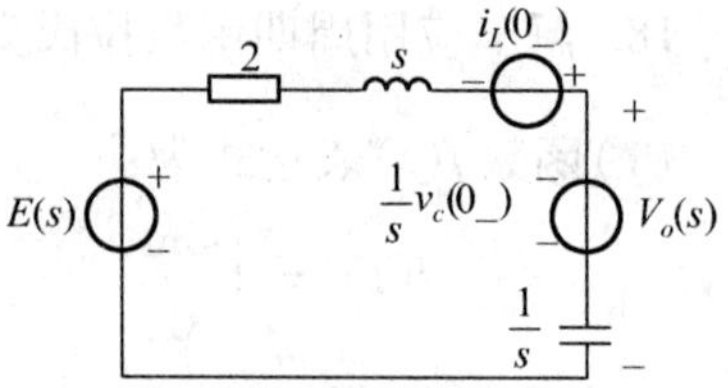

图 8.10(b)

$$H(s)=\frac{V_o(s)}{E(s)}=\frac{\frac{1}{sC}}{R+sL+\frac{1}{sC}}=\frac{1}{s^2+2s+1}$$

取拉氏逆变换得冲激响应函数

$$h(t)=\mathscr{L}^{-1}[H(s)]=te^{-t}u(t)$$

(2)为求得系统的零输入响应，应写出系统的微分方程或给出带有初值的s域模型. 下面我们用s域模型求解. 由图4-5(b)可以写出

$$V_o(s)=\frac{E(s)-\frac{1}{s}v_C(0_-)+\mathrm{i}_L(0_-)}{2+s+\frac{1}{s}}\frac{1}{s}+\frac{1}{s}v_C(0_-)$$

$$=\frac{E(s)}{s^2+2s+1}+\frac{(s+2)v_C(0_-)+\mathrm{i}_L(0_-)}{s^2+2s+1}$$

上式两部分分别为系统的零状态响应和零输入响应，且第二项只和系统起始状态有关，因此该项是零输入响应的拉氏变换. 依题意的要求，该项应和$H(s)$相等，从而得

$$(s+2)v_C(0_-)+\mathrm{i}_L(0_-)=1$$

故系统的起始状态分别为

$$v_c(0_-)=0,i_L(0_-)=1$$

注：改变系统的起始状态可以使系统的完全响应满足某些特定要求. 本质上，系统的零输入响应完全由系统的起始状态决定，对一个稳定系统而言，零输入响应是暂态响应中的一部分，因此，改变系统的起始状态只能改变系统的暂态响应，使暂态响应满足某些特定要求，例如，本例要求暂态响应为零.

(3)当激励信号$\mathrm{e}(t)=u(t)$时，根据式(1)求得完全响应

$$V_o(s)=\frac{\frac{1}{s}}{s^2+2s+1}+\frac{(s+2)v_C(0_-)+\mathrm{i}_L(0_-)}{s^2+2s+1}$$

$$=\frac{1}{s}+\frac{-s-2}{s^2+2s+1}+\frac{(s+2)v_C(0_-)+\mathrm{i}_L(0_-)}{s^2+2s+1}$$

由上式易得，欲使系统完全响应 $v_o(t)$ 等于激励信号 $u(t)$，则需

$$(s+2)v_C(0_-)+i_L(0_-)-s-2=0$$

从而得系统的起始状态应为

$$v_C(0_-)=1$$
$$i_L(0_-)=0$$

20. 证明 公式右边 $=f(0)\mathscr{L}[g(t)]+\mathscr{L}[f'(t)*g(t)]$

$$=f(0)G(s)+\mathscr{L}[f'(t)]\cdot G(s)$$
$$=f(0)G(s)+(sF(s)-f(0)G(s))$$
$$=sF(s)G(s)$$

8.5　教材同步精选习题精解

1. 下列函数的拉氏变换.

(1) $f(t)=t^2+6t-3$；

(2) $f(t)=5\sin2t-3\cos2t$；

(3) $f(t)=1+te^t$；

(4) $f(t)=u(2t-1)$；

(5) $f(t)=\sin^2 t\cos^2 t$；

(6) $f(t)=t\cos at$；

(7) $f(t)=e^{2t}+5\delta(t)$；

(8) $f(t)=e^{-4t}\cos4t$；

(9) $f(t)=u(1-e^{-t})$；

(10) $f(t)=\dfrac{e^{3t}}{\sqrt{t}}$；

(11) $f(t)=te^{-3t}\sin2t$；

(12) $f(t)=t\int_0^t e^{-x}\sin x\mathrm{d}x$；

解　(3) $F(s)=\mathscr{L}[f(t)]=\mathscr{L}[1+te^t]=\mathscr{L}(1)-\mathscr{L}[(-t)e^t]$

$$=\frac{1}{s}-\mathscr{L}[(-t)e^t]$$

$$=\frac{1}{s}-\mathscr{L}[(e^t)]'_s=\frac{1}{s}-\left(\frac{1}{s-1}\right)'=\frac{1}{s}+\frac{1}{(s-1)^2}$$

(4) $f(t)=u(2t-1)$，而

$$u(2t-1)=\begin{cases}1, & t>\dfrac{1}{2};\\ 0, & \text{其他}\end{cases}$$

故有 $F(s)=\mathscr{L}[f(t)]=\mathscr{L}[u(2t-1)]$

$$=\int_0^{\infty}u(2t-1)e^{-st}\mathrm{d}t=\int_{\frac{1}{2}}^{\infty}e^{-st}\mathrm{d}t=\frac{1}{s}e^{-\frac{1}{2}s}$$

(7) $\mathscr{L}[f(t)]=\int_0^{+\infty}[e^{2t}+5\delta(t)]e^{-st}\mathrm{d}t=\int_0^{+\infty}e^{-(2-s)t}\mathrm{d}t+5\int_0^{+\infty}\delta(t)e^{-st}\mathrm{d}t$

$$= \frac{1}{s-2} + 5\mathrm{e}^{-st}\big|_{t=0} \ (\mathrm{Re}s > 2)$$

$$= 5 + \frac{1}{s-2}$$

(8)由 $\mathscr{L}[\cos 4t] = \dfrac{s}{s^2+16}$ 及位移性质得

$$\mathscr{L}[\mathrm{e}^{-4t}\cos 4t] = \frac{s+4}{(s+4)^2+16}$$

(9)$\mathscr{L}[u(1-\mathrm{e}^{-t})] = \int_0^{\infty} u(1-\mathrm{e}^{-t})\mathrm{e}^{-st}\mathrm{d}t = \int_0^{\infty} \mathrm{e}^{-st}\mathrm{d}t = \dfrac{1}{s}$

(10)$\mathscr{L}[t^{-\frac{1}{2}}\mathrm{e}^{3t}] = \mathscr{L}[t^{-\frac{1}{2}}]\big|_{s=s-3} = \dfrac{\Gamma\left(\frac{1}{2}\right)}{s^{\frac{1}{2}}}\Bigg|_{s=s-3} = \sqrt{\dfrac{\pi}{s-3}}$

(11)$F(s) = \mathscr{L}[f(t)] = \mathscr{L}[t\mathrm{e}^{-3t}\sin 2t] = -\mathscr{L}[(-t)\mathrm{e}^{-3t}\sin 2t]$

$$= -[\mathscr{L}(\mathrm{e}^{-3t}\sin 2t)]'_s = -\left[\frac{2}{(s+3)^2+2^2}\right]'$$

$$= \frac{4(s+3)}{[(s+3)^2+4]^2}$$

(12)$f(t) = t\int_0^t \mathrm{e}^{-x}\sin x\mathrm{d}x = -(-t)\int_0^t \mathrm{e}^{-x}\sin x\mathrm{d}x$

$$F(s) = \mathscr{L}\left[t\int_0^t \mathrm{e}^{-x}\sin x\mathrm{d}x\right]$$

$$= -\mathscr{L}\left[(-t)\int_0^t \mathrm{e}^{-x}\sin x\mathrm{d}x\right]\text{(由微分性质)}$$

$$= -\left[\mathscr{L}\left(\int_0^t \mathrm{e}^{-x}\sin x\mathrm{d}x\right)\right]'_s$$

$$= -\left[\frac{1}{s}\mathscr{L}(\mathrm{e}^{-t}\sin t)\right]' = -\left(\frac{1}{s[(s+1)^2+1]}\right)' = \frac{3s^2+4s+2}{s^2[(s+1)^2+1]^2}$$

2. 求下列函数的拉氏逆变换.

(1) $F(s) = \dfrac{3s}{(s-1)(s-2)}$；　　(2) $F(s) = \dfrac{1}{s^2(s^2+1)}$；

(3) $F(s) = \dfrac{1}{(s-1)^4}$；　　(4) $F(s) = \dfrac{2s+3}{s^2+9}$；

(5) $F(s) = \dfrac{2s+5}{s^2+4s+13}$；　　(6) $F(s) = \dfrac{1}{s(s+1)(s+2)}$；

(7) $F(s) = \dfrac{s+2}{(s^2+10)(s^2+20)}$；　　(8) $F(s) = \dfrac{1}{s^4-a^4}$；

(9) $F(s)=\dfrac{3+s}{s^3+3s^2+6s+4}$;　　　(10) $F(s)=\dfrac{1+e^{-2s}}{s^2}$;

解　(2)$s=0$ 是 $F(s)=\dfrac{1}{s^2(s+1)}$的二级极点，$s=-1$ 是 $F(s)=\dfrac{1}{s^2(s+1)}$的单极点

$$\operatorname{Res}[F(s)e^{st};0]=\operatorname{Res}\left[\frac{e^{st}}{s^2(s+1)};0\right]=\lim_{s\to0}\frac{d}{ds}\left[s^2\cdot\frac{e^{st}}{s^2(s+1)}\right]$$

$$=\lim_{s\to0}\frac{[(s+1)t-1]e^{st}}{(s+1)^2}=t-1$$

$$\operatorname{Res}[F(s)e^{st};-1]=\operatorname{Res}\left[\frac{e^{st}}{s^2(s+1)};-1\right]$$

$$=\lim_{s\to0}(s+1)\cdot\frac{e^{st}}{s^2(s+1)}=e^{-t}$$

故有$f(t)=\operatorname{Res}[F(s)e^{st};0]+\operatorname{Res}[F(s)e^{st};-1]=t-1+e^{-t}$

(4)$\mathscr{L}^{-1}\left[\dfrac{2s+3}{s^2+9}\right]=2\mathscr{L}^{-1}\left[\dfrac{s}{s^2+9}\right]+\mathscr{L}^{-1}\left[\dfrac{3}{s^2+9}\right]=2\cos3t+\sin3t$

(5)由 $F(s)=\dfrac{2s+5}{s^2+4s+13}$

$$=\frac{2(s+2)}{(s+2)^2+3^2}+\frac{1}{3}\frac{3}{(s+2)^2+3^2},$$

$$\mathscr{L}[\sin3t]=\frac{3}{s^2+3^2},\mathscr{L}[\cos3t]==\frac{s}{s^2+3^2}$$

及位移性质 $\mathscr{L}^{-1}[F(s-a)]=e^{at}f(t)$得

$$\mathscr{L}^{-1}\left[\frac{2s+5}{s^2+4s+13}\right]=2\mathscr{L}^{-1}\left[=\frac{s+2}{(s+2)^2+3^2}\right]+\frac{1}{3}\mathscr{L}^{-1}\left[\frac{3}{(s+2)^2+3^2}\right]$$

$$=2\cos3t\cdot e^{-2t}+\frac{1}{3}\sin3t\cdot e^{-2t}$$

$$=\frac{1}{3}e^{-2t}(6\cos3t+\sin3t)$$

(9)由 $F(s)=\dfrac{3+s}{s^3+3s^2+6s+4}=\dfrac{s+3}{(s+1)[(s+1)^2+(\sqrt{3})^2]}$

$$=\frac{2}{3}\cdot\frac{1}{s+1}-\frac{2}{3}\cdot\frac{s+1}{(s+1)^2+(\sqrt{3})^2}+\frac{\sqrt{3}}{3}\cdot\frac{\sqrt{3}}{(s+1)^2+(\sqrt{3})^2}$$

且

$$\mathscr{L}^{-1}\left[\frac{1}{s+1}\right]=e^{-t}$$

$$\mathscr{L}^{-1}\left[=\frac{s+1}{(s+1)^2+(\sqrt{3})^2}\right]=e^{-t}\cos\sqrt{3}t$$

$$\mathscr{L}^{-1}\left[=\frac{\sqrt{3}}{(s+1)^2+(\sqrt{3})^2}\right]=e^{-t}\sin\sqrt{3}t$$

得

$$\mathscr{L}^{-1}\left[\frac{3+s}{s^3+3s^2+6s+4}\right]=\frac{2}{3}e^{-t}-\frac{2}{3}e^{-t}\cos\sqrt{3}t+\frac{\sqrt{3}}{3}e^{-t}\sin\sqrt{3}t$$
$$=\frac{1}{3}e^{-t}(2-2\cos\sqrt{3}t+\sqrt{3}\sin\sqrt{3}t)$$

(10)由 $F(s)=\frac{1+e^{-2s}}{s^2}=\frac{1}{s^2}+\frac{e^{-2s}}{s^2}$,

$$得\ \mathscr{L}^{-1}\left[\frac{1+e^{-2s}}{s^2}\right]=\mathscr{L}^{-1}\left[\frac{1}{s^2}\right]+\mathscr{L}^{-1}\left[\frac{e^{-2s}}{s^2}\right]=t+\mathscr{L}^{-1}\left[\frac{e^{-2s}}{s^2}\right]$$

由延迟性质:

$$\mathscr{L}^{-1}[e^{-\tau s}G(s)]=g(t-\tau)u(t-\tau)$$
$$(\tau>0,\mathscr{L}^{-1}[g(t)]=G(s))$$

可得(只需取 $G(s)=\frac{1}{s^2},g(t)=\mathscr{L}^{-1}[G(s)]=t$)

$$\mathscr{L}^{-1}\left[\frac{e^{-2s}}{s^2}\right]=(t-2)u(t-2)$$

$$\mathscr{L}^{-1}\left[\frac{1+e^{-2s}}{s^2}\right]=t+(t-2)u(t-2)=\begin{cases}t & 0\leqslant t<2\\2(t-1) & t\geqslant 2\end{cases}$$

3. 求下列微分方程和方程组的解

(1) $y''+y'+3y=e^{-t},y(0)=y'(0)=1$

(2) $y'''+y'=e^{2t},y(0)=y'(0)=y''(0)=0$

(3) $y''-2y'+2y=2e^t\cos t,y(0)=y'(0)=0$

(4) $\begin{cases}x'+x-y=e^t\\y'+3x-2y=2e^t\end{cases},x(0)=y(0)=1.$

解 (1)令 $Y(s)=\mathscr{L}[y(t)]$,在方程两边取拉氏变换,并应用初始条件得

$$s^2Y(s)-s-1+4(sY(s)-1)+3Y(s)=\frac{1}{s+1},$$

解方程得 $Y(s)=\frac{s^2+6s+6}{(s+1)^2(s+3)}=\frac{7}{4(s+1)}+\frac{1}{2(s+1)^2}-\frac{3}{4(s+3)}$,

求拉式逆变换,得 $y(t)=\left(\frac{7}{4}+\frac{1}{2}t\right)e^{-t}-\frac{3}{4}e^{-3t}$

(3)令 $\mathscr{L}[y(t)]=Y(s)$,方程两边取拉氏变换

$$s^2Y(s)-2sY(s)+2Y(s)=2\frac{s-1}{(s-1)^2+1}$$

$$(s^2-2s+2)Y(s)=2\frac{s-1}{(s-1)^2+1}$$

$$Y(s)=\frac{2(s-1)}{[(s-1)^2+1]^2}=-\left[\frac{1}{(s-1)^2+1}\right]'$$

因为由拉氏变换的像函数微分性质知,如果 $\mathscr{L}[f(t)]=F(s)$,则 $\mathscr{L}[(-t)f(t)]=f'(s)$,即 $\mathscr{L}^{-1}[f'(s)]=-tf(t)=(-t)\mathscr{L}^{-1}[F(s)]$

$$\because\ \mathscr{L}^{-1}\left[\frac{1}{(s-1)^2+1}\right]=\mathrm{e}^t\sin t$$

$$\therefore\ \mathscr{L}^{-1}\left\{\frac{2(s-1)}{[(s-1)^2+1]^2}\right\}=-\mathscr{L}^{-1}\left[\left(\frac{1}{(s-1)^2+1}\right)'\right]$$

$$=-(-t)\mathscr{L}^{-1}\left[\frac{1}{(s-1)^2+1}\right]=t\mathrm{e}^t\sin t$$

(4) $\begin{cases}x'+x-y=\mathrm{e}^t\\ y'+3x-2y=2\mathrm{e}^t\end{cases}$, $x(0)=y(0)=1$.

设 $\mathscr{L}[x(t)]=X(s)$, $\mathscr{L}[y(t)]=Y(s)$

$\mathscr{L}[x'(t)]=sX(s)-x(0)=sX(s)-1$

$\mathscr{L}[y'(t)]=sY(s)-y(0)=sY(s)-1$

微分方程组两式的两边取拉氏变换,得一个 $X(s)$ 与 $Y(s)$ 的二元一次方程组

$$\begin{cases}sX(s)-1+X(s)-Y(s)=\dfrac{1}{s-1}\\ sY(s)-1+3X(s)-2Y(s)=\dfrac{2}{s-1}\end{cases}$$

或

$$\begin{cases}(s+1)X(s)-Y(s)=\dfrac{1}{s-1}+1=\dfrac{s}{s-1},\text{即 } Y(s)=(s+1)X(s)-\dfrac{s}{s-1} & \text{(i)}\\ 3X(s)+(s-2)Y(s)=\dfrac{2}{s-1}+1=\dfrac{s+1}{s-1} & \text{(ii)}\end{cases}$$

(i)式代入(ii)式,得

$$3X(s)+(s-2)\left[(s+1)X(s)-\frac{s}{s-1}\right]=\frac{s+1}{s-1}$$

$$(s^2-s+1)X(s)=\frac{s+1}{s-1}+\frac{s(s-2)}{s-1}=\frac{s^2-s+1}{s-1}$$

$$X(s)=\frac{1}{s-1} \tag{iii}$$

所以有 $x(t)=\mathrm{e}^t$.(ⅲ)代入(ⅰ)得

$$Y(s)=\frac{s+1}{s-1}-\frac{s}{s-1}=\frac{1}{s-1}$$

所以 $y(t)=\mathrm{e}^t$.

4. 已知 $\mathscr{L}[f(t)]=F(s), m\geqslant n, a>0, b\geqslant 0$,试求 $\frac{\mathrm{d}^n}{\mathrm{d}t^n}t^m f(t)$ 的拉氏变换.

解 令 $g(t)=t^m f(t)$,则有像函数的微分性质及 $m\geqslant n$ 可知

$$\mathscr{L}[g(t)]=(-1)^m F^{(m)}(s)$$

$$g(0)=g'(0)=\cdots=g^{(n-1)}(0)$$

再由微分性质可得

$$\mathscr{L}\left[\frac{\mathrm{d}^n}{\mathrm{d}t^n}t^m f(t)\right]=\mathscr{L}[g^{(n)}(t)]=s^n\mathscr{L}[g(t)]=(-1)^m s^n F^{(m)}(s)$$

5. 证明函数 $F(s)=\frac{s^2}{(s^2+1)(s^2+4)}$ 的拉氏逆变换为 $\mathscr{L}^{-1}[F(s)]=\frac{2}{3}\sin 2t-\frac{1}{3}\sin t$.

证明 $\mathscr{L}^{-1}\left[\frac{s^2}{(s^2+1)(s^2+4)}\right]=\mathrm{Res}\left[\frac{s^2\mathrm{e}^{st}}{(s^2+1)(s^2+4)},\mathrm{i}\right]+\mathrm{Res}\left[\frac{s^2\mathrm{e}^{st}}{(s^2+1)(s^2+4)},-\mathrm{i}\right]+$
$\mathrm{Res}\left[\frac{s^2\mathrm{e}^{st}}{(s^2+1)(s^2+4)},2\mathrm{i}\right]+\mathrm{Res}\left[\frac{s^2\mathrm{e}^{st}}{(s^2+1)(s^2+4)},-2\mathrm{i}\right]$

$$=\frac{\mathrm{i}}{6}\mathrm{e}^{\mathrm{i}t}-\frac{\mathrm{i}}{6}\mathrm{e}^{-\mathrm{i}t}-\frac{\mathrm{i}}{3}\mathrm{e}^{2\mathrm{i}t}+\frac{\mathrm{i}}{3}\mathrm{e}^{-2\mathrm{i}t}=\frac{1}{3}(2\sin 2t-\sin t)$$

又因为

$$\frac{s^2}{(s^2+1)(s^2+4)}=\frac{1}{3}\left(\frac{4}{s^2+4}-\frac{1}{s^2+1}\right)$$

$$L[\sin kt]=\frac{k}{s^2+k^2}$$

易知

$$\mathscr{L}^{-1}\left[\frac{s^2}{(s^2+1)(s^2+4)}\right]=\frac{2}{3}\mathscr{L}^{-1}\left[\frac{2}{s^2+4}\right]-\frac{1}{3}\mathscr{L}^{-1}\left[\frac{1}{s^2+1}\right]=\frac{2}{3}\sin 2t-\frac{1}{3}\sin t$$

6. 求下列卷积.

(1) $1*1$　　(2) t^m*t^n(m,n 为正整数)

(3) $\sin t^m*\cos t^n$　　(4) $t*\mathrm{e}^t$

(5) $u(t-a)*f(t)$　　(6) $\delta(t-a)*f(t)$

解 (2) $t^m*t^n=\int_0^t\tau^m\cdot(t-\tau)^n\mathrm{d}\tau=\int_0^t\tau^m\sum_{k=0}^{n}(-1)^k C_n^k t^{n-k}\tau^k\mathrm{d}\tau$

$$= \int_0^t \sum_{k=0}^{n} (-1)^k C_n^k t^{n-k} \tau^{m+k} \mathrm{d}\tau = \sum_{k=0}^{n} (-1)^k \int_0^t \tau^{m+k} \mathrm{d}\tau C_n^k t^{n-k}$$

$$= \sum_{k=0}^{n} (-1)^k \cdot \frac{t^{m+k+1} \cdot t^{n-k}}{m+k+1} C_n^k = t^{m+n+1} \sum_{k=0}^{n} (-1)^k \frac{C_n^k}{(m+k+1)}$$

$$= m!n! \frac{t^{m+n+1}}{(m+k+1)}!$$

(3) $\sin t * \cos t = \int_0^t \sin\tau \cos(t-\tau)\mathrm{d}\tau$

$$= \frac{1}{2}\int_0^t \{\sin[\tau + (t-\tau)] + \sin[\tau - (t-\tau)]\}\mathrm{d}\tau$$

$$= \frac{1}{2}\int_0^t [\sin t + \sin(2\tau - t)]\mathrm{d}\tau$$

$$= \frac{t}{2}\sin t + \frac{1}{2}\int_0^t \sin(2\tau - t)\mathrm{d}\tau$$

$$= \frac{t}{2}\sin t - \frac{1}{4}\cos(2\tau - t)\Big|_0^t$$

$$= \frac{t}{2}\sin t - \frac{1}{4}[\cos t - \cos(-t)] = \frac{t}{2}\sin t$$

(4) $t * \mathrm{e}^t = \int_0^t \tau \mathrm{e}^{t-\tau}\mathrm{d}\tau = \mathrm{e}^t \int_0^t \tau \mathrm{e}^{-\tau}\mathrm{d}\tau$

$$= -\mathrm{e}^t \int_0^t \tau \mathrm{d}\mathrm{e}^{-\tau} = \mathrm{e}^t\left[\tau \mathrm{e}^{-\tau}\Big|_0^t - \int_0^t \mathrm{e}^{-\tau}\mathrm{d}\tau\right]$$

$$= -\mathrm{e}^t[t\mathrm{e}^{-t} + \mathrm{e}^{-t} - 1] = \mathrm{e}^t - t - 1$$

(5) $f(t) * u(t-a) = u(t-a) * f(t) = \int_0^t u(\tau - a) f(t-\tau)\mathrm{d}\tau$

$$= \begin{cases} 0, & t < a \\ \int_a^t f(t-\tau)\mathrm{d}\tau & t \geqslant a \end{cases}$$

(6) 当 $t < a$, $\delta(t-a) * f(t) = 0$,

当 $t \geqslant a$, $\delta(t-a) * f(t) = \int_0^t \delta(\tau - a) \cdot f(t-\tau)\mathrm{d}\tau = \int_{-\infty}^{+\infty} \delta(\tau - a) \cdot f(t-\tau)\mathrm{d}\tau$

$$= f(t-\tau)\Big|_{\tau = a} = f(t-a)$$

8. 利用卷积定理证明等式 $\mathscr{L}\left[\int_0^t f(t)\mathrm{d}t\right] = \mathscr{L}[f(t) * u(t)] = \dfrac{F(s)}{s}$.

证明 由卷积定理有

$$\mathscr{L}[f(t) * u(t)] = \mathscr{L}[f(t)] \cdot \mathscr{L}[u(t)] = F(s) \cdot \frac{1}{s}$$

则

$$\mathscr{L}[f(t)*u(t)]=\mathscr{L}\left[\int_0^t u(\tau)\cdot f(t-\tau)\mathrm{d}\tau\right]$$

$$=\mathscr{L}\left[\int_0^t f(t-\tau)\mathrm{d}\tau\right]=\mathscr{L}\left[\int_0^t f(t)\mathrm{d}t\right]$$

9. 求下图所示的以 T 为周期的矩形波 $f(t)$ 的 Laplace 变换.

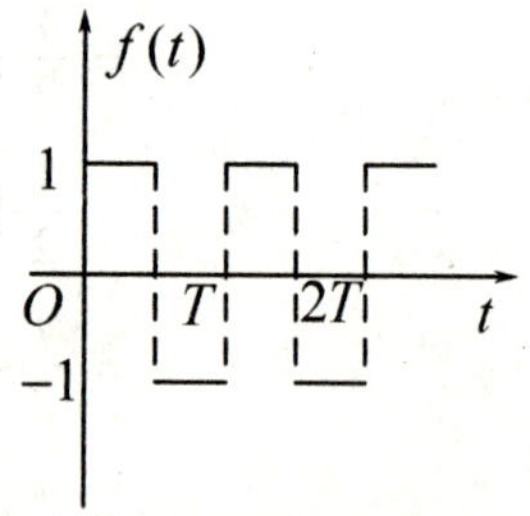

解 由图易得函数表达式为

$$f(t)=\begin{cases}1, & 0\leqslant t<\dfrac{T}{2}\\ -1, & \dfrac{T}{2}\leqslant t<T\end{cases}$$

且 $f(t+T)=f(t)$,由周期函数拉氏变换公式 $\mathscr{L}[f_T(t)]=\dfrac{1}{1-\mathrm{e}^{-sT}}\int_0^T f(t)\mathrm{e}^{-st}\mathrm{d}t$ 得

$$\begin{aligned}\mathscr{L}[f(t)]&=\frac{1}{1-\mathrm{e}^{-sT}}\int_0^T f(t+T)\mathrm{e}^{-st}\mathrm{d}t\\&=\frac{1}{1-\mathrm{e}^{-sT}}\left[\int_0^{\frac{T}{2}}\mathrm{e}^{-st}\mathrm{d}t+\int_0^{\frac{T}{2}}(-1)\mathrm{e}^{-st}\mathrm{d}t\right]\\&=\frac{1}{1-\mathrm{e}^{-sT}}\left[-\frac{1}{s}\mathrm{e}^{-st}\Big|_0^{\frac{T}{2}}+\frac{1}{s}\mathrm{e}^{-st}\Big|_{\frac{T}{2}}^{T}\right]\\&=\frac{1}{s(1-\mathrm{e}^{-sT})}(1-\mathrm{e}^{\frac{-sT}{2}})^2\\&=\frac{1}{s}\cdot\frac{1-\mathrm{e}^{\frac{-sT}{2}}}{1+\mathrm{e}^{\frac{-sT}{2}}}=\frac{1}{s}\tanh\frac{sT}{4}\end{aligned}$$

10. 在如下图所示的电路图中，当 $t=0$ 时，闭合开关 K，接入信号源 $e(t)=E_0\sin\omega_0 t$，电感起始电流等于零，求电流 $i(t)$.

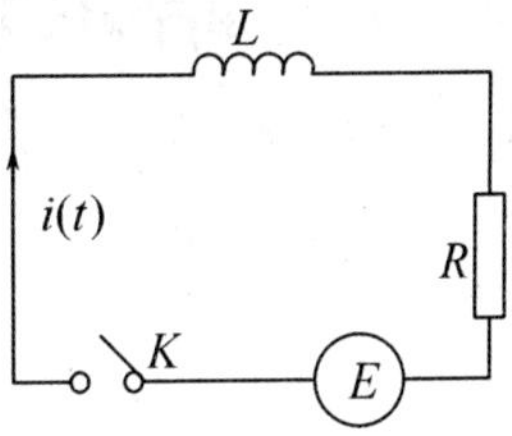

解 由基尔霍夫(Kirchhoff)定律，可知 $i(t)$ 所满足的微分方程为

$$\mathscr{L}\frac{\mathrm{d}i(t)}{t}+Ri(t)=E_0\sin\omega t$$

初始条件为 $i(0)=0$，令 $\mathscr{L}[i(t)]=I(s)$，对方程两端取 Laplace 变换，得

$$LsI(s)+RI(s)=E_0\frac{\omega}{s^2+\omega^2}$$

于是

$$I(s)=\frac{E_0\omega}{(s^2+\omega^2)(Ls+R)}=\frac{E_0}{L}\cdot\frac{1}{s+\dfrac{R}{L}}\cdot\frac{\omega}{s^2+\omega^2}$$

求逆变换，并利用卷积分定理，有

$$\begin{aligned}i(t)&=\frac{E_0}{L}(\mathrm{e}^{-\frac{R}{L}t}*\sin\omega t)=\frac{E_0}{L}\int_0^t\sin\omega\tau\mathrm{e}^{-\frac{R}{L}(t-\tau)}\mathrm{d}\tau\\&=\frac{E_0}{R^2+L^2\omega^2}(R\sin\omega t-\omega L\cos\omega t)+\frac{E_0\omega L}{R^2+L^2\omega^2}\mathrm{e}^{-\frac{R}{L}t}\end{aligned}$$

所得结果的第一部分代表一个稳定的(幅度不变的)振荡，第二部分则随时间而衰减.

哈尔滨工程大学本科生考试试卷

(2010－2011 年第一学期)

一、选择题(每小题 2 分,共 10 分).

1. $\lim\limits_{z \to z_0} \dfrac{\mathrm{Im}z - \mathrm{Im}z_0}{z - z_0} =$ ( ).

A. i　　B. －i　　C. 0　　D. 不存在

2. 若$\sum\limits_{n=0}^{\infty} a_n (z-1)^n$ 在 $z=3$ 发散,则它在 ( ).

A. $z=-1$ 收敛　　B. $z=2$ 收敛

C. $z=2\mathrm{i}$ 发散　　D. 均不正确

3. 已知函数$f(z)=\dfrac{1}{1-\cos z}-\dfrac{2}{z^2}$,则 $z=0, z=\infty$ 分别是$f(z)$的 ( ).

A. 二阶极点、孤立奇点　　B. 二阶极点、非孤立奇点

C. 可去奇点、孤立奇点　　D. 可去奇点、非孤立奇点

4. 映射 $w=\dfrac{3z-\mathrm{i}}{z+\mathrm{i}}$在 $z_0=2\mathrm{i}$ 处的旋转角为 ( ).

A. $-\pi/2$　　B. 0　　C. $\pi/2$　　D. π

5. 下列命题或论断中,正确的个数是 ( ).

Ⅰ:$\overline{\mathrm{Ln}z}=\mathrm{Ln}\bar{z}$

Ⅱ:设$f(z)=u(x,y)+\mathrm{i}v(x,y)$解析,则 $-u$ 是 v 的共轭调和函数

Ⅲ:$f(z)=u(x,y)+\mathrm{i}v(x,y)$的导数$f'(z)$存在的充要条件是 u,v 的偏导数分别存在

Ⅳ:$f(z)=\tan(1/z)$在任意圆环域$0<|z|<R$ 不能展开为洛朗级数

A. 0　　B. 1　　C. 2　　D. 3

二、填空题(每小题 2 分,共 10 分)

6. 设 $\mathrm{e}^z=\mathrm{i}^{\mathrm{i}}$,则 $\mathrm{Re}z=$________.

7. 若函数 $v(x,y)=x^3+axy^2$ 为某一解析函数的虚部,则常数 $a=$________.

8. 设函数$\dfrac{e^z}{\cos z}$的泰勒展开式为$\sum\limits_{n=0}^{\infty} c_n z^n$，则它的收敛半径为________.

9. 设信号$f(t)=\delta(t-1)$，则通过 Fourier 变换得到的频谱函数 $F(\omega)=$________.

10. 设 $F(s)=\dfrac{1}{s(s-1)}$，则通过 Laplace 逆变换得到$f(t)=$________.

三、计算题 I（每小题 5 分，共 25 分）

11. 函数$f(z)=2x^3+i3y^3$ 在何处可导？何处解析？

12. 设$f(z)=u(x,y)+iv(x,y)$是解析函数，且 $u-v=(x-y)(x^2+4xy+y^2)$，求$f(z)$.

13. 计算积分$\int_C (z^n+\bar{z})\mathrm{d}z$，其中 C：$|z|=1$ 为负向，n 为整数.

14. 计算积分 $\int_C \frac{z\mathrm{d}z}{(2z+1)(z-2)}$,其中 C: $|z|=3$ 为正向.

15. 利用留数定理计算定积分 $\int_0^{\pi} \frac{\mathrm{d}\theta}{1+\cos^2\theta}$.

四、计算题Ⅱ(每小题 6 分,共 18 分)

16. 求函数 $f(z)=\frac{z-3}{z^2-3z+2}$ 在下列要求下的级数(泰勒或者洛朗级数)展开:

(1) 圆 $|z|<1$ 内;

(2) 环 $1<|z|<2$ 内;

(3) 环 $1<|z-1|<\infty$ 内.

17. 设$f(z)=\frac{1}{2\pi i}\int_C \frac{e^{\xi^2}\sin\xi}{\xi^3 - z\xi^2}d\xi$，$C$：$|\xi - z| = 3$ 正向，试求：

(1) $f(z)$在复平面上除去$|z|=3$的点处的函数表达式；

(2) $f'(i)$及$f(\pi i)$.

18. 按照要求逐步完成下列有关保形映射的问题.

(1) Z平面阴影部分是角形区域 $-\pi/6 < \arg z < \pi/6$，如下图所示. 通过何种变换，保形映射为 w_1 平面上的右半平面？在下图方框中填入该变换.

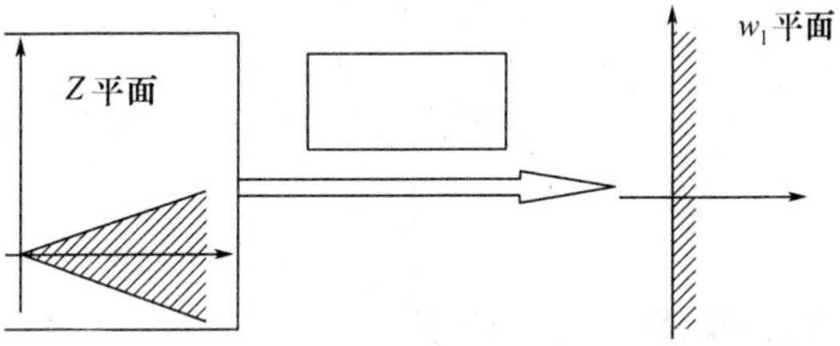

(2) $w_2 = i \cdot (w_1 + 1)$，在下图中画出经过该映射后的区域.

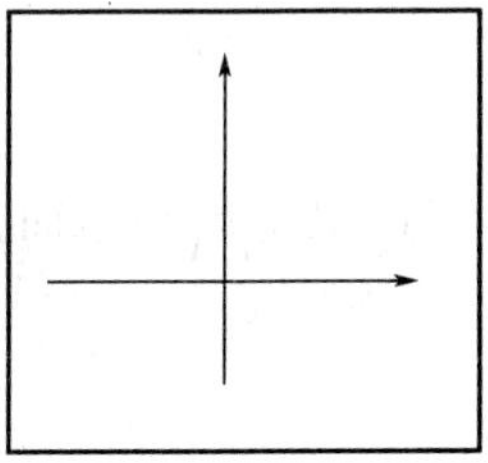

五、应用题(8 分)

19. 质量为 m 的物体挂在弹簧系数为 $k=m\omega_0^2$ 的弹簧一端(如下图所示),其中常数 ω_0 为固有频率,$f(t)$ 为作用在物体上的外力. 若物体从静止平衡位置 $x=0$ 开始运动,物体的初始位移 $x(0)=0$,初始速度大小 $x'(0)=0$,根据牛顿定律可得到方程:

$m\cdot x''(t)=f(t)-kx(t)$

假设在初始时刻 $t=0$ 时,物体受到外力 $f(t)=\delta(t)$ ($\delta(t)$ 为单位冲击函数),应用 *Laplace* 变换,求解物体的运动规律 $x(t)$.

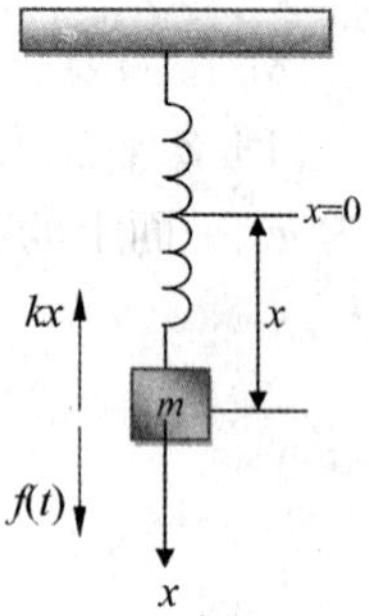

六、证明题(5 +4 =9 分)

20. 假设 $f(z)$ 在给定区域 D 解析,且 $f(z)\neq 0$,若 $|f(z)|$ 为常数,证明:$f(z)$ 为常数.

21. 若 $\sum\limits_{n=1}^{\infty}a_n$ 收敛而级数 $\sum\limits_{n=1}^{\infty}|a_n|$ 发散,证明:幂级数 $\sum\limits_{n=1}^{\infty}a_nz^n$ 的收敛半径为 1.

复变函数与积分变换参考答案与评分标准(A卷)

一、选择题(2分/题)

1. D　2. C　3. D　4. A　5. D

二、填空题(2分/题)

6. $-(\frac{\pi}{2}+2k\pi)k=0,\pm1,\pm2,\cdots$　7. -3　8. $\frac{\pi}{2}$

9. $e^{-i\omega}$　10. $e^{t}-1$

三、计算题Ⅰ(5分/题)

11. 解：$u=2x^3, v=3y^3$,

$u_x=6x^2, u_y=0, v_x=0, v_y=9y^2$　(1分)

4个偏导数均连续(可微)　(1分)

根据C-R方程有$\begin{cases}6x^2=9y^2\\0=0\end{cases}\Rightarrow y=\pm\sqrt{\frac{2}{3}}x$ 可导　(2分)

不(无处)解析　(1分)

12. 解：列出C-R方程　(1分)

$$\begin{cases}u_x-v_x=u_x+u_y=3x^2+6xy-3y^2\\u_y-v_y=u_x+u_y=3x^2+6xy-3y^2\end{cases}\Rightarrow\begin{cases}u_x=6xy\\u_y=3x^2-3y^2\end{cases}$$　(2分)

(注：直接应用C-R方程得到上式得3分)

积分 $u=3x^2y+C(y)$，带入得 $C(y)=-y^3+c$，所以

$$u=3x^2y-y^3+c, v=-x^3+3xy^2+c$$　(2分)

13. 解：$n\neq-1$，$\int_C(z^n+\bar{z})dz=\int_C\bar{z}dz=\int_C\frac{1}{z}dz=-2\pi i$　(2分)

$$n=-1,\int_C(z^n+\bar{z})dz=2\int_C\frac{1}{z}dz=-4\pi i$$　(3分)

14. 解：原积分$=\frac{1}{2}\int_{C_1}\frac{\frac{z}{z-2}}{z-(-1/2)}dz+\int_{C_2}\frac{\frac{z}{2z+1}}{z-2}dz$　(3分)

$$=2\pi i\left(\frac{1}{10}+\frac{2}{5}\right)=\pi i$$ (2 分)

15. **解**:法 1

原积分 $=\frac{1}{2}\int_{-\pi}^{\pi}\frac{d\theta}{1+\cos^2\theta}=\frac{1}{2}\int_{|z|=1}\frac{1}{1+\frac{z^4+2z^2+1}{4z^2}}\frac{dz}{iz}=\frac{2}{i}\int_{|z|=1}\frac{zdz}{z^4+6z^2+1}$ (3 分)

$$=2\pi i\,\frac{2}{i}\left(\frac{z}{4z^3+12z}\bigg|_{z=(\sqrt{2}-1)i}+\frac{z}{4z^3+12z}\bigg|_{z=-(\sqrt{2}-1)i}\right)=\frac{\sqrt{2}}{2}\pi$$ (2 分)

法 2

$$\int_0^{\pi}\frac{d\theta}{1+\cos^2\theta}=\int_0^{\pi}\frac{2d\theta}{3+\cos2\theta}\overset{t=2\theta}{=}\int_0^{2\pi}\frac{dt}{3+\cos t}$$ (2 分)

$$=\int_{|z|=1}\frac{1}{3+\frac{z^2+1}{2z}}\frac{dz}{iz}=\frac{2}{i}\int_{|z|=1}\frac{dz}{z^2+6z+1}$$ (1 分)

两个一阶极点只有 $z_1=2\sqrt{2}-3$ 在 $|z|=1$ 内,留数为 $resf(z_1)=\frac{1}{(z^2+6z+1)'}\bigg|_{z=z_1}=\frac{1}{4\sqrt{2}}$,

所以 $I=\frac{2}{i}2\pi i\,\frac{1}{4\sqrt{2}}=\frac{\sqrt{2}}{2}\pi$.

法 3　做变换 $z=e^{2i\theta}$,其余过程与法 2 类似.

四、计算题Ⅱ(6 分/题)

16. 解:(1)$f(z)$解析,泰勒展开

$$f(z)=(z-3)\left(\frac{1}{1-z}-\frac{1}{2-z}\right)=\sum_{n=0}^{\infty}\frac{1-2^{n+1}}{2^{n+1}}z^n$$ (2 分)

(2)$f(z)=(z-3)\left(\frac{1}{1-z}-\frac{1}{2-z}\right)=(z-3)\left(-\frac{1/z}{1-1/z}-\frac{1/2}{1-z/2}\right)$ (1 分)

$$=2\sum_{n=-\infty}^{-1}z^n+\sum_{n=0}^{\infty}\frac{z^n}{2^{n+1}}$$ (1 分)

(3)$f(z)=\frac{(z-1)-2}{z-1}\,\frac{1}{(z-1)-1}$ (1 分)

$$=\left(1-\frac{2}{z-1}\right)\sum_{n=0}^{\infty}\frac{1}{(z-1)^{n+1}}=\frac{1}{z-1}-\sum_{n=1}^{\infty}\frac{1}{(z-1)^{n+1}}$$ (1 分)

17. 解:(1)当 $z=0$ 时,$f(0)=\frac{1}{2\pi i}\int_{|\xi|=3}\frac{e^{\xi^2}\sin\xi}{\xi^3}d\xi=\frac{1}{2!}(e^{\xi^2}\sin\xi)''\bigg|_{\xi=0}=0$ (2 分)

当 $0<|z|<3$ 时,$\xi_1=0$ 是二阶极点,$\xi_2=z$ 是一阶极点

$$f(z)=\frac{1}{2\pi i}\int_C\frac{e^{\xi^2}\sin\xi}{\xi^2(\xi-z)}d\xi=\frac{1}{2\pi i}\left[\int_{C_1}\frac{\frac{e^{\xi^2}\sin\xi}{\xi-z}}{\xi^2}d\xi+\int_{C_2}\frac{\frac{e^{\xi^2}\sin\xi}{\xi^2}}{\xi-z}d\xi\right]$$

$$=\left(\frac{e^{\xi^2}\sin\xi}{\xi-z}\right)'\Bigg|_{\xi=0}+\frac{e^{\xi^2}\sin\xi}{\xi^2}\Bigg|_{\xi=z}=\frac{e^{z^2}\sin z-z}{z^2}$$ （1 分）

当 $|z|>3$ 时，只有 $\xi_1=z$ 在 C 所围内部，$f(z)=\dfrac{e^{z^2}\sin z}{z^2}$ （1 分）

（2）$|1|<3$，$f'(1)=\left(\dfrac{e^{z^2}\sin z-z}{z^2}\right)'\Bigg|_{z=1}=1+e\cos 1$ （1 分）

$|\pi i|>3$，$f(\pi i)=-\dfrac{e^{-\pi}}{\pi^2}\sin\pi i$ （1 分）

18. 解：1）$w=z^3$ （3 分）

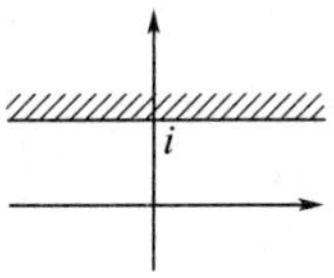

2)（3 分）

五、应用题（8 分）

19. 解：设 $\mathscr{L}[x(t)]=X(s)$，根据微分性质和题意有：

$$\mathscr{L}[x''(t)]=s^2X(s),\mathscr{L}[x'(t)]=sX(s),$$

对方程两端取拉式变换，得：

$$ms^2X(s)=\mathscr{L}[f(t)]-m\omega_0^2X(s)$$

则 $$X(s)=\frac{1}{m}\frac{\mathscr{L}[f(t)]}{s^2+\omega_0^2}$$ （4 分）

利用 $$\mathscr{L}[\delta(t)]=1,\mathscr{L}[\sin kt]=\frac{k}{s^2+k^2}$$ （2 分）

取反变换得 $$x(t)=\frac{1}{m\omega_0}\sin\omega_0$$ （2 分）

六、证明题（5+4=9 分）

20. **证明**：$|f(z)|=f(z)\cdot\overline{f(z)}=C\Rightarrow\overline{f(z)}=\dfrac{1}{f(z)}$，故 $\overline{f(z)}$ 解析 （2 分）

利用结论“$f(z)$，$\overline{f(z)}$ 解析，则 $f(z)$ 为常数”，或者根据 C－R 方程证明此命题得到结论.

21. 证：（法 I）

令$\lim\limits_{n\to\infty}\left|\dfrac{a_{n+1}}{a_n}\right|=\rho$,则收敛半径$R=\dfrac{1}{\rho}$,

若$R>1$ $\rho<1$,得$\sum|a_n|$收敛,与已知矛盾;

若$R<1$,因为$\sum|a_n|$收敛,即$\sum a_nz^n$在$z=1$收敛,则收敛半径$R\geqslant1$,与假设矛盾.

(法Ⅱ)

级数$\sum a_n$收敛,相当于幂级数$\sum a_nz^n$在$z=1$处收敛,于是由阿贝尔定理,对于满足$|z|<1$的z,$\sum a_nz^n$必绝对收敛,从而该级数的收敛半径$R\geqslant1$;

但若$R>1$,幂级数$\sum a_nz^n$在收敛圆$|z|<R$内绝对收敛,特别的在$z=1$处也绝对收敛,从而$\sum|a_n|$收敛,与已知矛盾.故$\sum a_nz^n$的收敛半径为1.

复变函数与积分变换模拟试题

一、填空题:(每空 2 分,共 20 分)

1. 设 $f(z)=\dfrac{e^z}{z^2-i}+\cos z$, $f(z)$ 的解析区域为________.

2. 已知 $f(z)=(bx^2+y^2+x)+i(axy+y)$ 在复平面可导,则 $a+b=$________.

3. 调和函数 $\varphi(x,y)=xy$ 的共轭调和函数为________.

4. 设 $M=\mathrm{Max}\{|f(z)|\,|\,z\in C\}$, L 为曲线 C 的长度,则 $\left|\int_C f(z)\,dz\right|\leqslant$.

5. 级数 $\sum\limits_{n=0}^{\infty}c_n z^n$ 在 $z=\dfrac{1}{2}(1+\sqrt{3}i)$ 处收敛,那么该级数在 $z=\dfrac{4}{5}$ 处的敛散性为________.

6. 设 $\omega=z^2+4z$ 则映射在 $z_0=-1+i$ 处的旋转角为________,伸缩率为________.

7. 设 $f(z)=\dfrac{(3z+2)}{z^2(z+2)}$,则 $\mathrm{Res}[f(z),0]=$________, $\mathrm{Res}[f(z),-2]=$________.

8. 函数 $f(t)=t^2\sin 2t$ 的拉式变换为________.

二、判断正确与错误(画对错号,每题 2 分,共 10 分)

1. 因为 $|\sin z|\leqslant 1$,所以在复平面上 $\sin z$ 有界. (　　)
2. 若函数 $f(z)$ 在 z_0 处解析,则 $f^{(n)}(z)$ 也在 z_0 解析. (　　)
3. 如果 $u(x,y)$, $v(x,y)$ 的偏导数存在,那么 $f(z)=u+iv$ 可导. (　　)
4. 在 z_o 处可导的函数,一定可以在 z_o 的邻域内展开成罗朗级数. (　　)
5. 解析函数构成的保形映照具有保圆性 (　　)

三、解答题(每题 8 分,共 64 分)

1. 设 $f(z)=xy^2+ix^2y$,则 $f(z)$ 在何处可导? 何处解析?

2. 已知 $f(z)$ 的虚部为 $v(x,y)=-\dfrac{1}{2}x^2+\dfrac{1}{2}y^2$,求解析函数 $f(z)=u+iv$,且 $f(0)=0$.

3. 求积分 $I=\int_C \bar{z}\,dz$, C 为沿单位圆($|z|=1$)的逆时针一周的曲线.

4. 求 $\int_C \dfrac{\sin z}{z(z-1)}dz$,其中 C 为 $|z|=2$.

5. 求 $\int_C \dfrac{e^z}{\cos z}dz$,其中 C 为 $|z|=2$.

6. 把函数$\dfrac{1}{(z^2+1)(z-2)}$在 $1<|z|<2$ 内展开成罗朗级数.

7. 指出 $f(z)=\dfrac{z-\sin z}{z^6}$ 在有限复平面上的孤立奇点及类型,并求奇点处的留数.

8. 求将单位圆 $|z|<1$ 内保形映照到单位圆 $|w|<1$ 内，且满足 $f\left(\dfrac{1}{2}\right)=0$, $\arg f'\left(\dfrac{1}{2}\right)=\dfrac{\pi}{2}$ 的分式线性映照.

四、利用拉氏变换求解微分方程(6 分)

$$\begin{cases} y''+4y'+3y=e^{-t} \\ y(0)=y'(0)=1 \end{cases} \qquad (提示:L[e^{-t}]=\frac{1}{s+1})$$

复变函数与积分变换模拟试题答案

一、填空题:(每空 2 分)

1. $C\setminus\{2,-2\}$　2. 1　3. $\psi(x,y)=\frac{y^2}{2}-\frac{x^2}{2}+C$　4. ML

5. 绝对收敛　6. $\frac{\pi}{4},2\sqrt{2}$　7. $-1,1$　8. $\frac{12s^2-16}{(s^2+4)^3}$

二、判断正确与错误(画对错号,每题 3 分)

1. 因为$|\sin z|\leqslant 1$,所以在复平面上 $\sin z$ 有界.　(×)
2. 若函数$f(z)$在 z_0 处解析,则$f^{(n)}(z)$也在 z_0 解析.　(√)
3. 如果 $u(x,y)$,$v(x,y)$的偏导数存在,那么$f(z)=u+iv$ 可导.　(×)
4. 在 z_o 处可导的函数,一定可以在 z_o 的邻域内展开成罗朗级数.　(×)
5. 解析函数构成的保形映照具有保圆性　(×)

三、解答题(每题 8 分)

1. 设$f(z)=xy^2+ix^2y$,则$f(z)$在何处可导? 何处解析?

解:$\because u=xy^2,v=x^2y$ 处处可微,

$$\frac{\partial u}{\partial x}=y^2,\frac{\partial v}{\partial y}=x^2,\frac{\partial u}{\partial y}=2xy,\frac{\partial v}{\partial x}=2xy,$$

$\therefore$ C-R 方程仅在(0,0)处成立,

$f(z)$在(0,0)处可导,处处不解析.

2. 已知$f(z)$的虚部为$v(x,y)=-\frac{1}{2}x^2+\frac{1}{2}y^2$,求解析函数$f(z)=u+iv$,且$f(0)=0$

解:$\because \frac{\partial u}{\partial x}=\frac{\partial v}{\partial y}=y,\frac{\partial u}{\partial y}=-\frac{\partial v}{\partial x}=x,$

$\therefore u=xy+c$

$\because f(0)=0$

$\therefore$ 在(0,0)处可导,处处不解析.

$$f(z)=xy-\frac{1}{2}i(x^2-y^2).$$

3. 求积分 $I=\int_C \bar{z}dz$, C 为沿单位圆($|z|=1$)的逆时针一周的曲线.

解:设 $z=e^{i\theta}(0\leqslant\theta\leqslant 2\pi)$,$dz=ie^{i\theta}d\theta$,则

$$I=\int_0^{2\pi}e^{-i\theta}ie^{i\theta}d\theta(3\text{ 分})=2\pi i$$

4. 求$\int_C\frac{\sin z}{z(z-1)}dz$,其中$C$为$|z|=2$.

解:$\int_C\frac{\sin z}{z(z-1)}dz=2\pi i\left\{\mathrm{Res}\left[\frac{\sin z}{z(z-1)},0\right]+\mathrm{Res}\left[\frac{\sin z}{z(z-1)},1\right]\right\}$

$$=2\pi i\left\{\frac{\sin z}{2z-1}\bigg|_{z=0}+\frac{\sin z}{2z-1}\bigg|_{z=1}\right\}=2\pi i\sin 1$$

5. 求$\int_C\frac{e^z}{\cos z}dz$,其中$C$为$|z|=2$.

解:$\int_C\frac{e^z}{\cos z}dz=\left\{2\pi iRes\left[\frac{\sin z}{\cos z},\frac{\pi}{2}\right]+Res\left[\frac{e^z}{\cos z},-\frac{\pi}{2}\right]\right\}$

$$=2\pi i\left\{\frac{i^{\frac{\pi}{2}}}{-1}+\frac{e^{-\frac{\pi}{2}}}{1}\right\}=2\pi i(e^{-\frac{\pi}{2}}-e^{\frac{\pi}{2}})$$

6. 把函数$\frac{1}{(z^2+1)(z-2)}$在$1<|z|<2$内展开成罗朗级数.

解:$\frac{1}{(z^2+1)(z-2)}=\frac{1}{5}\left[\frac{1}{z-2}-\frac{z+2}{z^2+1}\right]$

$$=\frac{1}{5}\left[-\frac{1}{2}\frac{1}{1-\frac{z}{2}}-(z+2)\frac{1}{z^2(1+\frac{1}{z^2})}\right]$$

$$=\frac{1}{5}\left[-\frac{1}{2}\sum_{n=0}^{\infty}\left(\frac{z}{2}\right)^n-\frac{(z+2)}{z^2}\sum_{n=0}^{\infty}(-1)^n\frac{1}{z^{2n}}\right]$$

$$=-\frac{1}{5}\left[\sum_{n=0}^{\infty}\frac{z^n}{2^{n+1}}+\sum_{n=0}^{\infty}(-1)^n\frac{1}{z^{2n+1}}+\sum_{n=0}^{\infty}(-1)^n\frac{2}{z^{2n+2}}\right]$$

7. 指出$f(z)=\frac{z-\sin z}{z^6}$在有限复平面上的孤立奇点及类型,并求奇点处的留数.

解:$z=0$是$f(z)=\frac{z-\sin z}{z^6}$的孤立奇点,

$$f(z)=\frac{1}{z^6}\left(z-z+\frac{z^3}{3!}-\frac{z^5}{5!}+\frac{z^7}{7!}-\cdots\right)$$

所以$z=0$为$f(z)$的三阶极点,且$\mathrm{Res}[f(z),0]=-\frac{1}{5!}$.

8. 求将单位圆$|z|<1$内保形映照到单位圆$|w|<1$内,且满足$f(\frac{1}{2})=0$, $\arg f'(\frac{1}{2})=\frac{\pi}{2}$的分式线性映照.

解:设分式线性映照为 $w = e^{i\theta}\dfrac{z - \frac{1}{2}}{1 - z\frac{1}{2}}$

$$w'|_{z=\frac{1}{2}} = e^{i\theta}\frac{1 - z\frac{1}{2} + \frac{1}{2}(z - \frac{1}{2})}{(1 - z\frac{1}{2})^2}|_{z=\frac{1}{2}} = \frac{4}{3}e^{i\theta}, \theta = \frac{\pi}{2}, \text{所以 } w = i\frac{2z - 1}{2 - z}$$

四、利用拉氏变换求解微分方程(6 分)

$$\begin{cases} y'' + 4y' + 3y = e^{-t} \\ y(0) = y'(0) = 1 \end{cases} \quad (\text{提示}: L[e^{-t}] = \frac{1}{s+1})$$

解: 方程两边同时施加拉普拉斯变换,并代入初始条件得

$s^2Y(s) - sy(0) - y'(0) + 4[sY(s) - y(0)] + 3Y(s) = \dfrac{1}{s+1}$,

$\Rightarrow (S^2 4S + 3)Y(s) = \dfrac{1}{s+1} + s + 5$,

$Y(s) = \dfrac{s^2 + 6s + 6}{(s^2 4s + 3)(s+1)}$,

取反变换得 $y(t) = \dfrac{1}{2}te^{-t} + \dfrac{7}{4}e^{-t} - \dfrac{3}{4}e^{-3t}$